U0292677

# 中国精细化农业气候区划：
# 方法与案例

毕宝贵　孙　涵　毛留喜　等编著

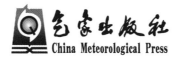

气象出版社
China Meteorological Press

## 内容简介

本书主要内容包括：基于 GIS 的高分辨率农业气候要素模型，建立网格化的气候要素数据库；在系统分析精细化农业气候区划技术方法的基础上，建立现代农业气候区划指标、方法与业务流程；利用所构建的基于现代信息技术的农业气候资源利用与区划制作服务平台，试做精细化农业气候区划案例与比较分析。其中，大宗农作物以河南省优质小麦、玉米、棉花为例，特色农产品以广西荔枝、香蕉、沙田柚为例，北方牧草以内蒙古为例。

本书可供从事农业的科技人员，有关的农业管理人员参考。

**图书在版编目(CIP)数据**

中国精细化农业气候区划：方法与案例/毕宝贵等编著.
—北京：气象出版社，2014.10
ISBN 978-7-5029-6038-4

Ⅰ.①中… Ⅱ.①毕… Ⅲ.①农业区划-气候区划-中国
Ⅳ.①S162.2

中国版本图书馆 CIP 数据核字(2014)第 246726 号

Zhongguo Jingxihua Nongye Qihou Quhua：Fangfa yu Anli
中国精细化农业气候区划：方法与案例

**出版发行**：气象出版社

| | |
|---|---|
| **地　　址**：北京市海淀区中关村南大街 46 号 | **邮政编码**：100081 |
| **总 编 室**：010-68407112 | **发 行 部**：010-68409198 |
| **网　　址**：http://www.cmp.cma.gov.cn | **E-mail**：qxcbs@cma.gov.cn |
| **责任编辑**：李太宇 | **终　　审**：章澄昌 |
| **封面设计**：易普锐创意 | **责任技编**：吴庭芳 |
| **印　　刷**：北京中新伟业印刷有限公司 | |
| **开　　本**：787 mm×1092 mm　1/16 | **印　　张**：16 |
| **字　　数**：410 千字 | |
| **版　　次**：2015 年 1 月第 1 版 | **印　　次**：2015 年 1 月第 1 次印刷 |
| **定　　价**：70.00 元 | |

# 《中国精细化农业气候区划:方法与案例》
## 编著人员

（以姓氏笔划为序）

| | | | | |
|---|---|---|---|---|
| 毛留喜 | 王文峰 | 王庆飞 | 王怀青 | 王纯枝 |
| 王良宇 | 王建林 | 仝春艳 | 叶彩华 | 白月明 |
| 石伟伟 | 刘　洪 | 刘　维 | 刘荣花 | 刘晶淼 |
| 孙　涵 | 庄立伟 | 延　昊 | 朱小祥 | 权维俊 |
| 毕宝贵 | 何延波 | 余卫东 | 吴建国 | 张艳红 |
| 李　政 | 李　森 | 李三妹 | 李世奎 | 李迎春 |
| 李祎君 | 苏永秀 | 邹春辉 | 陈印军 | 陈怀亮 |
| 郑昌玲 | 姜　燕 | 钟仕全 | 奚学斌 | 徐玲玲 |
| 殷剑敏 | 郭文利 | 郭淑敏 | 钱　拴 | 曹　云 |
| 黄永璘 | 程　路 | 韩秀珍 | 蔡　哲 | 谭方颖 |

# 序

党的十八大以来,以习近平同志为总书记的党中央把解决好"三农"问题始终作为全党工作重中之重,努力夯实农业稳定发展的基础、稳住农村持续向好的局势,稳定粮食和主要农产品产量,持续增加农民收入。坚持国家粮食安全战略,确保谷物基本自给、口粮绝对安全的底线。这是党中央立足基本国情和发展阶段作出的重大战略决策。

农业是受天气气候影响最大的行业,粮食生产高度依赖于天气气候条件和自然灾害状况。农业气候资源直接影响农业生产过程,且能为农业生产所利用。在全球气候变暖背景下,粮食生产、重要农产品供给与光温水土等资源环境承载能力的矛盾日益尖锐,如何利用好光、温、水等气候资源、实现趋利避害是保障国家粮食安全的重要课题。公益性行业(气象)科研专项"精细化农业气候区划及其应用系统研究"研究解决农业气候资源的高效利用和气候变化背景下种植结构调整问题,为国家粮食安全提供科技支撑。其研究成果已经在全国 20 多个省(区、市)气象和农业部门推广应用,产生了很好的社会和经济效益。

基于这个项目研究成果编著的《中国精细化农业气候区划》丛书——《方法与案例》、《产品制作与发布系统》、《农业气候资源图集》,汇集了许多科学家的心血,内容丰富,实用性强,对农业气候资源的快速分析和有效提升农业气候资源的时空精细化水平以及在不同气候情景下调整农业气候资源分布和种植结构都有很重要的参考价值。同时,该书对充分利用农业气候资源,缓解农产品供给与资源环境承载能力的矛盾、提升气象服务国家粮食安全、生态保护和农业可持续发展的科技支撑能力也具有重要的指导作用。

郑国光

(中国气象局局长)

2014 年 12 月

# 前　言

我国地域辽阔，人口众多，古往今来的历史表明，农业稳定是社会安定的基石，而农业生产又首先受制于各地光、热、水不同组合的气候资源。由于我国拥有南北跨越热带到北温带、东西涵盖海洋性到内陆性、垂直分布负高程到世界屋脊的立体气候，其农业气候资源的丰富性与多样性世界少有。20世纪60年代中期和80年初期，在国家有关部门统一部署下，投入了大量人力和物力，自上而下地组织数万人的科技队伍，通过"人海战术"，先后完成了第一次和第二次全国农业气候区划，对合理利用我国的气候资源、优化农业生产结构与布局、保护生态环境等做出了重要贡献。但是，当时的农业气候区划是建立在计划经济基础之上，已不能适应气候条件、市场流通、社会需求、作物品种及其适应性等发生巨大变化的新形势。20世纪末期，中国气象局在有关部门的大力支持下，组织部分省（区、市）进行了第三次农业气候区划的试点研究，将3S（遥感技术、地理信息系统、全球定位系统）技术引入到农业气候区划，大大提高了工作效率与区划精度。

针对现代农业及国民经济发展的新需求，在中国气象局2007年公益性行业（气象）科研专项支持下，开展了"精细化农业气候区划及其应用系统研究"。该项目由国家气象中心主持，参加单位有中国农业科学院农业资源与农业区划研究所、国家卫星气象中心、广西壮族自治区气象减灾研究所、中国气象科学研究院、江西省气候中心、北京市气候中心和河南省气象科学研究所等。

该项研究成果现已编成《中国精细化农业气候区划》丛书，分为方法与案例、产品制作与发布系统、农业气候资源图集三个分册，本书为第一分册。书中第1章主要介绍农业气候资源的涵义、基本特征、研究历史和现状以及农业气候区划的目的、任务等，简要介绍我国农业气候资源的主要特征以及我国农业气候区划的发展历程与未来展望。第2章主要介绍基于GIS技术的精细化农业气候要素推算模型、长序列卫星遥感资料的处理及其气候要素的生成方法、卫星遥感地表温度与气温的耦合模型和遥感云覆盖率与日照百分率的耦合模型以及农业气候资源数据库的组成。第3章主要介绍农业气候区划指标体系的基本要求与原则、农业气候区划指标的提取方法与注意事项、常用的农业气候区划方法、一般业务流程等。第4章介绍大宗农作物、特色农产品和草地类型、产草量、畜牧精细化农业气候区划案例。

各章节主要执笔人如下:1.1节,1.2节,1.3节由毕宝贵、毛留喜执笔,1.4节,1.5节由毕宝贵、孙涵执笔,2.1节由殷剑敏、王怀青、蔡哲执笔,2.2节由韩秀珍执笔,2.3节由李三妹,2.4节由庄立伟执笔,3.1节由陈印军执笔,3.2节由刘晶淼、李世奎、白月明执笔,3.3节由郭文利、权维俊执笔,4.1节由陈怀亮、余卫东、周春晖执笔,4.2节由苏永秀、郭淑敏、李政执笔,4.3节由刘洪执笔。统稿审定由毕宝贵、孙涵、毛留喜完成。

本册主要读者为农业气象科研、业务人员和农业科技、教育工作者以及其他各类涉农读者。由于时间仓促,加之编著人员水平有限,且侧重于介绍本课题主要研究成果,故不足之处在所难免,敬请读者批评指正。

作者
2014 年 10 月

# 目　录

# 第 1 章 概 述

本章首先给出了农业气候资源的含义和基本特征、农业气候资源研究历史和现状,以及农业气候区划定义、目的、任务、分类、原则、内容,简要介绍了我国农业气候资源的主要特征,简要回顾了我国农气候区划的发展历程,包括第一次气候与农业气候区划、第二次农业气候区划和第三次农业气候区划试点。从现代农业发展的特点入手,结合遥感、地理信息系统技术的发展,简述了农业气候区划的新形势、新需求、新机遇、新特点,并展望了未来精细化农业气候区划的应用前景、可能影响及潜在作用。

## 1.1 农业气候区划基础与概念

### 1.1.1 农业气候区划的基础

(1)农业气候资源的含义和基本特征

农业气候资源是直接影响农业生产过程,且能为农业生产所利用的物质或能量的农业气候要素总和。一般而言,农业生产所能利用的农业气候资源包括太阳辐射、热量、水分、风等资源要素。农业气候区划是以农业气候资源调查、研究工作为基础,包括农业气候资源分析、农业气候区划指标体系、区划产品制作与服务等主要环节。

太阳辐射是重要的农业气候资源,常用光量、光时、光质来评价。太阳年总辐射量、年日照时数,以及作物生长期内的太阳总辐射量、生长期内的日照时数等表示光量和光时。光合有效辐射量更具有农业气候意义。另外,光质也是光资源的另一个重要特征。

热量资源要素通常用稳定通过一定界限温度的累积温度、最热月平均温度、无霜期长度等指标反映数量的多寡。另外,最冷月平均温度、年极端最低温度及其平均等指标可以衡量南方冬季热量资源的可利用程度,也可以了解冬季低温对热量资源的限制程度。

地区水分资源包括大气降水、地表水、土壤水和地下水四部分。大气降水是农业水资源的主要组成部分,是其他三项的主要来源。评价农业水分资源除了考虑降水量,还要考虑作物对水分的需要和水分消耗情况,通常用农田可能蒸散、农田水分盈亏等表示。另外,还应当对不同作物、不同生育期以及不同气候季节分别进行评估。

农业气候资源作为气候资源的一种,具有如下基本特征:空间差异性,要素的空间分布随纬度、经度和海拔高度变化而变化;时间波动性,随时间变化而有周期性和随机性波动;可循环再生性,水、$CO_2$ 等资源是典型的循环资源;整体性,农业气候资源是一个完整的整体,缺其中的任何一个组成因素都不能进行农事活动,且各因素之间相互制约,不可取代;多宜性,一种气候资源组合可以适应多种类似作物生长的气候要求,具有多宜性、共享性和有限性特征;活跃性与可测度性,气候资源要素与生产资料不同,多数流动性强、密度较低,不能收藏储存,但可以定量测量、计算与利用;生产力潜在性,可根据物质、能量转换原理估算气候生产潜力;可调控性,在一定的时空范围和条件下,施加有利影响(或不良影响)可改善(或恶化)气候资源和环境。

(2)农业气候资源研究历史和现状

人类对农业气候资源的关注和农业气候知识的积累已有很长历史,但是对农业气候资源的科学研究从 20 世纪才真正开始。相对于其他农业资源而言,农业气候资源由于其无穷尽性和有值无价性,使其长期以来没有得到人们足够的重视,随着社会发展对粮食及其他农产品需要量的增加,全球对农业气候的关注日益增加。联合国世界气象组织(WMO)、世界粮农组织(FAO)以及联合国教科文组织(UNESCO)从 20 世纪 60 年代起就联合开展气候调查、经验交流、设立机构以及出版专著,极大地推进了农业气候资源的研究。

我国从 1950 年代起就开始了以农业气候区划为主要内容的农业气候资源利用研究。总体而言,对农业气候资源的研究主要体现在对农业气候资源的时空分布规律研究,农业气候与主要农作物布局、种植制度关系研究,农业气候(自然)生产潜力数值模拟与资源量化评价和农业气候资源信息的有效管理与分析等 4 个方面。世界大多数国家都完成了大量的大尺度农业气候资源的调查工作,并建立了多种不同形式的农业气候资源评价模型和方法。农业气候资源的研究为农业生产布局和规划提供了重要科学依据。

随着农业生产的不断现代化,特别是管理模式的定量化,对农业气候资源的定量化和区划指标体系精细化要求将越来越高。随着气候变化预测技术的进步,农业气候变化趋势研究将成为农业布局调整所关注的重要自然要素,农业气候资源与生态功能的相互关系研究将受到高度重视。

近些年,农业气候资源和其他气候资源研究的进一步深化,产生了以农业资源分析利用为核心的"气候资源学"。气候资源学是研究气候资源系统的形成,气候资源要素的物质、能量及组合状况在自然系统中的变化规律及其与人类生存、生产和社会发展相互关系的学科(资源科学技术名词审定委员会,2008)。主要研究内容包括:气候资源系统的形成、结构、演化、功能及其物质能量转化、传递的原理;气候资源调查、信息获取、分类、区划、评价的原理和方法;气候资源开发利用、优化配置的科学保护、管理的原理和方法以及气候资源调控技术措施等等。气候资源学的最终目的是促进气候资源永续利用,不断提高气候资源利用率,最大限度地取得气候资源的经济、生态和社会效益(刘晶淼 等,2011)。

(3)农业气候区划与遥感及地理信息系统

随着农业气候区划的空间尺度研究由数十千米(县级)向千米(乡村级)乃至数十米(地块级)发展、要素形式由简单型向复合型发展及区划成果由静态型向动态型发展的需要,农业气候资源调查与区划所面对的问题亦趋于复杂化和综合化,并且随着研究对象的时空尺度趋于长期化、全球化、精细化,其研究方法亦趋于定量化,其目的亦由简单目标决策转向生产系统管理,其传统的统计方法已无法胜任当前和未来需要,迫切需要新的支撑技术,其中最受人关注的是遥感和地理信息系统。

遥感技术可以同步进行大范围观测,迅速获得广大区域的各类监测信息,其时效性强的特点,可以在短周期内对同一地区进行重复观测,这对农业气候资源的动态调查与农业气候动态区划具有重要意义。与传统的地面调查和考察相比,遥感技术的应用不仅可以大大地节省人力、物力和时间,而且还可以较大程度地排除调查数据的人为因素。

地理信息系统(GIS)是一个能够综合处理和分析空间数据的计算机技术系统,它除了具有数据采集、数据操作、数据集成和显示等基本功能外,核心的功能是空间分析。精细化农业气候区划涉及大量数据,对这些数据进行有效的管理和分析是一项十分重要的工作。利用 GIS 技术,首先将遥感反演数据直接输入系统,同时,对评价中所收集到的社会经济等方面的图形、文字等资料数字化。在 GIS 中,对气候监测站网络中各站点观测到的气候数据可以方便地进行空间插值,形成栅格化精细化定量化的面状数据,此外,在 GIS 中也很容易实现农业气候区划要素与产品的多尺度转化。

GIS 已开始在农业气候资源研究方面发挥作用。首先,应用 GIS 可定量采集、管理、分析具有空间特性的气候资源,例如数字高程模型建立、GIS 农业气候资源数据建立、空间分析模型建立、农业气候资源分析计算、气候分区与定量分析等。其次,利用 GIS 技术可以快速方便地进行农业气候资源小网格推算模式研究。农业气候资源小网格推算模式研究是将原始实测数据进行推广的一项基础性工作。在收集区域气候研究成果的基础上,辅助以气象站、水文站雨量资料后,通过 GIS 平台可快速计算和获取测点地理参数(高程、经纬度、坡向、坡度)。采用统计分析方法,根据要素的统计特征值和地理特征分别建立区域各气候要素的推算统计模式,通过验证和残差订正,应用到气候资源小网格推算中,这样可以大大提高数据的精度。最后,在 GIS 基础平台上研制开发农业气候资源地理信息系统,对农业气候资源进行有效的数据管理、信息查询、统计分析、信息的表现与可视化和信息的共享与输出等。随着科学技术的发展和现实的需要,GIS 技术在深入研究农业气候资源中将具有非常广阔的前景。

### 1.1.2　农业气候区划的概念

(1)农业气候区划的定义

对农业气候区划,不同的学者有不同的描述。如丘宝剑、卢其尧等(1987 年)定义农业气候区划是:根据农业(或某种作物、某类作物、某种农业技术措施等)对气候的要求,遵循气候分布的地带性和非地带性规律,把气候大致相同的地方归并在一起,把气候不同的地方区别开,这样得出若干等级的带和区之类的区划单位,对农业或农业的某一方面有大致相同的意义。

也有学者认为农业气候区划是:在对农业气候资源和农业气象灾害分析的基础上,以对农业地理有决定意义的农业气候指标为依据,遵循农业气候相似理论,参考地貌和自然景观,将某一地区划分为若干个农业气候条件有明显差异的区域。以便合理地、有效地利用农业气候资源,为农业合理布局和规划提供科学依据。

从上面可以看出,农业气候区划虽然有不尽一致的定义,但并没有本质区别,基本是大同小异。归纳起来可以认为农业气候区划是:从农业生产的需要出发,根据农业气候条件的区域异同性对某一特定地区进行的区域或类型划分。它是在农业气候分析的基础上,以对农业地理分布有决定意义的农业气候指标为依据,遵循农业气候相似原理和地域分异规律,将一个地区划分为若干个农业气候区域或气候类型。各区或各类型都有其自身的农业气候特点、农业发展方向和利用改造途径。

农业气候区划和气候区划有共同之处,也有明显差异。其共同之处是二者都以气候因子为指标,根据气候的相似性,将大区域划分为若干个差异明显的小区域。其不同之处是气候区划往往考虑气候因子较多,并结合气候形成来划分;而农业气候区划侧重考虑对当地农业生产或某一农业生产领域有重要意义的农业气候因子,其指标的选择是以农业生产和农作物的生长发育等对气候条件的定量要求确定，因此，它是农业生产与气候关系的专业性气候区划的组成部分，其针对性较强。

（2）农业气候区划的目的和任务

农业气候区划的目的在于阐明地区农业气候资源、灾害的分布变化规律，划出具有不同农业意义的农业气候区域。其作用：①为实现农业区域化、专业化、现代化而制定的农业区划和规划，以及研究不同区域生产潜力及人口承载量提供农业气候依据；②为生产科学调整农业结构、作物或畜牧业等合理布局，采用合理农业技术措施提供气候依据；③为国家农业的长远规划和国土整治提供科学依据。因此，农业气候区划对农业生产管理者、投资经营者及组织领导者指导农业生产和农业规划具有重要的参考作用。

农业气候区划的任务在于揭示农业气候的区域差异，分区阐述光、热、水等农业气候资源和农业气象灾害。本着发挥农业气候资源优势，避免和克服不利农业气候条件、因地制宜。适当集中的原则，着重针对合理调整农业结构，建立各类农业生产基地，确立适宜种植制度，调整作物布局，以及农业技术措施和农业发展方向等问题，从农业气候角度提出建议和论证。

农业气候区划因地区的气候特点、农业生产任务和存在的问题，以及农业对区划的要求不同，而各有不同的具体任务。例如：①为培育早熟高产品种、作物布局、品种搭配及建立合理的耕作栽培制度等方面鉴定各地气候条件的满足程度，从而为农业合理布局提供气候依据。②为主要粮食作物提高单位面积产量所采取的耕作栽培措施提供气候依据。③为新垦和未垦地区发展农业提供依据。④围绕熟制调整和发展热带作物等农业气候问题进行的区划与评述，为因时因地制定和调整农业生产规划，以及为农业充分利用自然资源增收，特别是山区贫困农民的脱贫致富提供气候依据。

农业气候区划因区划的具体任务不同，工作的侧重点也不相同。同时，由于农业生产水平不断进步，农业气候区划的具体任务和内容也需相应调整。因此，农业气候区划也要随着农业生产水平的提高，进行相应修改、充实，以满足农业生产和经济不断发展的需要。

（3）农业气候区划分类

根据区划对象的不同，农业气候区划可分为综合区划和部门（专业、单项）区划；根据区划范围的大小，农业气候区划可分为大区域划分和小区域划分；根据区域的空间特点，农业气候区划可分为类型区划和区域区划。

①综合农业气候区划。综合区划的主要任务在于：一方面，要系统分析地区的农业气候资源和气象灾害，以及它们在空间上和时间上的变化，也就是要对气候作农业评价；另一方面，要认真研究主要农业对象对气候的要求，也就是要对农业进行气候评价，从而做出区划，说明哪些地区最适宜发展什么农业，产量和质量如何，为合理配置农业提供气候上的科学依据。

②部门（专业、单项）农业气候区划。部门（专业、单项）区划按农业对象分，有专对某一种作物的区划，如小麦气候区划；有专对某一类作物的区划，如热带作物区划。按气候要素分，有专对某一种农业气候资源所作的区划，如降水区划，热量区划；有专对多种或某一种不利气候条件所作的区划，如农业气象灾害风险区划、干旱区划、洪涝区划等。另外还有畜牧气候区划、种植制度气候区划等等。

③类型区划与区域区划。类型区划和区域区划是国内农业气候区划中都有采用的两种不同分区划片的方法，它与构建的农业气候区划指标体系有关。类型区划是基于不同农业气候指标在地域分布上的差异逐级划分单元，其同类型的农业气候区可以在不同地区重复出现，在

地域上不一定连成一片,同一级类型区内反映的农业气候因子较单一,但能突出主导因子的作用,较容易确定农业气候相似性的地区,在地形复杂的山区可划分较多的类型区。

区域区划则是基于对农业地域分布具有决定意义的多种农业气候因子及其组合特征差别,将一个地区划分为若干农业气候区,每个区在地域上总是连成一片,具有空间地域上的独特性和不重复性,能突出多种因子对农业的综合作用。由于我国季风气候特点和地形复杂,多数学者认为全国或较大区域的农业气候区划采用区域区划与类型区划相结合比较符合客观实际。有一些区域区划是以一定的类型为根据的,因为一个区域内可能有几种类型,且往往以某一种类型占优势,可以根据优势类型的分布范围来划区。

(4)农业气候区划的原则

中国地理学会于 1963 年 11 月讨论确定的农业气候区划的原则,成为 20 世纪 60 年代第一次全国农业气候区划的指导原则,具体内容包括:

①气候特殊性原则:各地气候的特殊性决定了作物分布、作物的气候生态型与农业生产类型。根据气候的上述特殊性,农业气候区划中的热量与水分划区指标,必须采取主要指标与限制性指标并用的原则。热量的主要指标为暖季温度,限制性指标为冬季温度;水分的主要指标为全年水分平衡,限制性指标为水分的季节分配。

②主导因素原则:对作物生长、发育、产量关系最密切的气候要素是光、热、水,尤以热、水两项更为直接与重要,其他一些要素往往与主要要素之间有密切的依变关系。因此,农业气候区划应该采取主导因素的原则,不可能也没有必要考虑所有的要素。

③气候相似与分异原则:区划的作用与目的在于归纳相似、区分差异,贵于反映实际,因此应该以类型区划为主,区域区划的原则只能有条件地适当地加以运用。区划在于反映实际的气候差别,确有差别当然应该划分,没有差异也不需要为了照顾区划单位的面积的平衡(即每一个块块大小差不多)而找无价值指标硬性划分,实际情况也是不一定划得愈细愈小愈好,只要划分至一个区划单位中的差异不致影响主要作物生长发育即可。宏观的农业气候区划,是以气象台站资料为基础的大农业气候区划(并非小气候区划),它的区划级数也有一定的限制。

上述原则基础在 20 世纪 70 年代末全国开展的大规模的农业气候资源调查和农业气候区划及后来的农业气候区划工作中发挥了重要作用。具体体现在以下方面:

适应农业生产发展规划的需要,配合农业自然资源开发计划。着眼于大农业和商品性生产,以粮、牧、林和名优特经济农产品生产为主要考虑对象。

区划指标须具有明确的重要的农业意义。主导指标与辅助指标相结合,有的采用几种指标综合考虑。有利于充分、合理地利用气候资源,发挥地区农业气候资源的优势,有利于生态平衡和取得良好的经济效果。

遵循农业气候相似性和差异性,按照指标系统,逐级分区。

分区与过渡带。根据气候特点,逐年间气候差异造成一定的气候条件变动,因此划出的区界只能看作是一个相对稳定的过渡带。区界指标着重考虑农业生产的稳定性,例如采用一定的保证率表示安全布局的北界等。实际区划中有时还需考虑能反映气候差异的植被、地形、地貌等自然条件。

本次区划将在总结各地历次农业气候区划原则的基础上进一步体现精细化的特点,制定相应的区划原则。

(5)农业气候区划的内容

　　①农业气候分析

　　农业气候分析是指根据农业生产的具体要求对当地气候条件进行分析。首先，将农作物与气候因子间的关系用指标定量地表示出来，然后利用这些指标的时空分布规律来说明某地区的农业气候特征，并评价它对某种作物（品种）生育、产量形成或农业生产过程的利弊程度，最后提出趋利避害抗灾的措施途径，为农业合理布局、改革耕作制度，革新农业技术以及制定农业区划提供参考。

　　②确定农业气候各级分区指标

　　用作划分农业气候区域界限，反映地区农业气候特点和表示农业气候区域内的相似和区域间的明显差异，以及农业气候问题。在农业气候区划工作中，确定区划指标值是区划的关键。在选择、确定农业气候区划指标时，应考虑区划指标必须有明确的农业意义，能反映出地区农业生产的差异。由于气候波动对农业生产的影响，通常需要考虑气候保证率，在运用农业气候指标时，必须根据指标对农业意义的重要性，分出主导指标和辅助指标，并要求两者相结合。可采用综合指标法反映多种气象要素的综合作用。在进行小范围（县、乡、农场）区划时考虑选用土壤、地形、物候等自然景观的差异作为补充指标。区划中常用的热量指标有：农业界限积温（大于 0、5、10、15、20℃ 积温），作物生长期，最冷月（1 月）和最热月（7 月）平均温度、平均极端最低（高）温度等；水分指标有：降水量、降水变率、蒸散量、降水蒸发比（干燥度或湿润度）、降水蒸发差等。另外还有光照、农业气象灾害和综合指标。

　　③农业气候区划图及分区命名

　　农业气候区划图可以分为工作底图及成果图两种。工作底图一般比例尺应大些，具体视区划的区域范围而定。底图上附有地形、水系等作为区界走向的重要参考因素。分区命名一般采用反映本区主要农业气候特征和地区位置相结合的办法。

　　④分区评述和措施建议

　　分区评述包括地理位置、主要农业气候特点、农业生产条件、作物适应特性及生产潜力等，并为作物的适宜种植、品种合理搭配，充分合理地开发农业气候资源、避抗不利因素等提出措施建议和气候依据。

## 1.2　我国农业气候资源的主要特征

　　我国幅员辽阔，地形复杂，气候迥异，农业气候资源类型多样。农业气候资源在数量、质量及组合特征上有很大的地域差异；在时间上又有明显的季节和年际变化。同时，各地的农业布局、种植制度、农业生产潜力和农作物产量等都与农业气候资源状况密切相关。因此，掌握、了解各地农业气候资源的空间分布特征和历史演变规律，因地制宜、趋利避害、充分合理地利用农业气候资源，通过开展农业气候区划，制定各地合理开发利用农业气候资源的途径，为各级政府和农业生产提供农业发展规划和布局、指挥农业生产和防灾减灾等方面的科学依据，对于发展可持续农业，提高农业生产力水平具有显著的现实作用和长远的历史意义。

### 1.2.1　农业气候资源类型多样

　　我国南北跨越纬度 49°，东西相隔经度 60°，境内平原、丘陵、山区、高原交错。由于太阳辐射、下垫面和大气环流不同，各地光照、温度、降水分布千差万别，形成了冷热、干湿、阴晴、风差等不同气候类型的复杂组合。在气候及土壤、生物等多种因素作用下,形成了我国农业气候资源类型多样,差异迥然的显著特征。

根据地理、植被、土壤、气候等自然条件的差异,全国总体上可分为东部季风区、西北干旱区和青藏高寒区三大区域,其光热水资源状况和气候生产潜力高低差异十分突出。

东部季风区气候资源分布以纬向为主。其中南岭以南为南亚热带和热带气候带,具有全国最优越的水热资源,四季常青。南岭以北至秦岭、淮河以南属中亚热带和北亚热带,雨量充沛,气候温暖。秦岭、淮河以北的华北平原和黄土高原东部属南温带,四季分明,光热资源较丰富,但降水年际变化大,旱涝频繁。东北大部分地区为中温带,冬季漫长寒冷,夏季温和湿润,热量资源不很充分。东部季风区是我国主要农业区,以粮食生产为主,农、林、牧、渔业综合发展。

西北干旱区气候资源经向分布显著。太阳辐射能资源丰富,冬季严寒漫长,夏季热量条件好,降水稀少,气候干燥。有干旱南温带和干旱中温带两种气候。以牧为主,东部有少量旱作农业,内陆有灌溉绿洲农业。

青藏高寒地区太阳辐射能资源丰富,但温度过低,热量资源不足,水分资源由藏东南向藏西北减少。境内热带、亚热带、温带、寒带各类气候均可见。以牧为主,沟谷及低海拔高原地区有部分农业。

除了上述地带性的差异外,由于山脉走向、海拔高低、地势起伏、地理位置、地形环境以及离海远近等各种因素造成的光、热、水等气象要素的特殊分配和重新组合,使得气候类型和农业气候资源变得更加复杂多样,为大力发展我国的特色农业提供了极为丰富的气候资源。

### 1.2.2 东部地区农业气候资源配置较好

辐射(光照)、温度、水分是植物生长、发育不可缺少的基本生存因子。其中光是农作物进行光合作用形成生产力的能源,温度是农作物能否正常生长、发育和成熟的先决条件,水分则是生长发育和产量形成的保证。在一定的光照条件下,若热量、水分二者适时配合,便会相得益彰,为农业生产创造优越的气候条件。

我国东部大部分地区在一年中降水量随温度的升高而逐渐增多,至最热季节时降水量达到高峰期。入秋后温度下降,降水随之减少。这种光、温、水资源配置较好,雨热大体同步升降的特点,有利于农作物的茂盛生长,是我国农业气候资源的一大明显优势。

东部地区各地雨热同季的程度有所差异。东北、华北地区雨热同季明显。江淮及以南地区不如北方显著,但温暖湿润,雨热同季时间长,因此复种指数高,农业生产潜力大。但在一些地区、一定时段中仍存在低温阴雨、伏旱高温等不协调现象。

与东部季风气候区相反,西北干旱和青藏高寒区或降水稀少,或热量不足,致使农业气候资源匹配失调。

另外,我国夏季温度比北半球同纬度地区都要高。除青藏高原、滇中高原及高海拔山区外,各地最热月平均气温都在20℃以上。东部地区夏季温热和充沛降水相结合,西北干旱地区夏季温热与日较差大、光照充足的优势相结合,形成了独特的气候资源优势。

### 1.2.3 农业气候资源不稳定

冬、夏季风进退迟早、强弱、影响范围的不同,造成各地温度、降水的年际变化很大,致使农业气候资源不够稳定,其中以水分资源尤为突出。我国各地降水量变率比欧洲、北美洲都大。黄淮海地区和西北内陆地区的变化幅度居全国之首。

与水分资源相比,热量资源相对稳定一些,但春季升温、秋季降温的迟早和强度,年极端最低温度的变动等常造成一些地区热量资源不够稳定。热量条件不很好的北方尤为明显。

值得注意的是,全球变暖的背景下依然存在低温、霜冻等灾害的可能和极端气象事件发生频率增加的趋势。

### 1.2.4　农业气候资源利用受到气象灾害的限制

诸多气象灾害中对我国农业影响最大的是干旱、洪涝和低温灾害,主要影响地区为黄淮海地区和长江中下游地区,其次是东北、西南、中南和西北。

气象灾害的频繁发生限制了农业气候资源优势的发挥和利用。黄淮海地区光热资源较丰富,光、温、水、土壤条件配合较好。但是降水年际变化大,旱涝灾害频繁,春旱尤为严重,对冬小麦生产和复种面积的提高很不利。长江中下游地区热量丰富,雨热同季时间长,农业生产条件优越。但春季低温阴雨、伏旱、秋季寒露风、盛夏暴雨洪涝等灾害经常发生,影响了农业生产潜力的发挥。

## 1.3　农业气候区划的发展历程

### 1.3.1　第一次气候与农业气候区划

农业气候区划与气候区划紧密相关。1931 年竺可桢最早提出了"中国气候区域论",根据温度和雨量把我国划分为八大气候区域。20 世纪 30 年代至 40 年代,涂长望、卢鋆、陶诗言等相继开展了气候区划研究。1957 年,张宝堃等提出了《中国气候区划草案》,把中国划分为东部季风区、蒙新高原区和青藏高原区,用≥10℃积温和最冷月平均气温及平均极端最低温度把中国划分为六个热量带。

中央气象局 1966 年编制了《中国气候图集》,1978 年编制了《中华人民共和国气候图集》,用≥10℃积温及其天数为主导指标,以最冷月平均气温、年极端最低气温为辅助指标,把全国划分为九个气候带、一个高原气候大区;结合干燥度把全国划分为十八个气候大区和三十六个气候区。该区划由于用了具有生物学意义的区划指标,其许多界限与一些重要的农作界限有着较好的一致性,如旱作与水田的界线同北亚热带与温带的界限比较一致,多熟制与一熟制的界线同中温带与南温带的界线比较一致,大叶茶的北界与南亚热带的北界较一致,冬小麦的北界为南温带的北界,双季稻安全种植北界与中亚热带的北界基本一致,因此,该区划具有了粗线条农业气候区划的意义。

但是,20 世纪 50 年代以前,我国还没有专门编制全国农业气候区划。自 20 世纪 50 年代开始,我国学者在学习前苏联等国外农业气候区划的基础上,结合我国情况开始了农业气候区划研究。20 世纪 60 年代前期,配合全国农业科学技术发展规划,第一次有组织地在全国开展了农业资源与气候区划工作,有 14 个省(区)完成了简明的省级农业气候区划。此次区划虽未编制成全国农业气候区划,但在研究中总结出的八个步骤:搞调查、找问题、抓资料、选指标、做分析、划界线、加评述、提建议,为以后的农业气候区划研究打下了较好基础。

### 1.3.2 第二次农业气候区划

20 世纪 70 年代末,我国农业气象专家以当时近 30 年全国大量气候资料和农业研究为基础,研究我国气候与农业的复杂关系,基本阐明了全国农业气候资源分布规律,在区划发生学基础上着重于实践原则,采用农业气候相似原理、区域区划和类型区划相结合的方法,提出了符合国情且有创意的农业气候区划指标体系和区划等级系统,评估了全国农业气候资源优劣,探讨了农业气候生产潜力,论证了农业发展布局中一些重大气候问题与对策。此次区划促进了我国对农业气候区划内涵认识的提高和理论方法的发展,是一套既有基础专业资料、数据、图表,又有部门区划、作物区划和综合区划的系列配套的全国性科研成果。

(1)第二次农业气候区划主要成果

第二次区划成果包括七个部分:《中国农业气候区划》、《中国农林作物气候区划》、《中国牧区畜牧气候区划》、《中国农作物种植制度气候区划》、《气候与农业气候相似研究》、《全国农业气候资料集》(含光、热、水等四个分册)、《中国农业气候资料图集》(含光、热、水三个分册)。《中国农业气候区划》在分析全国光、热、水分布状况和揭示灾害气候要素分布规律的基础上,提出了新的三级区划系统(3 个大区、15 个带、55 个区),着重于农业发展和生态平衡,对各分区做了详细评述。《中国农林作物气候区划》主要以有关作物生态特性和农业气候问题为依据,着重于关键的气候条件,研究了小麦、水稻、柑橘、橡胶等农林作物的各种适宜程度,分别给出了区划结果。《中国牧区畜牧气候区划》结合历史、社会和经济条件,考虑和探讨了牧草、家畜及其生存的有关气候问题,首次做出了我国牧区牧业气候区划。《中国农作物种植制度气候区划》探讨了种植制度的气候问题,评述了近三十年来种植制度的变化。从水分和肥料来源的现实和高产、稳产出发,考虑合理利用气候资源,提出了种植制度区划。《气候与农业气候相似研究》给出了国内二百多个地点与国外相对比的每月气候要素"距离系数"的计算结果,讨论了相似等级。《全国农业气候资料集》部分按农业气候分析的基础资料项目,分别整编出光、热量、水分资源资料集和农业气候图集。

综合农业气候区划成果《中国农业气候区划》包括两大部分内容:农业气候条件分析和农业气候区划。农业气象条件分析部分是在 30 年气候资料的基础上,从宏观方面阐明了光、热、水的时空分布规律,揭示了旱涝、干热风、台风、冰雹、低温冷害等灾害的发生规律,并提出了相应的防御措施,反映了此次区划所取得的新进展。农业气候区划部分是在对光、热、水资源分析和实地考察的基础上,参考了省级农业气候区划和已有的区划成果,从大农业观点出发,根据各地农业气候特点和问题,选择具有农业意义的分区指标,编制了中国农业气候区划,绘制了九百万分之一的区划图。

区划由三级组成。第一级划分为 3 个农业气候大区,第二级划分为 15 个农业气候带,第三级划分为 55 个农业气候区。第一级区根据光、热、水组合类型和气候生产潜力的显著差异,确定大农业部门的发展方向,将全国划分为三个不同的农业气候大区:东部季风大区、西北干旱大区和青藏高寒大区。东部季风大区位于我国东半部广大区域,占我国国土面积的46.2%,农业耕地占 80% 以上。该区域光、热、水丰富且时空配合较好,气候资源以纬向分布为主,气候生产潜力较高,适于农林牧综合发展,是我国主要种植业区和产粮区。西北干旱大区位于我国北部和西北部,包括内蒙古、吉林、宁夏、甘肃部分地区及整个新疆。该区域主要农业气候特点:太阳辐射强,日照时间长;降水少,变率大,季节分配不均;积温有效性高,春季升温快,夏季热量条件较好,各地日较差大;风能资源丰富,沙化严重。主要矛盾是水分不足,气候生产潜力不高,气候资源呈经向(盆地为同心圆)分布,适于以牧业为主、农牧结合和绿洲农业。青藏高寒大区东起横断山脉,西抵喀喇昆仑,南至喜马拉雅,北达阿尔金山、祁连山北麓。该区域主要农业气候特点:太阳总辐射能多,为我国辐射能的高值区;年平均气温低,暖季温凉,最热月平均气温不高,积温少,霜冻时间长,基本无绝对无霜期;水湿状况差异悬殊,气候生产潜力较低,气候资源垂直变化显著,适于耐寒型牧业为主,不宜种植喜温作物。第二级区为农业气候带,主要为确定种植制度和发展典型热量带果木林的界限提供依据。第三级区为反映具有地方农业气候特点的非地带性的农业气候区,分区指标具有较强的地区特点,多针对一些农业气候问题,如东北地区的低温冷害、华北地区的季节干旱等。

《中国农业气候区划》有五个特点:第一,对我国北部农牧过渡带从气候上进行了论证,并以其南界作为西北干旱农业气候大区与东部季风农业气候大区的分界。这个过渡带划界的依据在于发挥自然优势,有利于草原畜牧业基地的保护和控制开垦,以免导致沙漠化的发生。第二,东部季风区热量带的划分着重考虑越冬的低温条件,对南亚热带北界、中亚热带北界、北亚热带北界、南温带北界充分考虑农业意义,划分比较合理。第三,青藏高寒区的界线参考了大量实地考察结果,采用≥0℃积温和最热月平均气温相结合划分热量带,并较好地处理了藏东南热量带的归属问题。第四,第三级区主要根据各地农业气候特点,且多数是选择农业气象灾害作为其分区指标。第五,分区评述较为详细,着重农业生产中的主要农业气候问题,提出了合理开发利用农业气候资源的途径。

(2)第二次全国农业气候区划主要进展

此次区划与以往农业气候区划相比,取得了以下几个方面的进展:

积累了大量基础资料,建立了数据库。全国各地在开展农业气候区划研究中,在应用常规气候资料的同时,还通过调研、实地考察和推算,从多种途径获得了大量的非常规资料,弥补了边区和山区常规资料的短缺;系统地整编了基础资料和图表,积累了大量的相关数据。

应用新的技术方法,提高了区划分析水平。第二次农业气候区划采用的区划方法不拘一格、比较实用,同时密切结合农业生产特点和农业发展规划,使区划结果较好地反映了我国季风气候特征与农业生产的密切关系,在区划理论和方法上具有一定的创意。主要表现在:

此次区划是在区划发生学的基础上,着重于区划实用原则,即从地域差异规律形成的原因来揭示地带性和非地带性的农业气候分布规律及其与农业生产格局形成和发展潜力的关系,在此基础上针对区划服务对象的要求,对农业布局的合理性和农业发展潜力提出评价与建议。编制的区划遵循了农业气候相似性和差异性,确定区划等级单位系统、区划指标体系及确定分区界线。

我国地形复杂,气候类型多样,农业格局各不相同,在区划中采用了类型区划和区域区划两种不同分区划片的方法。有的采用区域区划,有的采用类型区划;全国或较大区域范围采用了区域区划与类型区划相结合的方法。

在选择区划因子方面有综合因子原则和主导因子原则。综合因子原则主要是反映气候对农业的整体影响;主导因子原则根据不同区划对象的要求,选择某些最重要的因子,或以主导因子与辅助因子相结合。全国农业气候区划根据开展区划的经验,考虑了主导因子和综合因子原则相结合的方法,取得了较好的区划结果。

各地在区划指标分析鉴定后,提出了一些农业意义较明确、分区层次性较符合客观实际和普适性强的区划指标体系。

在区划的基本方法方面,除传统的农业气候要素指标法和物候学方法外,此次区划引入了新的数理方法,进一步提高了农业气候区划分析的理论水平,如:聚类分析法、模糊数学法、灰色系统和系统工程理论、线性规划法和最优二分割法的应用等。另外,山西省还初次用陆地卫星影像,目视解译气候区,取得较好效果。

区划成果系列配套,有利于多方位服务。此次区划初步形成了系列配套的有利于为政府决策者、生产者、科研、教学等多方面提供服务和参考的成果。主要体现在:

综合农业气候区划与单项或部门的农业气候区划相配套。全国、省级或地、县级的综合农业气候区划是以农业生产总体为对象,全面评价气候条件与农业生产对象之间的总体关系。单项或部门的农业气候区划则是以某项农业生产任务或农业气候条件为对象的区划,包括全国和部分省、县级粮经作物(稻、麦、玉米、棉花、大豆、花生、油菜等)以及苹果、柑橘、龙眼、荔枝、橡胶树等经济果林的作物气候区划、中国牧区畜牧气候区划以及主要灾害种类的农业气候区划。综合农业气候区划与单项或部门的农业气候区划相配套,基本满足了农业生产对区划的不同需求。

简明区划与详细区划相配套,详细区划的总体报告具有主件与附件相匹配,与主体报告匹配的附件有:资料数据集、农业气候资源和灾害专题报告以及多种服务应用图表。例如《全国农业气候资源和农业气候区划研究》系列成果包含七项:《中国农业气候资源和农业气候区划》、《中国农林作物气候区划》、《中国牧区畜牧气候》、《中国农作物种植制度气候区划》、《农业气候相似研究》、《全国农业气候资料集》和《全国农业气候资源图集》。这些研究成果概括了国内有关学者的经验和共识,在学术上有一定创意。"全国农业气候区划"分区系统的农业物理意义明确,把全国依次分为三个农业气候大区、15 个农业气候带、55 个农业气候区。

区划成果深化了对我国农业资源配置和生产力布局的认识。第二次区划研究深化了对我国农业布局与农业气候资源配置中有关问题的认识。

①根据西北地区干旱化的成因和发展趋势,论证并提出了中国北部半干旱地区农牧业过渡气候带,为合理区分西北干旱区与东部季风区的界线提供了重要依据,对该区调整农牧业比例,防止向干旱草原滥垦引起荒漠化扩大以及研究三北防护林重点建设地带起到了积极作用。

②根据气候资源区域组合类型的多样性与种植制度形成的关系,提出了我国适于不同种植制度的气候优势区,为改革种植制度、提高复种指数、土地资源挖潜、发挥气候资源生产潜力提供了依据。

③区划阐明了各类农业生产基地的气候资源优势区,为建立国家级和省级的主要粮、棉、油及果品生产基地提供了依据。同时找到了一批名、优、特、稀有农产品生产的新开发区。

④通过对山区立体气候的多样性和层带性的观测和实地考察,提出了山区农业气候区划进一步细化的方法,对建设山区立体农业生态体系,提高山区资源承载力起到了积极作用。

### 1.3.3 第三次农业气候区划试点

改革开放以来,随着农村经济的发展和气候的变迁,原有的农业气候区划已难以适应农业可持续发展和市场经济的需要。20 世纪末,中国气象局在全国七个省市(黑龙江、贵州、陕西、北京、江西、河南、湖南)组织进行了第三次农业气候区划试点工作。项目从 1998 年开始实施,经两年多的努力，基本完成第三次农业气候区划试点中的各项任务。此次区划与以往两次区划不同，前两次农业气候区划的目的只是提高粮棉油等主要农作物单产和总产，而此次农业气候区划主要采用新技术、新方法、新资料，建立气候资源开发利用和保护监测体系，实行资源平面与立体、时间与空间的全方位优化配置，为政府分类指导农业生产、调整农村产业结构、发挥区域气候优势、趋利避害减轻气候灾害损失、提高资源开发的总体效益，开展服务。

（1）第三次区划试点成果

这次农业气候区划以 GIS 技术为主体，建立了农业气候资源与区划信息系统。该成果是国内首创的以"GIS"技术为主体，以 Windows 为平台，以 Citystar(GIS)ocx、C++ Builder、Visual Basic、Visual Foxpro、Access 为基础开发工具，建立的面向专业技术人员的区划专用工具，包括 10 大子系统，适用于气候资源监测评价、气候资源管理与分析、资源信息空间查询、省地(市)县三级区划产品制作等，其技术方法、手段、现代化程度比以前的区划有明显提高。

利用专业网站，实现了区划服务工作的现代化。采用先进的 B/S 体系结构，数据服务、业务服务、用户服务三层架构，实现区划产品网上查询，为各级农业部门、广大农村用户提供农业产业调整依据；为气候资源动态监测开发利用和保护、政府决策创造高效率的协同环境，实现区划服务工作的现代化。

实现区划－监测－栽培技术一体化。此次区划应用 Citystar OCX 工具，开发出对气候条件极为敏感的两系杂交稻制种气候资源空间最优配置信息系统。该系统脱离了 GIS 单机版平台，与实时气象网络通信连为一体，为实现 Web/GIS 打下了基础，将区划服务贯穿到作物生产基地选择、关键生育期气象服务、农业生产技术指导全系列服务。

建立了区划多元数据库。采用开放的数据库接口(ODBC)技术，建立了大规模气候资源数据库、小网格资源数据库、地理基础数据库、农业背景数据库、农业气象观测报表信息化管理与区划指标库及管理系统，为利用多元数据集成制作区划奠定了基础，克服了以往区划资料较单一的缺陷。

利用 GIS 和计算机技术，实现了小网格气候资源推算自动化。此次区划开发了小网格气候资源推算子系统。该系统基于 Citystar 快速生成小网格点地理参数(经、纬、高程、坡度、坡向)数据，建立小网格气候资源推算模式，通过人机对话，快速进行不同气候区农业气候区划要素小网格推算，生成不同要素小网格资源数据层集和图层，实现了农业气候区划的精细化，避免了人为分区不客观的弊端。如江西和北京分别获得年降水量和积温小网格分布。

提高了农业气候区划产品制作的自动化、客观化水平。应用区划指标集对小网格资源数据层进行判别分析、映射叠置处理，通过人机对话，可快速完成区划产品制作，实现了动态区划，提高了农业气候区划产品制作的自动化、客观化水平。

实现了农业气候资源的动态监测与评价。通过对历史气候资料库和实时气候数据的采集、处理，开发的省级农业气候资源动态监测评价系统，以可视化方式，通过对气候资源的时空比较、查询和分析，实现了农业气候资源的动态监测与评价。

建立了新的区划指标体系。各省在收集第二次农业气候区划和东部、西部丘陵山区气候资源及其开发利用成果基础上，根据农业生产发展需要，收集了大量行业站与气候考察资料、地理信息等资料，经过分析研究，并通过专家评审，确定了新的区划指标体系。

进行了农作物气象灾害风险区划。根据灾害风险分析理论，如风险辨识、风险估算、风险评价等，从孕灾环境、致灾因子、承灾体出发，提出了利用减产率、变异系数、风险概率、农业气象灾害灾度等指标,系统分析了小麦种植、两系杂交稻制种、南药种植、仁用杏花期霜冻、小麦干旱等农业气象灾害风险,并进行了农业气象灾害风险区划。例如:江西省两系杂交稻制种基地气候风险区划。

(2)第三次区划试点取得的进展

第三次农业气候区划试点工作取得的进展主要有以下几方面:

在农业气候区划中,首次建立了"农业气候区划信息系统"(ACDIS)。该系统以"GIS"技术为主体,以现代计算机、网络、多媒体等高新技术为基础,面向专业技术人员,实现了农业气候区划的精细化、可视化、动态化,使农业气候区划的客观化和自动化水平有了极大的提高。

采用开放的数据库接口(ODBC)技术,建立了大规模基本气候资料数据库、小网格资源数据库、地理信息基础数据库、农业背景数据库、农业气象观测报表信息化管理与区划指标库,能够全面利用气候、农业、地理等多元数据进行区划。

基于 GIS 技术,利用其生成的小网格点地理参数(经、纬、高程、坡度、坡向)数据,可快速进行不同气候区农业气候区划要素的小网格推算,生成栅格化的小网格气候资源数据,通过由点到面的气候资料,实现了农业气候区划的精细化。

根据风险分析理论,提出了利用减产率、变异系数、风险概率、农业气象灾害灾度等指标,进行农业气象灾害风险分析的方法,并首次进行了农业气象灾害风险区划。

开发了农业气象观测记录报表管理系统,实现了农业气象观测资料的计算机查询、分析、计算和机制报表功能,解决了困扰多年的农业气象观测记录报表信息化问题。

第三次农业气候区划的试点工作,将"GIS"技术引入了农业气候区划试点工作之中,大大提高了工作效率与区划精度。

## 1.4　农业气候区划的新机遇与新特点

### 1.4.1　农业气候区划的新形势

第三次农业气候区划试点虽然在区划技术、方法及应用方面取得了显著成绩,特别是将"GIS"技术引入到农业气候区划,大大提高了工作效率与区划精度。但是第三次农业气候区划也存在一些缺陷:一是受经费所限,未能实现全国区划;二是受当时业务所限,仍然立足于静态农业气候区划,未能考虑未来气候变化的作用与影响;三是受信息源所限,未能将卫星遥感应用于精细化农业气候资源分析;四是受工具所限,区划产品的制作手段相对落后,制作周期较长,严重影响了区划成果的深化应用;五是受技术所限,未能构建成果共享平台,大大影响了成果的推广应用。

我国农业经过新中国时期几十年的高度重视和发展,特别是党的十七届三中全会以后,随着农业及国民经济发展步伐的加快,迫切需要根据全球气候变化,从现代农业发展的特点入手,针对社会需求变化和生产技术变化,探讨新技术、新方法在农业气候区划中应用。迫切需要开发基于新技术、新方法的农业气候区划应用系统平台,实现农业气候区划工作的现代化、动态化和业务化,以推动农业气候区划工作不断适应农业发展的新形势。迫切需要跟踪当地农业气候变化,实现农业气候区划的精细化、多元化、特色化,以适应社会需求变化、自然环境变化、农业结构变化和生产技术变革背景下的农业及国民经济发展决策的需要,以不断满足当地农业生产与经济发展决策的需要,提高气象对生态保护与农业生产的科技支撑能力,使农业气候区划工作为促进农业增产、农民增收、农村繁荣和社会主义新农村建设做出更大贡献。

### 1.4.2　农业气候区划的新需求

(1)农村改革发展新形势的迫切需要

2008年10月12日,党的十七届三中全会通过的《中共中央关于推进农村改革发展若干重大问题的决定》(以下简称《决定》)中确定的到2020年农村改革发展的基本目标任务之一是现代农业建设取得显著进展,农业综合生产能力明显提高,国家粮食安全和主要农产品供给得到有效保障,并使农民人均纯收入比2008年翻一番,消费水平大幅提升,绝对贫困现象基本消除。为实现这一目标,《决定》同时提出了许多具体要求,农业气候区划工作与其中四个方面的要求密切相关,需求迫切:

新型农业气候区划是按照高产、优质、高效、生态、安全的要求和提高土地产出率、资源利用率、劳动生产率,增强农业抗风险能力、国际竞争能力、可持续发展能力的要求发展现代农业的基础性工作之一;

搞清楚县级农业气候资源对于落实把发展粮食生产放在现代农业建设的首位,按照稳定播种面积,优化品种结构,提高单产水平,不断增强综合生产能力,推进国家粮食核心产区和后备产区建设,加快落实全国新增千亿斤粮食生产能力建设规划,以县为单位集中投入、整体开发的要求做好现代农业建设规划意义重大;

开展精细化农业气候区划对于推进农业结构战略性调整,科学确定区域农业发展重点,形成优势突出和特色鲜明的产业带,采取有力措施支持发展油料作物生产,提高食用植物油自给水平和鼓励、支持优势产区集中发展棉花、糖料、马铃薯等大宗产品,推进蔬菜、水果、茶叶、花卉等园艺产品集约化、设施化生产,因地制宜发展特色产业和乡村旅游业等至关重要;

做好涵盖林果、畜牧、渔业等新的大农业气候区划是加快发展畜牧业,支持规模化饲养,加强品种改良和疫病防控,推进水产健康养殖,扶持和壮大远洋渔业,发展林业产业,繁荣山区经济的迫切需要。

(2)支撑粮食安全和农业可持续发展的战略需求

从中长期发展趋势来看,我国粮食供需将长期处于紧平衡状态,粮食安全问题面临严峻挑战,因此,国务院在2008-2020年《国家粮食安全中长期发展规划纲要》中提出粮食稳产高产及保障粮食等重要食物基本自给的发展目标。气象因子既是粮食生产必不可少的物质要素,环境气象条件又是影响粮食产量波动的重要因素之一。《国务院关于加快气象事业发展的若干意见》(国发[2006]3号)明确指出:"粮食产量、品质和种植结构与天气、气候条件密切相关。要依靠科学,充分利用有利的气候条件,指导农业生产,提高农产品产量和质量,为发展高产、优质、高效农业服务"。因此,针对我国农业增效、农民增收、环境改善等所面临的关键科学问题,开展精细化农业气候区划技术方法研究,开发基于GIS的精细化农业气候区划应用服务系统,以提高农业气候资源利用效率、降低气候变化影响风险、增强生态系统服务功能、促进区域经济的可持续发展,是围绕我国粮食安全、生态安全和农业可持续发展等重大科学问题提供技术支撑的战略需求。

(3)农业布局结构调整的动态需求

随着农作物品种更新、农业布局结构调整、自然资源变化及由此引起的生态环境变化和社会需求变化,农业气候区划也需要不断适应社会发展的需要。特别是随着我国人口的不断增加,对粮食、经济作物、蔬菜等鲜活农产品的需求还在不断增加,促使农业结构和农业布局正在发生快速变化,名、特、优、新农产品不断涌现,设施农业、精准农业等特色农业的发展越来越快,加之气候条件不断发生变化,从而对农业气候资源利用研究的要求越来越高,而且随着农业生产的不断现代化,特别是管理模式的定量化,对农业气候资源的定量化和区划指标体系精细化要求将越来越高。迫切需要根据当地的区域特点和农业生产发展趋势,开展名、特、优、新品种的农业气象条件鉴定和评估研究及推广应用工作,开展特色农业、创汇农业、设施农业、精准农业等气象条件研究,提出区域农业气候资源的高效利用途径,开展各类名、特、优、新品种的农业气候区划指标研究,为现代农业的稳步发展跟踪提供新的农业气候区划服务产品。

(4)人类生存与发展的科学需求

生态环境与农业气候资源对人类的生存和发展具有重要意义。随着人类活动的加剧,环境破坏日益严重,导致气候变化异常加速,从而加剧了农业气候资源时空分布的变化和生态环境压力的增大。针对如何有效保护生态环境和提高农业气候资源的利用效率,世界各国科学家已经从事了大量的研究工作。早期的研究主要集中在对与有关社会经济活动和粮食生产关系比较密切的生态环境因子和气候因子的分析评价。随着社会经济的快速发展、人类认识水平的提高和可持续发展的需要,生态环境和气候资源的研究工作已经进入了综合应用研究阶段,迫切需要区划成果为管理决策提供科学基础。

### 1.4.3　农业气候区划的新机遇

(1)地理信息系统技术的发展提高了区划的空间分析能力

地理信息系统(GIS)是一个能够综合处理和分析空间数据的计算机技术系统,它除了具有数据采集、数据操作、数据集成和显示等基本功能外,最核心的功能是空间分析。精细化农业气候区划涉及大量数据,对这些数据进行有效的管理和分析是一项十分重要的工作。利用GIS技术,可以将遥感反演数据直接输入系统,可以对社会经济等方面的图形、文字等资料数字化。在GIS中,对农业气候要素可以方便地进行空间插值形成面状格点数据,且很容易实现农业气候区划的多尺度转化。

GIS在农业气候资源研究方面的作用主要体现在以下方面:

①应用GIS可方便地建立数字高程模型和空间分析模型,进行农业气候资源分析计算、气候分区与定量分析,定量采集、管理、分析具有空间特性的气候资源。

②利用GIS技术可以快速方便地进行农业气候资源小网格推算模式研究。

③在GIS基础平台上,可开发一套基于组件式GIS技术的精细化农业气候区划产品制作系统,实现农业气候区划的业务化、动态化。

(2)卫星遥感技术的发展增加了区划的基础信息源

遥感技术可以同步观测大范围地区,迅速获得广大区域的各类监测信息,并且以其时效性的特点,可以在短周期内对同一地区进行重复观测。与传统的地面调查和考察相比,遥感技术的应用不仅可以大大地节省生态调查的人力、物力和时间,而且还可以较大程度地排除调查数据的人为因素干扰,因此,遥感数据对农业气候资源调查与区划研究提供了新的信息源。

我国从1988年开始NOAA卫星资料的存档,现已有20多年较为完整的资料,并对其中的云覆盖率、植被覆盖度、水体变率、陆面温度等资料进行了整编。这些整编资料对农业气候资源的动态调查与农业气候区划具有十分重要的意义。

（3）农业气候区划技术的进步提高了区划的精细化水平

随着农业气候区划的空间尺度研究由数十千米（县级）向千米（乡村级）乃至百米（地块级）的发展、要素形式由简单型向复合型的发展及区划成果由静态型向动态型的发展，农业气候资源调查与区划的能力亦趋于复杂化和综合化，并且随着研究对象的时空尺度趋于长期化、全球化、精细化，其研究方法亦趋于定量化，其目的亦由简单目标决策转向生产系统管理。

随着气候变化预测技术的进步，农业气候变化趋势研究将成为农业布局调整所关注的重要自然要素，并将促进农业气候资源调查与区划研究的不断深入，促进精细化农业气候资源时空分布模型和农业气候区划指标体系的不断完善。

（4）Internet 技术的发展增强了区划的服务能力

随着计算机技术、Internet 技术、多媒体技术的快速发展，以网络为平台的、采用分布式体系结构的 Web GIS 已在全球信息基础设施上得到广泛应用。利用这一技术，用户可以浏览到 Web GIS 站点上的空间和属性信息，实现空间信息检索查询和空间分析与计算，制作专题图件，实现统计报表等分析数据的自动输出与查询，实现区划产品的可视化在线分发与区划产品的多媒体展示。通过开发基于 Web GIS 技术的农业气候区划产品信息共享系统和简便易行的自助式农业气候区划产品制作系统，可有效实现区划产品的社会化共享服务。

### 1.4.4　本次农业气候区划的新特点

（1）组织实施集约化

全国第一、第二次农业气候区划由于技术条件所限，所有资料均为纸质资料，计算整理工作量大，几乎动用了全国气象部门从事气候和农业气象工作的大部分力量，参加人数上千人。又由于我国地域广阔、农业布局差异大，各地主要根据当地当前的农业气候区划需求开展工作，基础数据、区划指标等均由各地自行整理，因此，虽然有统一的总体方案，但组织结构松散，所以实施效率不高，且不能跟踪气候变化和需求变化持续开展后续区划。第三次农业气候区划由气象部门组织黑龙江、贵州、陕西、北京、江西、河南、湖南等 7 个省市进行试点，虽然基础数据已采用电子文档形式，加快了整理计算速度，但同样由于以当地当前农业气候区划需求为核心，自行整理基础数据和区划指标，虽然区划思路和系统有一定的通用性，但基础数据、区划指标等仍需各地重新建立，故未能在全国顺利铺开。

针对上述不足，本次区划主要体现以下特点：在技术上，紧紧跟踪科学技术发展，特别是重视地理信息系统技术和遥感信息的应用。在目标上，紧密围绕社会需求，特别是重视气候变化和农产品生产布局变化的动态需求。在组织实施上，采用集约化思路，全国一盘棋，统筹规划，整体实施，便捷服务，不搞人海战术，尽量减少推广应用环节和工作量，缩短推广应用周期。具体做法是：由国家级牵头，统一业务化方案，实现基础信息源共享；通过与农业部门跨行业合作，使成果直接面向用户，通过上下结合、进行分工协作、构建通用指标体系；采用商业化方式，开发自动化标准化程度高的区划制作与产品共享发布及远程自助式服务系统，制作流程简明规范，服务形式便捷多样。

该项目提供给气象系统各农业气候区划业务单位的主要成果包括：通用农业气候区划产品制作系统及与之相配套的本地 $0.01°×0.01°$ 格点化的农业气候资源要素数据库、基础地理信息数据库、主要农作物区划体系指标库、区划方法模型库、小网格气候要素模型库和标准化的区划产品制作流程向导,各业务单位安装这套系统后,只要输入区划对象的对应气象要素指标,选用合适的区划模型,不再需要其他烦琐的操作,即可快速得到所需的区划产品。提供给社会用户的主要成果包括:农业气候区划产品发布系统及与之相配套的以典型地区为案例的冬小麦、玉米、棉花等大宗农作物和香蕉、荔枝、沙田柚等特色农产品以及牧草精细农业气候区划产品,今后各业务单位陆续制作的新的农业气候区划产品也可在网站上直接查阅,同时还为农业技术人员、科教人员以及知识型农民提供了简易的网络自助式农业气候区划产品制作系统,只要按照网上提示,输入必要的信息及相关区划指标或提出申请,即可得到所需的农业气候区划产品。

(2)基础数据多元化

全国第一、第二次农业气候区划的基础数据仅用到温度、降水、日照等常规气候整编资料,由于计算条件的限制,只能进行台站点上的一些平均和极值的计算,且要素单一,难以进行复合因子运算。第三次农业气候区划试点增加了1:25万地形基础地理信息,可以进行空间格点的小网格推算和复合因子运算,但支撑能力有限。本次区划的基础资料包括全国2300多个气象台站的空间地理信息以及气温、降水、日照、地温等长期气候观测资料,根据多年NOAA极轨气象卫星观测资料反演计算的云覆盖率、陆面温度,光合有效辐射、植被覆盖度、水体等遥感资料,国家地理信息中心提供的高程(DEM)数据、国界、行政境界、水系、交通、居民点等基础地理信息以及土壤类型、土地利用、农业统计等相关资料,其信息源比过去丰富很多,信息量比过去大很多倍,为精细化农业气候资源区划奠定了坚实的数据基础。

(3)要素计算模式化

全国第一、第二次农业气候区划时,只简单计算了所选台站的气候要素平均值和极值,并在纸质图的台站位置上直接填写本站的有限气候要素值,再通过人工分析方法绘出各要素的等值线图,在此基础上再根据各气候要素的利弊权重,进一步绘出农业气候综合区划图,因而等值线走向不可避免地存在一定的主观影响,故其区划精度也不可避免地存在一定的人为误差,因此,该方法难以实现精细化农业气候区划,特别是复杂地形的精细化农业气候区划。第三次农业气候区划试点时,其主要改进是采用台站气候要素与地理经度、纬度和海拔高度建模,通过1:25万地形基础地理信息实现气候要素的格点化推算。但由于数据支持能力有限,故空间格点的推算精度,特别是区域范围仍然有限,故未能生成全国的气候资源要素图。

本次区划的方法是直接以全国2300多个台站长时间序列的气候资料为基础,以多年NOAA极轨气象卫星整编的云覆盖率、陆面温度,光合有效辐射、植被覆盖度、水体等遥感资料为补充,以地形、地貌、土壤、植被、土地利用等为地理信息背景,在3S集成技术支持下,研究建立全国千米级网格的光能、热量、降水、蒸散等精细化农业气候资源时空分布模型,生成全国 $0.01°×0.01°$ 网格的精细化农业气候资源要素数据集,实现农业气候资源数据的精细化、定量化、格点化,为典型案例地区的大宗农作物和特色农产品的精细化农业气候区划提供高空间分辨率、多要素的气候资源背景,为农、林、牧、副等大农业和名、特、优、新农产品的生产、规划、科研和决策服务提供基础信息与技术支撑。

(4)制作平台一体化

全国第一、第二次农业气候区划时,所有气候要素均是依靠人工抄录和用算盘、计算尺、手摇计算器等统计计算,工作量非常大;所用表格、底图均为纸质印刷品,只能靠手工填写,人工校对,工作效率十分低下;所有要素图全靠经验判断,手工笔绘,主观误差难以避免,分析精度相对有限，只能进行大宗农作物的农业气候区划，难以满足复杂地形精细化农业气候区划的要求，更无法跟踪气候变化、品种更新和农业生产结构变化等进行动态农业气候区划。第三次农业气候区划试点时，基础气候资料已可以应用电子文档进行计算机处理，计算效率大大提高，并可以借助 GIS 技术进行空间格点气候要素的推算。但由于当时的数据支持和模型推算的能力仍然有限，故未能生成统一的全国农业气候资源要素图和区划产品。

针对以上不足，本次区划根据现代农业的需求特点，从农业气象专业技术人员制作农业气候区划产品的工作需要，设计并研发了一套基于组件式 GIS 的工具型农业气候区划产品制作平台。实现了专业级高质量区划产品的交互式快速制作，可满足国家、省、地、县各级业务部门的需求。该系统的主要特点是：将应用软件与本地 $0.01°\times0.01°$ 格点化的农业气候资源要素数据库、基础地理信息数据库、主要农作物区划体系指标库、区划方法模型库、小网格气候要素模型库集成为完整的一体化系统。该系统不需要复杂的培训过程，甚至不需要培训，操作人员只要根据区划产品制作向导，确认或修改或输入区划对象的对应气象要素指标，选用合适的区划模型，即可快速获得所需的区划产品。该系统不再需要其他烦琐的操作，使用非常方便、工作效率高，而且特别适用于动态农业气候区划，可不断满足政府和社会各界因气候变化、社会需求变化、相关资源变化、种植结构变化、作物品种及其适应性变化等对农业气候区划提出的新要求，有效地提升气象为社会主义新农村建设的服务能力。

此外，系统还提供了自选空间分辨率的功能，对于市、县级区划而言，通过更改小网格推算模型的空间分辨率，可实现相当于 500 m×500 m 或 100 m×100 m 或其他分辨率气候资源要素的推算，从而满足各种不同的生产需求（苏永秀、李政 等，2010）。

（5）区划产品精细化

全国第一、第二次农业气候区划的产品形式主要是等值线图。对于气候资源要素而言，在两条等值线之间无法回答气候要素的数值高低。对区划产品而言，一些区域较小的特色局地气候资源很难精确地表示出来，不能较准确地回答某种气候资源或区划类别的准确地点和实际可用面积。第三次农业气候区划试点虽然实现了基础数据和区划产品的电子化，可以回答每个格点气候要素的数值高低和区划类别，但因其当时的气候要素推算模型较为简单，所用基础数据源仍然有限，故其区域范围和计算精度仍有一定的局限，亦不能较准确地回答某种气候资源的准确地点和实际可用面积。

本次区划由于采用了多源数据，改进了气候要素的小网格推算模型，不仅提高了空间分辨率和数值计算的精度，生成了全国 $0.01°\times0.01°$ 网格的农业气候资源要素数据集，而且能够结合基础地理信息和土壤、土地利用等信息，准确回答某类气候资源或区划类别的准确位置和可用面积，从而有效提高了区划产品实用性的精细化，大大提高了区划产品的易用性。

同样，通过更改小网格推算模型的空间分辨率，可获得各种空间分辨率的农业气候资源要素和区划产品，以满足农业生产的各种空间尺度的需求（蔡哲 等，2010）。

（6）服务渠道多样化

限于全国第一、第二次农业气候区划的条件，当时的主要成果仅是纸质农业气候区划图集。这种产品形式使用起来十分不便，不仅不便于携带，而且不方便与其他相关成果整合，进行更进一步的农业工程规划等后续工作。第三次农业气候区划试点虽然实现了产品的电子化，在为政府和农业部门的决策、规划等提供服务体现了很好的优势，但为用户的服务渠道仍然有限，尤其是不能让生产一线的农户直接享受到区划的服务与应用。

本次区划不仅制作了纸质版和电子版的农业气候资源与区划图集,而且针对研究成果的社会化服务需要,开发了一套基于 Web GIS 技术的农业气候区划产品信息共享系统和简便型自助式农业气候区划产品制作系统。

信息共享系统主要满足各类用户的网络化查询,实现农业气候资源区划产品信息可视化服务,对用户没有太多的技术要求,只要有上网知识就可以享受到便捷的服务。

简便型自助式农业气候区划产品制作系统主要针对相关领域非专业技术人员和知识型农业生产者的工作需要,为相关农业布局、种植规划、品种引进、熟制调整等经营决策提供方便快捷的辅助工具,用户只需选择地理区域、农业背景条件、品种类型或气候指标等指定信息,系统就会自动给出用户所选农作物品种的气候适宜性区划图,为科学化的农业生产与经营决策提供现代化的技术支持。

## 1.5 精细化农业气候区划的应用展望

### 1.5.1 精细化农业气候区划的可能影响

(1)可以促进全国主体功能区划的深化

精细化农业气候区划是全国主体功能区划的基础。因此,精细化农业气候区划能够为全国主体功能区划提供基础支撑,并促进全国主体功能区划的深化。

(2)可以促进抗灾救灾成本的降低

由于农业生产具有自然再生产和经济再生产交织的特点,经常处于自然风险和社会经济风险的威胁之中,其风险性远远高于其他产业。在自然灾害风险中,气象灾害占 70%左右。精细化农业气候资源利用与区划,对于国家农业结构调整,引导农业趋利避害,减轻农业经济损失,降低抗灾救灾成本,完善防灾减灾工程等具有重要意义。

(3)可以促进农业生产结构与布局的优化

为了发挥区域比较优势,保障国家食物安全和促进农业增效与农民增收,党中央、国务院多次强调要把优化农业生产结构与布局作为农业工作的重要任务来抓。农业生产结构与布局深受气候条件的影响,因此,精细化农业气候区划可以为农业发展决策、提高农业综合生产能力提供支撑。

(4)可以促进农业气候资源持续高效化利用

我国区域气候资源复杂多样,气候资源开发潜力巨大,精细化农业气候资源利用与区划,可应用于农业气候资源开发利用决策,促进农业气候资源潜力的挖掘,以缓解水资源与耕地资源短缺给农业带来的压力,促进我国气候生产潜力的挖掘与气候资源持续高效化利用。

(5)可以促进生态保护与环境建设

精细化农业气候资源利用与区划可直接应用于生态保护与环境建设决策,促进生态系统功能的修复与良性化发展。

精细化农业气候资源利用与区划的间接作用表现在:一是可提升农业防灾减灾能力,降低大灾之年农业生产对生态环境的冲击;二是可促进农业生产结构与布局的优化,缓解农业不合理布局对生态环境的冲击;三是可促进农业气候资源潜力的挖掘,缓解因资源短缺所引发的农业生产对生态环境的冲击。

### 1.5.2 精细化农业气候区划技术与平台的潜在作用

（1）支撑年度农业产量形势预评估

农业产量形势预评估对于国家计划部门制定农产品宏观调控计划意义重大。对某一地区而言，影响农业产量的主要因素有作物品种、栽培技术与管理、气候条件等几大方面，其中气候条件是大范围产量波动的主要原因。应用精细化农业气候区划产品制作系统技术，将系统中的历史气候要素更改为当年的实时气候要素，直接套用某一农作物的区划指标，即可得到该农作物当年的趋势产量分布图，并可进一步做出农业产量形势预评估，从而为国家宏观调控提供决策依据。

（2）支撑灾情影响预评估

农业干旱、低温、霜冻等是我国的主要农业气象灾害，应用精细化农业气候区划产品制作系统技术，输入灾前、灾中、灾后的实时气象要素，给定农业气象灾害评估指标，即可做出灾前、灾中、灾后的灾情评估；输入灾前、灾中、灾后的预测气象要素，给定农业气象灾害风险评估指标，即可做出灾前、灾中、灾后的风险预评估。该系统技术也可应用于农业气象灾害风险区划，为政策性农业保险服务。

（3）支撑气候变化影响预评估

《中国应对气候变化的政策与行动》（白皮书）指出，近50年来中国降水分布格局发生了明显变化，西部和华南地区降水增加，而华北和东北大部分地区降水减少。高温、干旱、强降水等极端气候事件有频率增加、强度增大的趋势。夏季高温热浪增多，局部地区特别是华北地区干旱加剧，南方地区强降水增多，西部地区雪灾发生的几率增加。并且指出，中国未来极端天气气候事件发生频率可能增加；降水分布不均现象更加明显。气候变化对中国农牧业生产的负面影响已经显现，农业生产不稳定性增加；局部干旱高温危害严重；因气候变暖引起农作物发育期提前而加大早春冻害；草原产量和质量有所下降；气象灾害造成的农牧业损失增大；动植物病虫害发生频率上升。应用精细化农业气候区划系统技术可以跟踪气候变化，围绕农业产业结构、种植业结构调整及农业产业化、农业中长期发展规划等开展气候变化对我国农业生产的影响及农业气候资源布局的分析，开展气候变化对水资源、粮食、生态环境的影响评估，开展农业气候可行性论证，充分挖掘我国农业气候资源生产潜力，为促进我国农业气候资源的合理利用及农业产业结构调整提供农业气象服务。

（4）促进相关研究领域的科技进步

开发的高分辨率农业气候要素模型、精细化农业气候区划技术，可以应用于相关研究，促进相关研究领域的科技进步。

# 第 2 章　高分辨率农业气候要素模型

万物生长靠太阳,雨露滋润禾苗壮,四季冷暖各有别,温度适宜生长旺。农业气候区划就是从这个层面上展开的。对于某一地区而言,能否适宜某种农作物生长,除了土壤条件外,气候条件是决定因子。而且土壤的形成,除了与形成土壤的母岩有关外,在某种程度上也取决于气候条件是否有利于母岩风化。光照是作物生长的能量来源,也决定作物光照特性;水既是地球上一切生物的主要组成物质,也是作物生长过程物质输送的载体,可以说,没有水就没有生物,而降水是其主要来源;温度的年季与空间分布千差万别,是制约农作物能否存活和旺盛生长的限制因子;农业生产最关心的是适合某种作物生长的界限温度之间的时段有多长。这四点是农业气候区划的基础,也是本章的要点。2.1 节从上述四个要点入手,主要介绍基于 GIS 技术的年、季、月、旬的日照、降水、温度空间分布的精细化推算模型和与作物生长期直接相关的界限温度初终日的推算模型。2.2 节介绍长序列卫星遥感资料的处理及其气候要素的生成方法。2.3 节针对气候要素空间推算存在站点要素空间不连续的现象,介绍卫星遥感地表温度与气温的耦合模型以及遥感云覆盖率与日照百分率的耦合模型。2.4 节介绍本次区划中农业气候资源数据库的组成及其结构与数据格式。

## 2.1　基于 GIS 的细网格气候要素模型

### 2.1.1　日照推算模型

在不考虑大气影响的情况下,地平面上的天文可照时数只与季节和纬度有关,而实际情况是地表地形起伏多变,这种起伏必然导致部分地方出现太阳光线的遮蔽问题。因此,要精确计算各地的实际日照时数,就必须计算实际地形下的天文可照时数,即必须计算因地形遮蔽而损失的日照量。

（1）太阳视轨道方程

太阳高度角 $h_\theta$ 是太阳相对观察者的天球地平以上的高度角,取值范围 $0 \sim 90°$,天顶距 $Z_\theta$ 是高度角的余角。太阳方位角 $\Phi$ 是在地平面内从北向东到太阳垂直向下的点在地平面内所夹的角度。太阳时角 $\omega$ 从正午位置算起,每天变化 $360°$ 或 1 h 变化 $15°$。当给定了地理位置（地理纬度 $\varphi$）、日期和一天中的时间,则根据太阳视轨道方程即可确定水平面太阳的天顶距 $Z_\theta$ 或太阳高度角 $h_\theta$、太阳方位角 $\Phi$ 和太阳时角 $\omega$ 三者间的关系:

$$\sin h_\theta = \sin\varphi\sin\delta + \cos\varphi p \cos\delta\cos\omega$$
$$\cos h_\theta = (\cos\delta\sin\varphi\cos\omega - \sin\delta\cos\varphi)/\cos\Phi$$
$$\sin\Phi = \cos\delta\sin\omega/\cos h_\theta$$

上式中

$h_\theta$ 为太阳高度角，单位：(rad)；

$\varphi$ 为测点地理纬度，单位：(rad)；

$\omega$ 为太阳时角，从真太阳时正午算起，向西为正，向东为负，单位：(rad)；

$\delta$ 为太阳赤纬，在天赤道以北为正，以南为负，单位：(rad)；

$\Phi$ 为太阳方位角，从观测者子午圈开始按顺时针方向度量，正南为零，向西为正，向东为负，单位：(rad)。

精确计算太阳赤纬，需用级数形式，左大康等（1991）根据 1986 年中国天文年历中的列表值对 $\delta$ 进行了 Fourier 分析，给出新的计算公式：

$$\delta = 0.006894 - 0.399512\cos\tau + 0.072075\sin\tau - 0.006799\cos 2\tau +$$
$$0.000896\sin 2\tau - 0.002689\cos 3\tau + 0.001516\sin 3\tau$$

式中 $\tau$ 为日角，以弧度（rad）表示，可用日序 $Dn$ 计算，$Dn$ 为从 1 月 1 日到 12 月 31 日的连续计数日，365 为全年总天数（假定 2 月为 28 天）。则

$$\tau = 2\pi(Dn-1)/365$$

设 $\omega_0$ 为日出日没时的时角，$N$ 为昼长（天文可照时数），对于水平面，在日出、日没（$\omega = \omega_0$）时，太阳高度 $h_\theta = 0$，即

$$\sin\delta\sin\varphi + \cos\delta\cos\varphi\cos\omega_0 = 0$$
$$\omega_0 = \arccos(-\tan\varphi\tan\delta)$$

式中 $\omega_0$ 为日出时的时角；$\omega_0$ 为日没时的时角。则昼长

$$N = 2\omega_0（弧度）$$
$$= 24\omega_0/\pi(h)$$

（2）地形遮蔽影响量计算

首先根据全国 1：25 万 DEM 数据生成 $0.01° \times 0.01°$ 的格点高程矩阵，共 $m$ 行、$n$ 列，由于矩阵中缺少国境线外的 DEM 格点数据，故其对应格点高程记为 $-1$，计算中不考虑。

计算第 $k$ 行、第 $j$ 列格点的日天文可照时数 $W_{s_{kj}}$ 时，需要减去周边格点的遮蔽量 $Wb_{kj}$。为此，可构造一个如图 2.1-1 所示的模型，弧线 $S_1-S_2$ 为基于格点 $O$ 的某一日太阳轨迹在地平面上的投影，$S_1$ 为日出点，$S_2$ 为日落点，点 $P_1$ 为日太阳轨迹的任意点，点 $Z$ 为正午时太阳在平面上的投影，直线 $OO_1$ 为以格点 $O$ 为圆心的大圆半径 $R$，在实际计算中可取 50 km。直线 $P_1O$ 为任意时刻格点 $O$ 所接受的太阳光线在平面上的投影。显然 $\angle S_1OO_1$ 等于太阳赤纬 $\delta$，

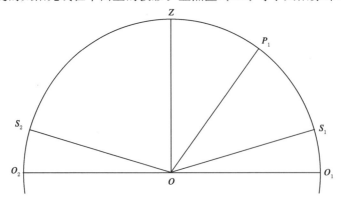

图 2.1-1　实际地形太阳光线遮蔽平面模型

在任意时刻,判断 $O$ 点阳光是否受地形遮蔽只需根据图 2.1-1 所示的直线 $P_1O$ 判断所通过的格点是否对 $O$ 点构成遮蔽。实际计算中,是根据太阳轨迹,从日出到日落每隔 10 分钟判断一次遮蔽。

图 2.1-1 中任意时刻太阳光线 $P_1O$ 对 $O$ 点的遮蔽分析模型见图 2.1-2。光线 $P_1O$ 并不一定正好通过矩阵中的格点,可能从两个格点中间穿过,此时高程采用最近的东西向格点高程平均值代替,图 2.1-2 所示格点 $H_iO$ 高程与太阳光线经过该点的高度差为 $H_iO-H_i$,当 $H_iO$ 足以遮挡光线 $P_1O$ 时,则判定此时刻 $O$ 点由于地形遮蔽,天文可照时数为 0。根据图 2.1-1 所示,沿 $S_1-S_2$ 每 10 分钟计算 1 次遮蔽情况,累加被遮蔽的次数 $n$,即可计算出全天被太阳遮蔽的实际可照小时数 $dtH$。其计算公式如下:

$$dtH = n \times 10/60 \tag{2.1-1}$$

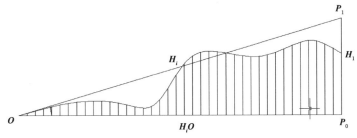

图 2.1-2　格点太阳光线来向上的太阳遮蔽情况

(3)实际地形下的日照推算模型

某一地点的实际日照时数可分解为实际地形下的可日照时数和日照百分率两项,据此可构建日照时数推算模型:

$$S_d = S_s \times R_s \tag{2.1-2}$$

式中 $S_d$ 为空间格点实际地形下的日照时数,$R_s$ 为该格点的日照百分率,$S_s$ 为该格点消除地形遮蔽后的总可照时数。这样就把空间格点实际日照时数的计算问题归结为空间格点日照百分率和消除地形遮蔽后的总可照时数两个方面。其中空间格点的日照百分率可通过台站日照百分率推算获得,也可通过卫星遥感的云覆盖率耦合获得,消除地形遮蔽后的总可照时数可在 GIS 支持下,应用 2.1-1 式和 DEM 高程数据获得。

①全国各站年、季、月、旬日照百分率计算方法

我国气象观测站环境的基本要求是:"观测场四周必须空旷平坦,避免建在陡坡、洼地或邻近有丛林、铁路、公路、工矿、烟囱、高大建筑物的地方。避开地方性雾、烟等大气污染严重的地方。观测场四周障碍物的影子应不会投射到日照和辐射观测仪器的受光面上,在日出日落方向障碍物的高度角不超过 5°,附近没有反射阳光强的物体"(《地面气象观测规范》1979,2003 版),所以气象站的日照百分率可以不考虑局地地形遮蔽,区划中是直接根据各观测站 1971—2000 年各时间尺度的平均日照时数除以相应的可照时数计算得到全国各站年、季、月、旬日照百分率。

②全国空间格点年、季、月、旬及各界限温度间日照百分率的计算

区划中空间格点日照百分率的计算是以全国 2300 多个气象站的多年平均日照百分率为基础,通过 Kriging(克里金)法进行平面内插生成全国年、季、月、旬及 0、5、10、12、15℃界限温

度间 0.01°×0.01°分辨率的日照百分率格点图。图 2.1-3 为全国年日照百分率分布图（全国季、月、旬日照百分率分布图略）（王怀秀，段 能 等，2011）。

③实际地形下全国年、季、月、旬及各界限温度间日照时数的计算

区划中，首先根据 1∶25 万地理信息，应用（2.1-1）式计算每个格点的每天实际可照时数 $S_s$，并进行年、季、月、旬及 0、5、10、12、15℃界限温度间 $S_s$ 的统计，然后根据 2.1-2 式将各格点年、季、月、旬及 0、5、10、12、15℃界限温度间的实际可照时数与上述 Kriging 法平面内插生成的年、季、月、旬及 0、5、10、12、15℃界限温度间 0.01°×0.01°分辨率的日照百分率 $R_s$ 相乘，即可得到实际地形下全国年、季、月、旬及 0、5、10、12、15℃界限温度间 0.01°×0.01°格点的日照时数 $S_d$。

根据上述计算方法，利用 ERDAS IMAGINE8.4 软件可制作生成实际地形下全国年、季、月、旬及 0、5、10、12、15℃界限温度间 0.01°×0.01°分辨率的日照时数空间分布图。

（4）全国日照时数空间分布特征

①实际地形下全国年日照时数分布

图 2.1-4 为全国年日照时数分布图。

由图 2.1-4 可见，实际地形下的年日照时数青藏高原、西北和内蒙古大部分地区为最高，四川盆地最低，日照时数受地形影响非常大，山区日照时数分布较为复杂，山系对局地日照时数的影响很大。

全国季、月、旬日照时数分布特征略。

②实际地形下全国各界限温度间的日照时数分布特征

图 2.1-5 为实际地形下 0℃、5℃、10℃、12℃、15℃各界限温度间 0.01°×0.01°空间格点的日照时数空间分布图。

由 2.1-5 可见，0℃、5℃、10℃界限温度下的日照时数以西部沙漠地区、云贵高原、华北、华南地区为最多，青藏高原最少。而 12℃、15℃界限温度下的日照时数，青藏高原存在大范围的高值区。

## 2.1.2 降水推算模型

（1）降水推算模型研究

①目前国内外主要的降雨插值方法

目前，国内外降雨量空间插值研究中，主要采用的插值方法有反距离加权法（IDW，Inverse Distance Weighted）、样条函数法（Spline）、PRISM 法、克里金法、协克里金法等。下面分别介绍相关算法：

**反距离加权法（IDW）**

反距离加权法通过对邻近区域的每个采样点值平均运算获得内插单元，以插值点与样本点间的距离为权重进行加权平均，离插值点越近的样本点赋予的权重越大。基本公式如下：

$$Z = \left[ \sum_{i=1}^{n} \frac{Z_i}{d_i^2} \right] \Big/ \left[ \sum_{i=1}^{n} \frac{1}{d_i^2} \right]$$

式中 $Z$ 为插值点的气象要素估算值，$Z_i$ 为第 $i$ 气象站点的要素值，$d_i$ 为插值点到第 $i$ 气象站点的距离，$n$ 为用于插值的气象站点数。

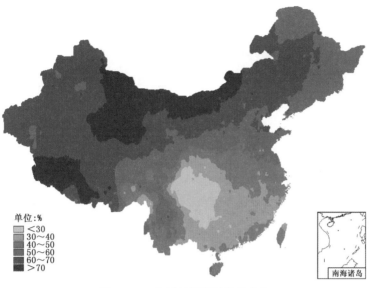

图 2.1-3　全国年日照百分率分布

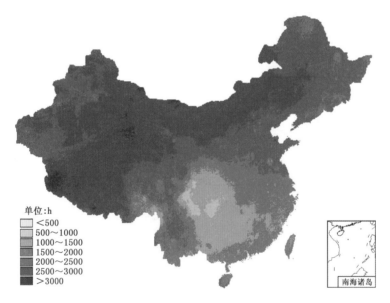

图 2.1-4　全国年日照时数分布图

**梯度距离平方反比法(GIDW)**

梯度距离平方反比法在距离权重的基础上,考虑了气象要素随海拔和经纬度的梯度变化,其基本公式为:

$$Z = \left[\sum_{i=1}^{n} \frac{Z_i + (X - X_i) \times C_X + (Y - Y_i) \times C_Y + (E - E_i) \times C_e}{d_i^2}\right] \Big/ \left[\sum_{i=1}^{n} \frac{1}{d_i^2}\right]$$

式中 $Z$ 为插值点的气象要素估算值,$Z_i$ 为第 $i$ 气象站点的要素值,$X$、$Y$、$E$ 分别为插值点的 $X$ 轴、$Y$ 轴坐标和高程,$X_i$、$Y_i$、$E_i$ 为第 $i$ 气象站点的 $X$ 轴、$Y$ 轴坐标和高程,$d_i$ 为插值点到第 $i$ 气象站点的距离,$n$ 为用于插值的气象站点数,$C_x$、$C_y$、$C_e$ 为站点气象要素值与 $X$、$Y$、$E$ 的多元回归系数。

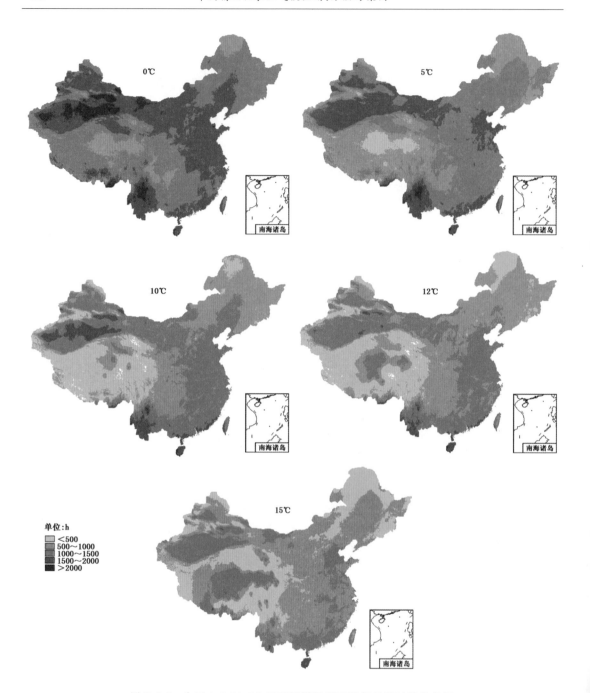

图 2.1-5　全国 0、5、10、12、15℃界限温度下的年日照时数分布图

**样条函数法(Spline)**

样条函数法以稀疏的观测结果可以连成一条光滑曲线,并用样条函数积分计算插值点估算值的方法。

$$Z = \sum_{i=1}^{n} A_i d_i^2 \log d_i + a + bx + cy$$

式中 $Z$ 为插值点的气象要素估算值,$d_i$ 为插值点到第 $i$ 气象站点的距离,$a+bx+cy$ 为要素的局部趋势函数；$x$、$y$ 为插值点的地理坐标，通过它可以获得最小化的曲率，$A_i$、$a$、$b$ 和 $c$ 为回归系数，$n$ 为用于插值的气象站点数。

**趋势面多元回归方法**

通过气象站的地理参数（例如经度、纬度、海拔高度、各方向起伏度等）与气象要素进行多元回归，计算公式如下：

$$Z = f(\alpha, \beta, \gamma, \cdots) + \omega$$

式中 $\alpha$、$\beta$、$\gamma$ 为地理因子，用逐步回归法建立趋势面模型，再利用 $\omega$ 进行小地形残差订正。本方法要求气象要素与地理参数相关性较好，能够较好地反映地形对气象要素的影响，但对局部地区小气候条件的反演效果较差。

**PRISM 插值法：**

PRISM 方法是由美国气象学家 Christopher Daly 提出的一种基于地理空间特征和回归统计方法生成气候图的插值模型，在 PRISM 方法中，认为高程是影响气象要素空间分布最重要的因素，并根据观测站点的高程值与气象要素的观测值，采取线性回归的方法，建立高程与气象要素之间的回归方程：

$$Y = B_1 X + B_0$$

式中，$Y$ 表示气象要素值，$B_1$，$B_0$ 为回归方程系数，$X$ 是 DEM 栅格点上的高程值。

在气象要素的回归模拟中，给各观测站点的数据分别赋予一个权重，根据站点观测值与对应的权重值便可计算出目标栅格点的气象要素值。其权重值受多个因素影响，是各个影响因子权重的综合反映，表示为：

$$W = f(W_d, W_z, W_c, W_t, W_f, W_p)$$

其中，$W_d$，$W_z$，$W_c$，$W_t$，$W_f$，$W_p$ 分别代表观测站点相对于目标栅格点的距离权重、类群权重、垂直分层权重、地形趋势面权重、离海远近权重和有效地形权重。对于目标栅格点而言，当观测站点较远或其海拔高度相差较大或该站点归属于其他类群时，其权重变小；在考虑大气的逆温层和低湿条件时采用垂直分层权重，在同一层时，权重为 1；不同层时，其权重变小。"地形趋势面"权重用于模拟因地形阻挡造成的阴影区和其他急剧变化的异常气候；采用离海距离权重可以重复定义目标模拟网点距离某一确定的海岸线的远近；有效地形权重反映不同地貌特征影响降水分配的变异特征。

PRISM 算法要求在一定的区域内控制气象要素空间变化的主导因子是高程。此算法考虑了研究区内降雨要素和高程的关系并不是由简单的线性关系本身就能够确切表达的，还考虑了距离、坡向、坡度等的影响，利用气象数据随高程梯度变化可计算每个待估点的降雨量，计算公式如下：

$$Z = \sum_{i=1}^{n} a_i \left[ G(H - h_i) + Z_i \right]$$

式中：$Z$ 为待估点的降水量；$n$ 为参与计算的气象站点个数；$G$ 为降雨量随高程变化的梯度；$a_i$ 为第 $i$ 个站点的权重；$H$ 为待估格点的高程；$h_i$ 为第 $i$ 个参与计算的气象站点的高程；$Z_i$ 为第 $i$ 个参与计算的气象站点降雨量。

PRISM 内插方法适合于在地形复杂地区地表参数的空间内插（赵登忠，2004），但由于气象要素空间分布的复杂性，不能完全表达地表参数空间异质性，故应在更小的站点影响单元内利用 PRISM 方法进行气象要素的空间内插。

**普通克里金法（Ordinary Kriging）：**

地质统计学中的克里金法以区域化变量理论为基础,半变异函数为其分析工具,对空间分布具有随机性与结构性的变量的研究具有其独特的优点。克里金方法中的预测结果将与概率联系在一起,依赖于数学模型和统计模型,引入了包括概率模型在内的统计模型使之不同于确定性插值方法。在地理统计学中,可以计算各观测值之间的距离来反映空间位置信息,也可以用距离的函数来模拟自相关性。待估点 $x_0$ 的气象要素值就是周围范围内 $n$ 个已知测点 $x_i$ 的变量值 $Z(x_i)$ 的线性组合,其数学表达式为:

$$Z(x_0) = \sum_{i=1}^{n} \lambda_i Z(x_i)$$

其中 $Z(x_0)$ 是未知点的值;$\lambda_i$ 是第 $i$ 个站点上气象要素值 $Z(x_i)$ 的权重,用来表示各站点要素值对估值 $Z(x_0)$ 的贡献,由克里格方程组计算获得;$x_i$ 表示站点的位置;$n$ 为已知站点个数。

当站网密度较高时,普通克里金法的插值效果与其他常用方法相比并无明显优势,但是,随着高程的增加,普通克里金法的降水量插值效果明显好于其他插值方法（Dirks,1998）。

**协同克里金法（Co-Kriging）：**

当同一空间位置样点的多个属性存在某个属性的空间分布与其他属性密切相关,且某些属性获得不易,而另一些属性则易于获取时,如果两种属性空间相关,可以考虑选用协同克里金法。协同克里金法把区域化变量的最佳估值方法从单一属性发展到两个以上的协同区域化属性。将高程作为第二影响因素引入降水量的空间插值中。借助该方法,可以利用几个空间变量之间的相关性,对其中的一个变量或多个变量进行空间估计,以提高估计的精度和合理性。虽然协同克里金法的基本原理早已为人们所熟知,但使用范围往往受到限制,其原因主要在于协同克里金法的符号和算法比较复杂,交叉协方差函数和交叉变异函数的求取较困难,而随着计算机技术的发展和 GIS 软件的更新,目前,计算效率已经有了显著的提高。

②降雨量空间插值方法的选取

对 1、7 月及全年降雨量,选择反距离权重法、趋势面多元回归方法、普通克里金插值法、协克里金法插值法进行插值对比,通过交叉验证（cross-validation）的方法对插值结果进行对比分析,运用平均标准差（MS,Mean Standardized）、均方根差（RMS,Root-Mean-Square）作为评估插值方法效果的标准（表 2.1-1）。

表 2.1-1　不同插值方法误差对比

| 插值方法 | 1 月 | | 7 月 | | 全年 | |
|---|---|---|---|---|---|---|
| | MS | RMS | MS | RMS | MS | RMS |
| IDW | 0.02 | 3.56 | 0.21 | 25.51 | 0.77 | 113.91 |
| Kriging | 0.07 | 5.09 | −0.42 | 33.82 | 1.70 | 104.28 |
| Co-Kriging | 0.01 | 3.37 | −0.11 | 26.96 | 0.52 | 104.20 |
| Trend | 0.38 | 5.31 | 0.87 | 32.25 | 0.12 | 137.47 |

由表 2.1-1 可见,与其他方法相比,协同克里金方法的 RMS 最小,且平均标准最接近 0,表明协同克里金法的插值效果较好于其他插值方法。其原因主要是普通协克里金法将地形高程作为第二影响因素引入到降水量的空间插值中,利用地理位置、海拔高程和降水量等空间变量的相关性,提高了降水量空间估计的插值精度和合理性。

（2）全国年季月旬降水量推算和误差

全国年降水量的推算结果见图 2.1-6。

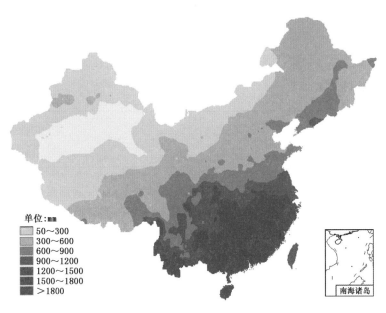

单位：mm

- 50～300
- 300～600
- 600～900
- 900～1200
- 1200～1500
- 1500～1800
- ＞1800

南海诸岛

图 2.1-6 全国年降水量分布图

表 2.1-2 各月及全年降雨量插值误差

| | 平均标准差 | 均方根差 | 平均标准差 | 平均标准差 | 均方根标准差 |
|---|---|---|---|---|---|
| 1 | 0.01317 | 3.372 | 5.09 | 0.002002 | 0.7158 |
| 2 | 0.01109 | 4.385 | 7.058 | 0.0016 | 0.6366 |
| 3 | −0.01089 | 6.573 | 11.24 | 0.0004151 | 0.5791 |
| 4 | −0.007061 | 8.974 | 13.94 | 0.0006926 | 0.6544 |
| 5 | 0.02305 | 14.12 | 15.91 | 0.001911 | 0.9279 |
| 6 | 0.08772 | 20.03 | 17.12 | 0.004555 | 1.22 |
| 7 | −0.1163 | 26.96 | 34.86 | −0.003811 | 0.7688 |
| 8 | −0.06647 | 23.72 | 29.41 | −0.002895 | 0.805 |
| 9 | 0.02825 | 13.77 | 16.15 | 0.001394 | 0.849 |
| 10 | −0.002191 | 9.135 | 6.543 | 0.002021 | 1.46 |
| 11 | 0.0301 | 5.015 | 4.263 | 0.004091 | 1.273 |
| 12 | 0.004012 | 2.79 | 2.975 | 0.001919 | 0.9856 |
| year | 0.5281 | 104.2 | 88.73 | 0.004933 | 1.24 |

由图 2.1-6 可见，全国降水量分布趋势是从东南向西北递减，降水高值区在东南沿海一带和云贵高原迎风坡，降水低值中心在西北沙漠地区。全国季、月、旬降水量分布图略，其年、月、旬的降水插值误差见表 2.1-2～3。

## 表 2.1-3　各旬降雨量插值误差

| 月份 | 平均标准差 | 均方根差 | 平均标准差 | 平均标准差 | 均方根标准差 |
|---|---|---|---|---|---|
| | 0.004144 | 1.042 | 1.428 | 0.002375 | 0.7691 |
| 1 | 0.004524 | 1.27 | 2.002 | 0.001504 | 0.6903 |
| | 0.004611 | 1.368 | 1.791 | 0.002144 | 0.851 |
| | 0.003731 | 1.502 | 2.148 | 0.001413 | 0.718 |
| 2 | 0.002614 | 1.67 | 2.723 | 0.001401 | 0.6458 |
| | 0.004737 | 1.607 | 2.291 | 0.001912 | 0.7274 |
| | −0.003615 | 1.898 | 2.933 | 0.000136 | 0.6581 |
| 3 | −0.007075 | 2.406 | 3.89 | −0.00007651 | 0.6211 |
| | −0.00000514 | 2.902 | 4.568 | 0.001023 | 0.6393 |
| | 0.001239 | 3.117 | 5.015 | 0.001368 | 0.6336 |
| 4 | −0.004981 | 3.681 | 5.048 | 0.0001661 | 0.7599 |
| | −0.003382 | 3.721 | 4.244 | 0.0004568 | 0.9211 |
| | 0.01624 | 4.501 | 5.467 | 0.002755 | 0.8861 |
| 5 | −0.004433 | 5.585 | 5.007 | 0.0004715 | 1.171 |
| | 0.0114 | 6.451 | 5.833 | 0.002251 | 1.179 |
| | 0.01173 | 6.462 | 5.582 | 0.003309 | 1.22 |
| 6 | 0.04337 | 7.441 | 6.462 | 0.004929 | 1.213 |
| | 0.02117 | 8.76 | 9.891 | 0.002165 | 0.8848 |
| | −0.05213 | 10.15 | 13.44 | −0.004335 | 0.7516 |
| 7 | −0.03303 | 10.1 | 15.98 | −0.002194 | 0.6296 |
| | −0.07856 | 10.95 | 15.58 | −0.005506 | 0.702 |
| | −0.06088 | 9.492 | 13.7 | −0.004775 | 0.6924 |
| 8 | −0.0557 | 9.215 | 12.15 | −0.005076 | 0.7585 |
| | −0.001967 | 8.552 | 10.29 | −0.0007344 | 0.8302 |
| | −0.003092 | 6.962 | 9.357 | −0.0008806 | 0.7431 |
| 9 | 0.005441 | 5.161 | 6.189 | 0.0009349 | 0.8306 |
| | 0.00588 | 4.536 | 5.264 | 0.001292 | 0.8526 |
| | 0.00174 | 4.087 | 4.649 | 0.001557 | 0.8631 |
| 10 | −0.001041 | 3.425 | 2.861 | 0.001162 | 1.205 |
| | 0.009751 | 3.329 | 2.177 | 0.003318 | 1.631 |
| | 0.003717 | 2.372 | 3.183 | 0.000857 | 0.755 |
| 11 | 0.01389 | 2.035 | 1.562 | 0.003726 | 1.39 |
| | 0.006258 | 1.371 | 1.201 | 0.003525 | 1.19 |
| | 0.001626 | 1.019 | 0.9886 | 0.00205 | 1.128 |
| 12 | 0.001866 | 1.057 | 0.8144 | 0.002321 | 1.294 |
| | 0.0003245 | 1.146 | 1.317 | 0.001264 | 0.8935 |

　　由表 2.1-2～3 可见，其年、季、月、旬的降水量插值精度可基本满足农业气候区划的需求。

　　（3）全国年季月旬降雨日数推算和误差

　　全国年降水日数的推算结果见图 2.1-7。

　　由图 2.1-7 可见，全国降水日数的分布趋势仍然是从东南向西北递减，但降水日数高值中

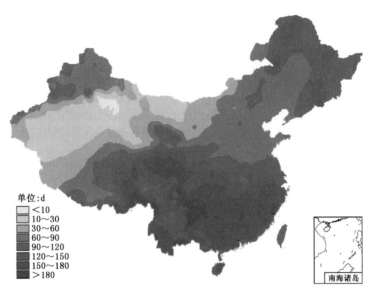

图 2.1-7　全国年降水日数分布图

心并不在东南沿海,而是在四川盆地,低值中心在西北沙漠地区。全国季、月、旬降水日数分布图略,其年、月、旬的降水日数插值误差见表 2.1-4。

表 2.1-4　各旬降雨日数插值误差

| 月份 | 平均标准差 | 均方根差 | 平均标准差 | 平均标准差 | 均方根标准差 |
|---|---|---|---|---|---|
| | 0.0008227 | 0.4414 | 0.2814 | 0.002649 | 1.682 |
| 1 | 0.001332 | 0.5145 | 0.3618 | 0.002691 | 1.636 |
| | 0.0005394 | 0.5362 | 0.3771 | 0.001866 | 1.554 |
| | 0.001214 | 0.5414 | 0.3306 | 0.0031 | 1.81 |
| 2 | 0.000588 | 0.5067 | 0.3547 | 0.002181 | 1.56 |
| | −0.0002038 | 0.4659 | 0.3014 | 0.001081 | 1.642 |
| | 0.0002756 | 0.5009 | 0.3335 | 0.001321 | 1.599 |
| 3 | 0.0001925 | 0.5249 | 0.395 | 0.001198 | 1.353 |
| | −0.002001 | 0.534 | 0.4199 | −0.0005531 | 1.301 |
| | −0.002803 | 0.5131 | 0.421 | −0.0009052 | 1.238 |
| 4 | −0.001707 | 0.4641 | 0.3492 | −0.0002945 | 1.359 |
| | −0.002777 | 0.4512 | 0.3135 | −0.002527 | 1.436 |
| | −0.003334 | 0.4548 | 0.3314 | −0.003213 | 1.375 |
| 5 | −0.003245 | 0.4827 | 0.313 | −0.003116 | 1.569 |
| | −0.004707 | 0.5041 | 0.346 | −0.005012 | 1.497 |
| | −0.003546 | 0.5105 | 0.2869 | −0.001558 | 1.86 |
| 6 | −0.003469 | 0.5244 | 0.3226 | −0.002203 | 1.613 |
| | −0.002045 | 0.4981 | 0.3767 | −0.0005268 | 1.258 |

续表

| 月份 | 平均标准差 | 均方根差 | 平均标准差 | 平均标准差 | 均方根标准差 |
|---|---|---|---|---|---|
| | −0.001328 | 0.528 | 0.4543 | −0.0007546 | 1.12 |
| 7 | −0.0007644 | 0.5239 | 0.5337 | −0.0002851 | 0.9624 |
| | −0.001121 | 0.5315 | 0.5019 | −0.0002874 | 1.029 |
| | −0.0006219 | 0.5139 | 0.5327 | −0.0002755 | 0.951 |
| 8 | −0.0006897 | 0.4957 | 0.3431 | 0.000266 | 1.423 |
| | −0.0005596 | 0.517 | 0.5004 | 0.0002369 | 1.016 |
| | −0.001609 | 0.4786 | 0.3797 | −0.001137 | 1.224 |
| 9 | −0.00143 | 0.4769 | 0.2679 | 0.000213 | 1.885 |
| | −0.002843 | 0.4436 | 0.2481 | −0.003346 | 1.97 |
| | −0.0009438 | 0.4593 | 0.2705 | 0.0002594 | 1.787 |
| 10 | −0.001347 | 0.4442 | 0.294 | −0.0004955 | 1.527 |
| | 0.001065 | 0.4289 | 0.2993 | 0.002885 | 1.463 |
| | −0.0003835 | 0.3979 | 0.4225 | −0.0001962 | 0.9297 |
| 11 | −0.0003835 | 0.3979 | 0.4225 | −0.0001962 | 0.9297 |
| | −0.0004568 | 0.4287 | 0.3396 | 0.00004412 | 1.255 |
| | −0.0003453 | 0.4248 | 0.3662 | −0.0005748 | 1.144 |
| 12 | −0.0002165 | 0.4242 | 0.3411 | 0.000005272 | 1.229 |
| | −0.0004366 | 0.465 | 0.4221 | 0.0002445 | 1.09 |

由表 2.1-4 可见，其降水日数的插值误差可基本满足农业气候区划的需求。

（4）全国各界限温度下的降水量推算和误差

全国 0、5、10、15℃界限温度下的降水量推算结果见图 2.1-8。

### 2.1.3　温度推算模型

（1）温度推算模型的比较及推算结论的误差分析

年、季、月、旬尺度的温度要素的空间推算方法有很多种，每种方法各有不同的侧重点和优势，按照各类方法的特点，可将其分为以下四大类：

几何插值方法—包括反距离加权法（IDW）、梯度距离平方反比法（GIDW）、泰森多边形法、曲线拟合等；

回归法—线性回归、多项式、样条法（Spline）、趋势面分析等；

随机模拟方法—克里格法（Ordinary kriging，OK）、目标插值等；

基于物理过程的模拟方法—大气动力学模型。

空间推算模型的选择对于保证要素的空间推算精度至关重要。综合考虑现有软件系统、前期工作基础等各方面因素，本次区划主要选择 IDW、GIDW、Spline、Ordinary kriging 和趋势面分析 5 种算法（见"2.1.2 降水模型"一节中"降水插值方法"）进行了精度对比试验。

实际计算中，反距离加权法（IDW）、样条函数法（Spline）、普通克里金法（OK）可采用

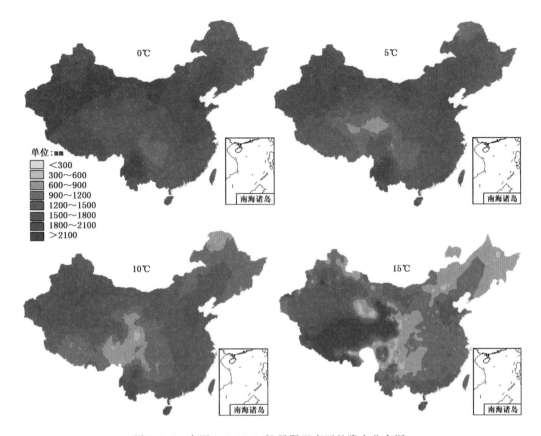

图 2.1-8　全国 0、5、10、15℃界限温度下的降水分布图

ARCGIS9.0 的空间分析模块（Spatial Analyst）进行气象要素的空间推算。梯度距离平方反比法（GIDW）和趋势面法由自编程序完成。

计算误差采用交叉分析方法进行统计分析，即将参与建模的各站依次作为检验站，不参与建模，用以比较实际观测值与推算值的误差。

根据 1998—2007 年全国 651 个基本基准站的 1 月和 7 月平均气温、最高气温进行上述 5 种方法 0.01°×0.01°空间分辨率的推算试验，得到各自的平均绝对误差（MAE）和均方根误差（RMSIE）（见表 2.1-5）。

表 2.1-5　1998—2007 全国 651 个站 5 种方法的 1 月份平均最高气温插值误差

| 误差　　　　方法 | GIDW | Kriging | IDW | Spline | 趋势面 |
|---|---|---|---|---|---|
| 平均绝对误差（MAE：℃） | 1.10 | 5.81 | 1.83 | 2.40 | 1.99 |
| 均方根误差（RMSIE：℃） | 1.71 | 7.74 | 2.76 | 3.5 | 2.58 |

由表 2.1-5 可见，用 GIDW 法推算的 1 月最高气温的效果最好，该方法较好地反映了要素随海拔高度的变化，经交叉验证表明，平均绝对误差（MAE）最小，均方根误差（RMSIE）也最小，且误差分布均匀。Kriging 法的 MAE 和 RMSIE 均为最大，其次为 Spline 法。由于 Kriging 法和 Spline 法均未考虑海拔、坡度、坡向等因子的影响，因此其推算误差相对较大。对 1

月和 7 月平均气温以及 7 月最高气温的试验也得到相似的结论。从 5 种方法推算结果的整体性方面分析,GIDW 方法最为精细、自然,且很好地反映了局地地形的影响,特别是在海拔高度落差大的地区,海拔高度与气温分布特征的关系得到了很好的体现。IDW 法的结果总体与 GIDW 法较为一致,但存在局地高、低值中心,俗称"牛眼",局地不连续情况明显。Spline 法、Kriging 法的等值线分布平滑,高、低值中心分布自然,但与地形特征的关系不够明显,故作为气候资源图则不够精细。趋势面法的结果比较精细,能较好地反映局地地形的影响,但其等值线存在不连续缺陷。综上分析,得出综合评估结论:梯度距离平方反比法(GIDW)在推算热量资源方面效果最佳,故本次区划选用梯度距离平方反比法(GIDW)进行热量资源的精细化推算。

影响空间推算精度的另一个重要因素是基本站点数。本次区划所用的基础气象资料是全国 2346 个气象站 1971—2000 年 30 年的年、季、月、旬平均气温、最高气温、最低气温、极端最低气温、极端最高气温,要素推算的空间分辨率为 $0.01° × 0.01°$,推算结果同样用交叉验证方法进行统计检验。

以推算的年平均气温、1 月平均气温、7 月平均气温为例,其平均绝对误差(MAE)分别为 0.39、0.57 和 0.38℃,均方根差(RMSIE)分别为 0.66、0.98、0.68(表 2.1-6)(王怀青、段剑敏等,2011)。

表 2.1-6    平均气温推算结果的交叉验证

| 误差分析 \ 要素 | 年平均气温(℃) | 1 月平均温度(℃) | 7 月平均温度(℃) |
|---|---|---|---|
| 平均绝对误差(MAE;T) | 0.39 | 0.57 | 0.38 |
| 均方根误差(RMSIE;T) | 0.66 | 0.98 | 0.68 |

其他各气温要素 $0.01° × 0.01°$ 空间分辨率的推算误差基本与表 2.1-2 相近,可满足国家、省级空间尺度农业气候区划的基本需求。由表 2.1-5、表 2.1-6 对比分析可见,用全国 2346 个气象站资料计算的结果明显优于用 651 个基本基准气象站资料推算的结果。

(2)平均与极值气温的空间分布特征

①全国年、季、月、旬平均气温的空间分布特征

图 2.1-9～11 分别为推算的年平均气温、1 月平均气温、7 月平均气温。

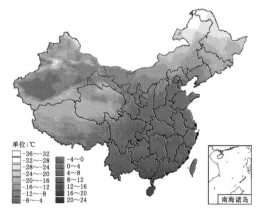

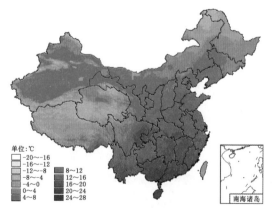

图 2.1-9    年平均气温分布图        图 2.1-10    1 月平均气温分布图

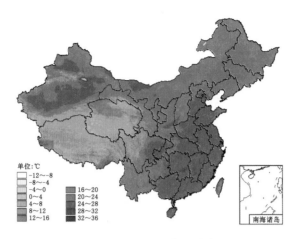

图 2.1-11　7 月平均气温分布图

由图 2.1-9 可见,全国气温分布纬向特征较明显,华南气温最高,东北、青藏高原最低。在新疆塔克拉玛干等沙漠地区存在明显高于同纬度其他地区的气温高值区。海拔高度对气温的影响也很明显,青藏高原海拔高,其气温明显低于处于同纬度的中、东部地区。另外,在横断山脉等地形起伏很大的地区,温度的垂直梯度亦大。

其余平均温度图的空间分布特征略。

②全国年、季、月、旬最高气温的空间分布特征

图 2.1-12 为推算的年和春、夏、秋、冬四季平均最高气温分布图。

由图 2.1-12 可见,我国东部地区,年平均最高气温总体呈纬向分布,北低南高,但是局地地形影响很明显,年平均最高气温随海拔升高而减小。我国西部地区,地形起伏大,年平均最高气温的纬向分布遭到破坏,纬度较低的青藏高原为低值区,而海拔高度低、纬度高的塔克拉玛干沙漠、吐鲁番盆地等地为高值区,部分地区的年平均最高气温与我国东部热带地区相当。全国夏、秋季的平均最高气温分布与年平均最高气温分布较为一致,而全国冬、春季的平均最高气温纬向分布更为明显。

其余最高气温图的空间分布特征略。

③全国年、季、月、旬最低气温的空间分布特征

图 2.1-13 为推算的年和春、夏、秋、冬四季平均最低气温分布图。

由图 2.1-13 可见,全国年平均最低气温的分布与上述年平均最高气温的分布较为一致,东部地区纬向分布明显,而西部地区海拔高度影响大,春夏秋冬各季平均最低气温的分布亦相似。

其余最低气温图的空间分布特征略。

④全国年、季、月、旬极端温度的空间分布特征

图 2.1-14~15 为推算的年和春、夏、秋、冬四季极端最高、极端最低气温分布图。

由图 2.1-14 可见,除冬季外,全国极端最高气温的纬向分布不明显,而受海拔高度影响大,年和夏、秋季的极端最高温度分布甚至出现北高南低的现象。

由图 2.1-15 可见,极端最低气温分布的纬向分布明显,北低南高,西部地区海拔高度影响大。

其余极端最高、极端最低气温图的空间分布特征略。

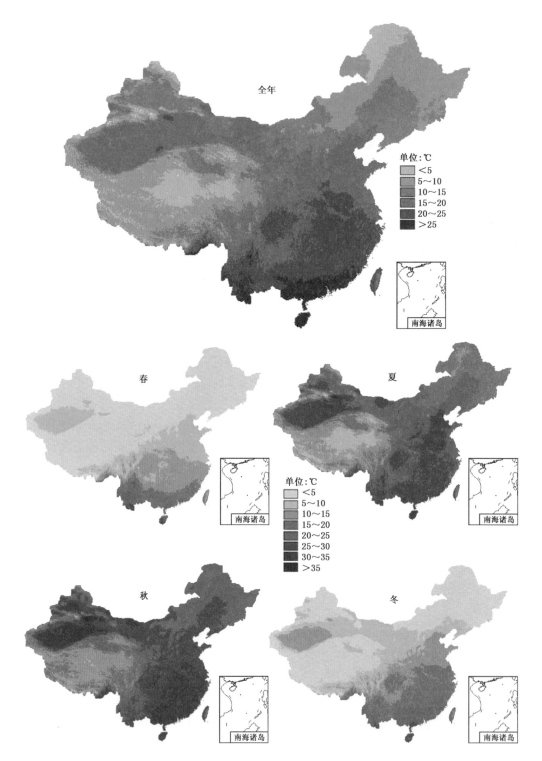

图 2.1-12　全国年和春、夏、秋、冬四季平均最高气温分布图

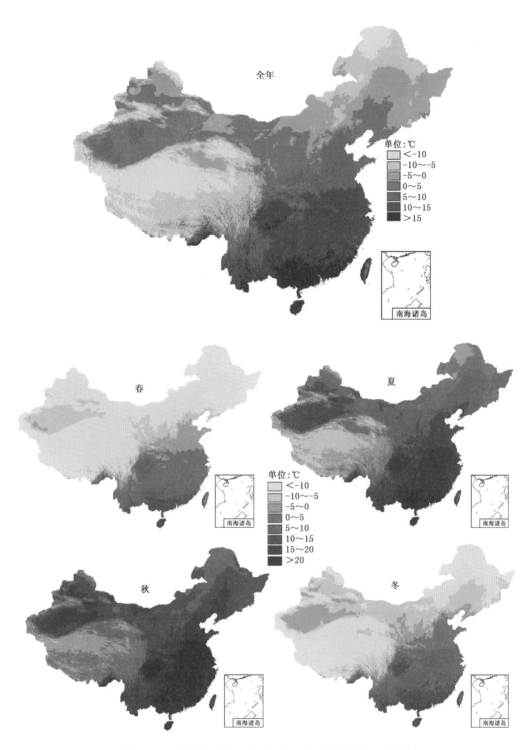

图 2.1-13　全国年和春、夏、秋、冬四季平均最低气温分布图

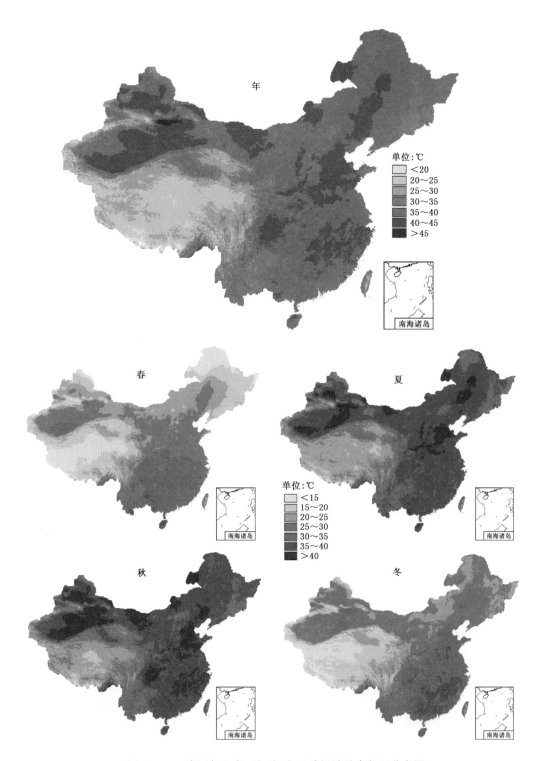

图 2.1-14　全国年和春、夏、秋、冬四季极端最高气温分布图

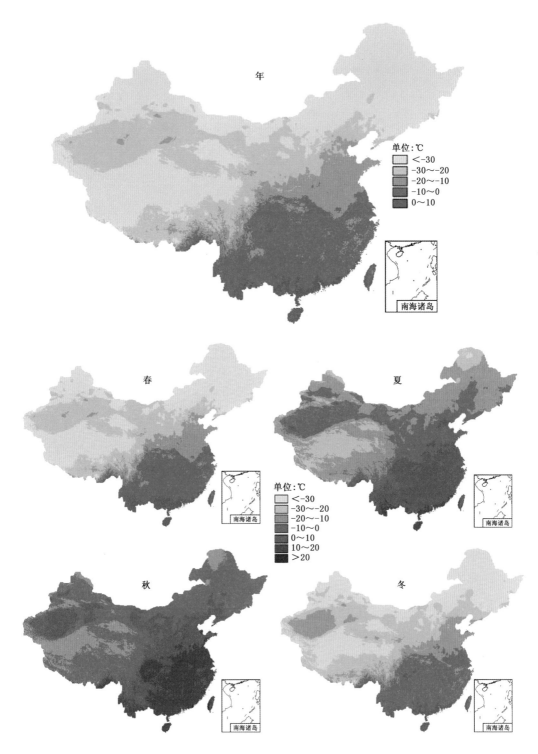

图 2.1-15 全国年和春、夏、秋、冬四季极端最低气温分布图

### 2.1.4　界限日期推算模型

（1）全国各界限温度初日推算和误差

应用梯度距离平方反比法（GIDW）对全国 2346 个气象站 1971—2000 年的 0℃初日、5℃初日、10℃初日、12℃初日和 15℃初日进行了推算（图 2.1-16）和误差分析（表 2.1-7）。

**表 2.1-7　推算结果交叉验证误差分析**

| 误差分析 ＼ 要素 | 0℃初日 | 5℃初日 | 10℃初日 | 12℃初日 | 15℃初日 |
|---|---|---|---|---|---|
| 平均绝对误差（MAE） | 2.92 | 3.13 | 3.59 | 4.61 | 7.49 |
| 均方根误差（RMSIE） | 5.89 | 6.23 | 9.78 | 12.95 | 19.22 |

（2）全国各界限温度终日推算和误差

应用梯度距离平方反比法（GIDW）对全国 2346 个气象站 1971—2000 年的 0℃终日、5℃终日、10℃终日、12℃终日和 15℃终日进行了推算（图 2.1-17）和误差分析（表 2.1-8）。

**表 2.1-8　推算结果交叉验证误差分析**

| 误差分析 ＼ 要素 | 0℃终日 | 5℃终日 | 10℃终日 | 12℃终日 | 15℃终日 |
|---|---|---|---|---|---|
| 平均绝对误差（MAE） | 1.91 | 2.24 | 3.59 | 4.61 | 7.49 |
| 均方根误差（RMSIE） | 3.58 | 4.19 | 9.78 | 12.95 | 19.22 |

（3）全国各界限温度间隔天数推算和误差

应用梯度距离平方反比法（GIDW）对全国 2346 个气象站 1971—2000 年的 0℃间隔天数、5℃间隔天数、10℃间隔天数、12℃间隔天数和 15℃间隔天数进行了推算（图 2.1-18）和误差分析（表 2.1-9）。

**表 2.1-9　推算结果交叉验证误差分析**

| 误差分析 ＼ 要素 | 0℃间隔天数（d） | 5℃间隔天数（d） | 10℃间隔天数（d） | 12℃间隔天数（d） | 15℃间隔天数（d） |
|---|---|---|---|---|---|
| 平均绝对误差（MAE） | 4.52 | 5.06 | 5.26 | 5.18 | 5.42 |
| 均方根误差（RMSIE） | 8.93 | 9.95 | 10.95 | 10.51 | 10.02 |

（4）全国各界限温度下的积温推算和误差

应用梯度距离平方反比法（GIDW）对全国 2346 个气象站 1971—2000 年的 0℃积温、5℃积温、10℃积温、12℃积温和 15℃积温进行了推算（图 2.1-19）和误差分析（表 2.1-10）。

**表 2.1-10　推算结果交叉验证误差分析**

| 误差分析 ＼ 要素 | 0℃积温（℃·d） | 5℃积温（℃·d） | 10℃积温（℃·d） | 12℃积温（℃·d） | 15℃积温（℃·d） |
|---|---|---|---|---|---|
| 平均绝对误差（MAE） | 111.19 | 124.3 | 131.62 | 135.04 | 148.5 |
| 均方根误差（RMSIE） | 197.34 | 210.12 | 230.42 | 237.7 | 258.48 |

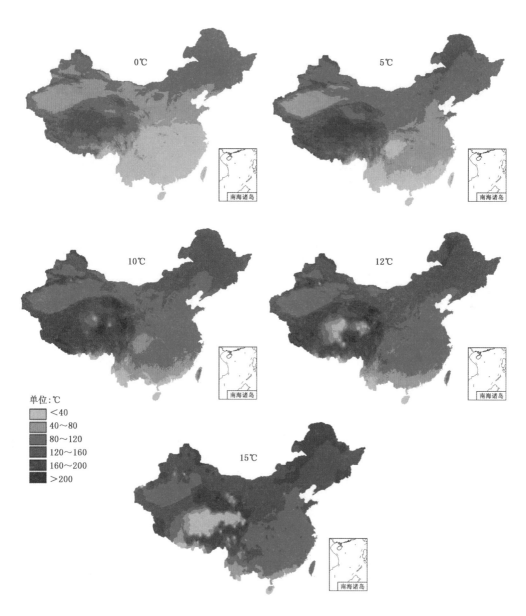

图 2.1-16　全国 0、5、10、12、15℃初日界限温度分布图

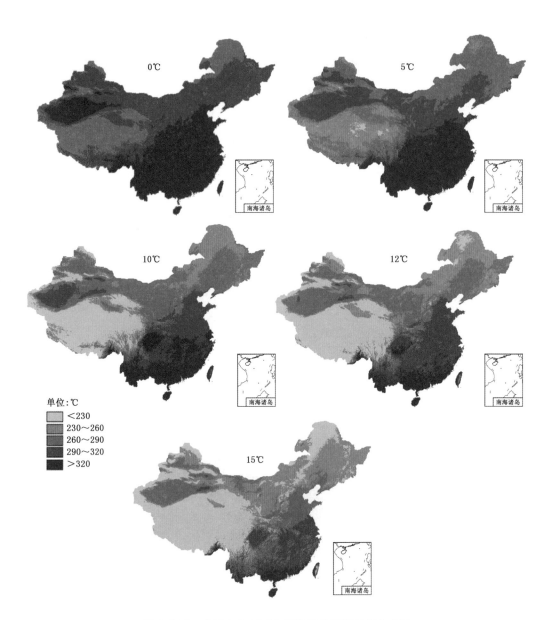

图 2.1-17　全国 0、5、10、12、15℃终日界限温度分布图

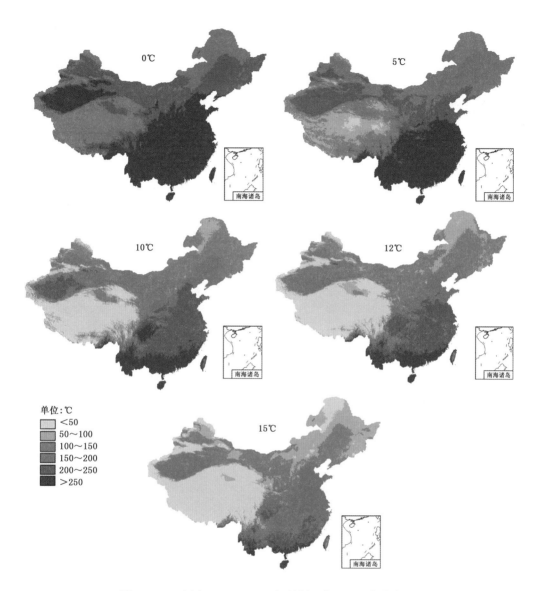

单位:℃
<50
50～100
100～150
150～200
200～250
>250

图 2.1-18　全国 0、5、10、12、15℃界限温度积温天数分布图

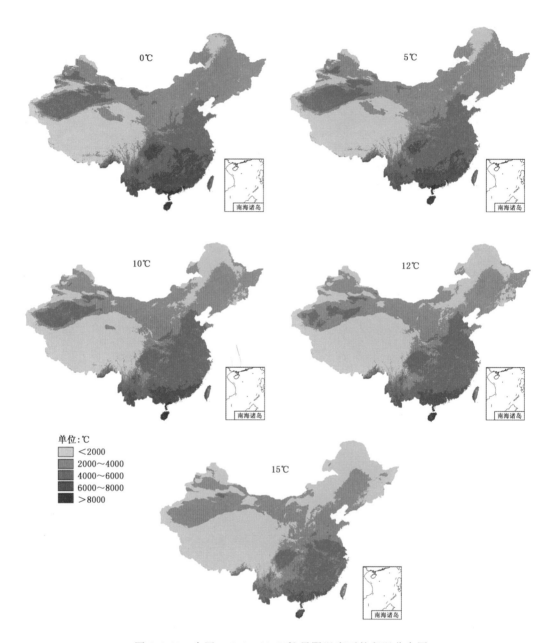

图 2.1-19　全国 0、5、10、12、15℃界限温度下的积温分布图

## 2.2　基于长序列卫星遥感的气候要素空间分布模型

### 2.2.1　长时间序列卫星资料处理

气象卫星业务化运行已有 30 多年历史,这期间积累了大量不同卫星、不同时段的对地遥感资料。为了将这些资料用于气候研究,有必要对其进行标准化再处理和产品生成。由于这些资料由不同卫星的传感器获取,所以首要工作是分别针对各个传感器做归一化辐射定标,然后进行投影变换、几何精纠正、数据合成和滤波等处理过程,最后建立气候产品数据集。

(1)卫星遥感资料归一化定标处理

①长序列 NOAA/AVHRR 资料概述

自 1988 年以来,我国即开始对 NOAA 系列气象卫星数据进行接收和业务存档,主要由国家卫星气象中心负责运行和管理,资料覆盖范围包括中国及周边区域。从处理的下午卫星轨道数据看,卫星数据的连续性较好,质量满足卫星气候研究使用要求。数据的有效覆盖时间如表 2.2-1 所示。

**表 2.2-1　NOAA 系列卫星有效覆盖时间**

| 卫星名 | 开始时间(年—月) | 结束时间(年—月) |
| --- | --- | --- |
| NOAA—07 | 1981—09 | 1985—04 |
| NOAA—09 | 1985—04 | 1988—11 |
| NOAA—11 | 1988—11 | 1994—09 |
| NOAA—14 | 1995—02 | 2001—02 |
| NOAA—16 | 2001—03 | 2005—12 |
| NOAA—18 | 2006—01 | — |

从 1988 年至今,下午轨道的极轨气象卫星有五颗,分别为 NOAA—9、11、14、16 和 18,其中 NOAA—9、11 和 14 已完成使用寿命,NOAA—16 和 18 处于在轨业务运行状态。由于卫星的传感器在业务运行期间会随着时间的推移发生衰减,因此需要对卫星观测到的辐射值进行订正处理。图 2.2-1 为采用仪器发射前后不同定标系数获得的植被指数,可见其差别所在。

②可见近红外通道

可见光和近红外通道没有星上定标设备,因此无法做星上在轨定标,需采用发射前实验室定标得到的系数。卫星发射以后,由于传感器性能的变化,地面定标结果不能再继续应用,一般采用场地定标方法对原始定标系数进行修正,即把戈壁、沙漠或北极冰雪看作是不随时间变化的定标参考目标,用于确定通道相对变化趋势。将固定目标的通道探测值按时间序列绘制出散点图,再以一定的数学关系拟合出通道衰减率,从而得出不同时期的通道定标系数。

通过与美国大气海洋局的长期合作,对于 NOAA-9 和 NOAA-11,根据其提供的最终定标系数,对历史数据进行定标处理,利用指数关系式对定标结果进行修正,可见近红外通道一般由下式表示

$$R = A \exp[(B \times d) \times (Count - C_0)]$$

式中,$R$ 为反射率,$d$ 为相应卫星发射后的在轨日数,$Count$ 为卫星观测的计数值,$A$、$B$、$C_0$ 为

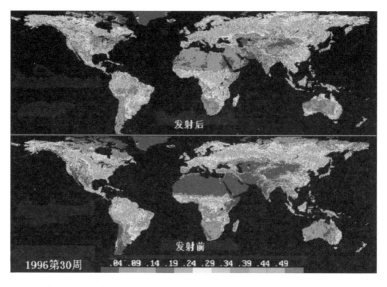

图 2.2-1　利用 NOAA-14 仪器发射前后不同定标系数获得的全球植被指数比较图

常数,由美国 NOAA/NASA 定标工作组提供。表 2.2-2 分别为运行期间各卫星可见光通道的定标系数。对于红外通道,由于采用星上实时定标,其定标系数已放置在原始 1B 数据中,在处理时可直接获取。

表 2.2-2　NOAA-9、11 随时间变化的定标系数

| 卫星名称 | 通道号 | $A$ | $B$ | $C_0$ |
|---|---|---|---|---|
| NOAA-9 | 1 | 0.1050 | 0.000166 | 37.0 |
| | 2 | 0.1143 | 0.000098 | 39.6 |
| NOAA-11 | 1 | 0.1060 | 0.000033 | 40.0 |
| | 2 | 0.1098 | 0.000055 | 40.0 |

对于 NOAA-14,则采用线性订正方式,即

$$R = (A_1 \times d + B_1) \times (Count - C_0)$$

就通道 1 而言,$A_1 = 0.0000135$,$B_1 = 0.1107$;对通道 2,则 $A_1 = 0.0000133$,$B_1 = 0.1343$,$C_0$ 均为 41.0。

对于 NOAA-16 和 NOAA-18,目前尚在业务运行中,可见光定标系数的设置与以前的卫星有较大的差别,开始分段增强处理,形式如下:

$$A = A_1 \times Count - B_1, Count < Count_0 \qquad (2.2-1)$$
$$A = A_2 \times Count - B_2, Count > Count_0$$

式中,$A_1$、$B_1$、$A_2$、$B_2$ 分别为两段线性定标的定标系数,$Count_0$ 为两段的中间计数值,这些值根据对固定目标不断跟踪观测的统计结果,逐月进行更新。图 2.2-2 和图 2.2-3 分别为 NOAA-16 和 NOAA-18 AVHRR 可见近红外通道定标系数随时间的变化曲线,从图中可以看出,仪器通道随时间推移均有不同程度的衰减。

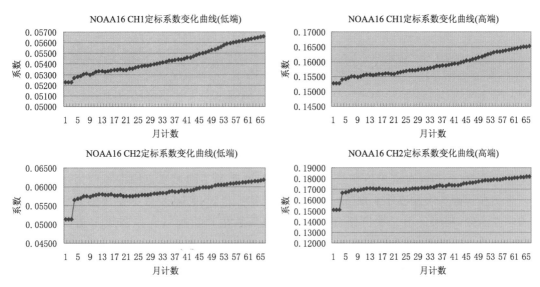

图 2.2-2　NOAA-16 AVHRR 可见近红外通道定标系数变化曲线

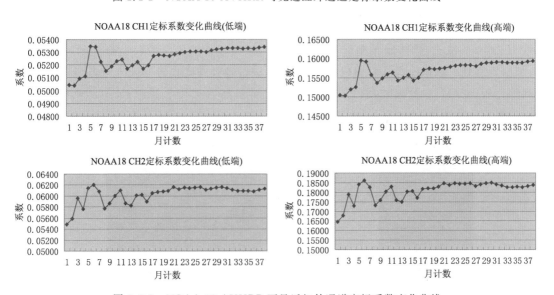

图 2.2-3　NOAA-18 AVHRR 可见近红外通道定标系数变化曲线

③红外通道定标

对于红外通道,有星上定标设备,因此可对其进行在轨定标,得到线性定标系数,利用线性定标公式计算辐射率:

$$N_{LIN} = G \times C_E + I \tag{2.2-2}$$

式中 $C_E$ 为计数值,$G$ 为增益,$I$ 为截距,辐射值采用二次项进行订正,公式如下:

$$N_{COR} = b_0 + b_1 N_{LIN} + b_2 N_{LIN}^2$$

$$N_E = N_{LIN} + N_{COR}$$

式中 $N_E$ 为订正后的地球辐射值,系数 $b_0$、$b_1$、$b_2$ 在地面定标时给出,由 NOAA/NASA 定标工作组提供。计算亮温公式如下:

$$T_E^* = \frac{c_2 \nu_c}{\ln\left[1 + \left(\dfrac{c_1 \nu_c^3}{R_E}\right)\right]}$$

$$T_E = \frac{(T_E^* - A)}{B}$$

式中 $C_1 = 1.1910427 \times 10^{-5}$ mW/(m² · sr · cm⁻⁴)，$C_2 = 1.4387752$ cm · K，$\nu_c$ 为中心波数，$A$、$B$ 为通道带宽订正系数，$T_E^*$ 和 $T_E$ 分别为目标物的等效亮温和黑体亮温。

对于 NOAA-14 以前的卫星，红外通道定标方法与上述步骤有所不同，首先在辐射值非线性订正方法上没有给出二次项订正系数，而是给出了不同亮温点的订正偏差查找表，其次在目标亮温计算方法上，没有给出带宽订正系数，而是给出了不同温度范围误差值最小的中心波数。为了在定标算法和程序上保持与后续卫星的一致性，可以基于以上给出的查找表和通道光谱响应函数，利用最小二乘法拟合计算出光谱辐射值二次项订正系数以及通道带宽订正系数。

(2)投影变换及精纠正处理

①单轨图像投影变换

为了便于长时间序列数据和产品的对比分析，对原始卫星数据必须作一定的投影变换，常用的方式是等经纬度投影(又称等角投影)。NOAA 系列卫星的 AVHRR 数据每条扫描线的长度为 2048 个像元，经纬度和角度信息有 51 个，采用线性插值获取每一像元的经纬度和角度，根据轨道最大和最小经纬度值确定投影范围，进行等经纬度投影变换。考虑到与国外同类资料的比较，原始资料处理时，取纬向和经向的分辨率都为 0.01°。图 2.2-4(a)和(b)为原始轨道投影前后的图像。

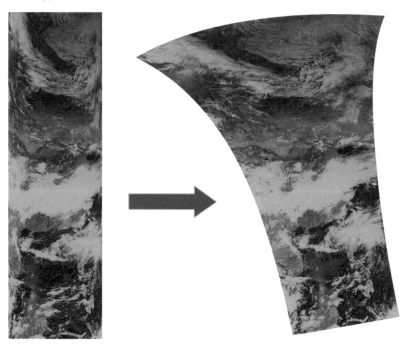

(a) 原始轨道图像(抽样)　　　　(b) 投影后的轨道图像(抽样)

图 2.2-4　2003 年 10 月 5 日 NOAA-16 下午轨道原始轨道和等经纬度投影图像

　　投影后的数据有 8 层,分别为通道 1、2 的反射率,通道 3、4、5 的亮温,太阳天顶角、卫星天顶角和相对方位角。为了存储和使用方便,各层数据均以无符号 16 位整型存放,并放大 100 倍。

　　②定位精校正处理方法

　　由于某些原始数据的定位精度难以满足应用要求,因此需要对原始定位信息进行精校正处理。利用残存几何误差控制标准、数量和分布原则、校正变换处理以及采样等原则采用高质量图像和符合国家地图制图标准的几何定位精度的基准数据集对投影数据进行几何定位校正处理。

　　实际工作中以一幅图像或一组基准点为基准,去校正另一幅几何失真图像。设基准图像 $f(x,y)$ 和畸变图像 $g(x',y')$,两幅图像坐标系统之间几何畸变关系用解析式描述:

$$x' = h_1(x,y) \tag{2.2-3}$$
$$y' = h_2(x,y) \tag{2.2-4}$$

若函数 $h_1(x,y)$ 和 $h_2(x,y)$ 已知,则可以从一个坐标系统的像素坐标算出在另一个坐标系统的对应像素的坐标。在未知情况下,通常 $h_1(x,y)$ 和 $h_2(x,y)$ 可用二元多项式近似表示:

$$x' = \sum_{i=0}^{n} \sum_{j=0}^{n-i} a_{ij} x^i y^j$$
$$y' = \sum_{i=0}^{n} \sum_{j=0}^{n-i} b_{ij} x^i y^j$$

式中 $n$ 为多项式的阶数,$a_{ij}$ 和 $b_{ij}$ 为各项系数。

　　当 $n=1$ 时,通常用线性变换表示:

$$x' = a_{00} + a_{10} x + a_{01} y$$
$$y' = b_{00} + b_{10} x + b_{01} y$$

更精确一些用二次项近似表示

$$x' = a_{00} + a_{10} x + a_{01} y + a_{20} x^2 + a_{11} xy + a_{02} y^2 \tag{2.2-5}$$
$$y' = b_{00} + b_{10} x + b_{01} y + b_{20} x^2 + b_{11} xy + b_{02} y^2 \tag{2.2-6}$$

　　对于图像中的一个点,在 $f(x,y)$ 和 $g(x',y')$ 中都有其对应像素,这一对应的像素称为同名像素。假定其灰度不变,即

$$f(x,y) = g(x',y')$$

　　考虑 $h_1(x,y)$ 和 $h_2(x,y)$ 未知条件下的几何校正,在这种情况下,通常用基准图像和几何畸变图像上多对同名像素的坐标来确定 $h_1(x,y)$ 和 $h_2(x,y)$。假定基准图像像素的空间坐标 $(x,y)$ 和被校正图像对应像素的空间坐标 $(x',y')$ 之间的关系用公式(2.2-1)和(2.2-2)表示,其中 $a_{ij}$ 和 $b_{ij}$ 为待定系数。

　　1)线性校正

　　可从基准图像上找出三个点 $(r_1,s_1)$,$(r_2,s_2)$,$(r_3,s_3)$,它们在畸变图像上对应的三个点坐标为 $(x_1,y_1)$,$(x_2,y_2)$,$(x_3,y_3)$。把坐标分别代入式(2.2-5)和(2.2-6),并写成矩阵形式

$$
\begin{aligned}
x_1 &= a_{00} + a_{10} r_1 + a_{01} s_1 \\
x_2 &= a_{00} + a_{10} r_2 + a_{01} s_2 \\
x_3 &= a_{00} + a_{10} r_3 + a_{01} s_3
\end{aligned}
\qquad
\begin{bmatrix} x_1 \\ x_2 \\ x_3 \end{bmatrix}
=
\begin{bmatrix} 1 & r_1 & s_1 \\ 1 & r_2 & s_2 \\ 1 & r_3 & s_3 \end{bmatrix}
\begin{bmatrix} a_{00} \\ a_{10} \\ a_{01} \end{bmatrix}
$$

$$
\begin{aligned}
y_1 &= b_{00} + b_{10}r_1 + b_{01}s_1 \\
y_2 &= b_{00} + b_{10}r_2 + b_{01}s_2 \\
y_3 &= b_{00} + b_{10}r_3 + b_{01}s_3
\end{aligned}
\qquad
\begin{bmatrix} y_1 \\ y_2 \\ y_3 \end{bmatrix}
=
\begin{bmatrix} 1 & r_1 & s_1 \\ 1 & r_2 & s_2 \\ 1 & r_3 & s_3 \end{bmatrix}
\begin{bmatrix} b_{00} \\ b_{10} \\ b_{01} \end{bmatrix}
$$

则可解联立方程或矩阵求逆,得到 $a_{ij}$ 和 $b_{ij}$ 系数,这样 $h_1(x,y)$ 和 $h_2(x,y)$ 就确定了。若同名坐标点多于 3 对,则根据最小二乘法求解。

2)二次型校正

由式(2.2-5)和(2.2-6)可知,式中包含 12 个未知数,因此至少要有 6 对已知同名像素坐标。当多于 6 对同名地标点时,则根据最小二乘法求解 $a_{ij}$ 和 $b_{ij}$,从而确定 $h_1(x,y)$ 和 $h_2(x,y)$。

在实际应用中,基准底图制作是利用已经过精定位的高分辨率 EOS/MODIS 数据生成中国区域等经纬度投影底图,分辨率为 0.01 度,图像尺度为 8500×6000 像元(图 2.2-5)。利用遥感图像处理软件进行导航控制点提取,对比待导航图像和基准图像,人机交互选取同名地标点(图 2.2-6)。导航处理时对选取的地标点进行质量控制,使控制点均匀分布,将 RMS error控制在 1.2 像元以内,采用最邻近采样法,最后进行导航运算并存盘。图 2.2-7 为图像精校正前后对比。

图 2.2-5　定位精校正处理基准底图

(3)数据合成及订正

①数据空间拼接和多时相合成方法

在日轨道拼接时,轨道重合部分取卫星天顶角最小值。NOAA 系列卫星的 AVHRR 数据每条扫描线的长度为 2048 个象元,由于二端的观测像元产生较大的畸变。为了减小由此造成的误差,在多天合成处理时,只取星下点 1600 个像元,即卫星天顶角小于 51.2°(图 2.2-8),

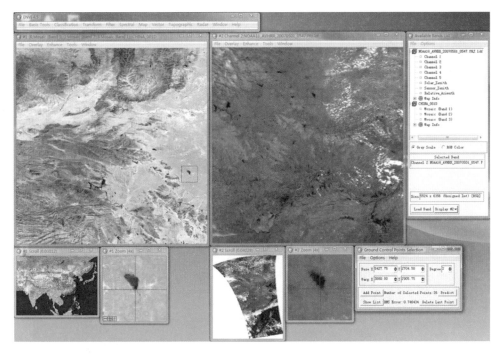

图 2.2-6　同名地标点提取界面

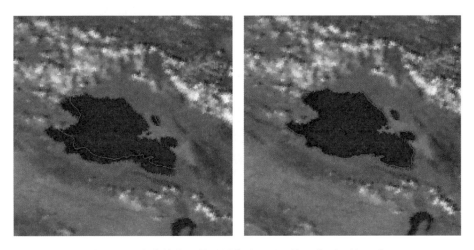

图 2.2-7　定位精校正前后图像对比(左:校正前,右:校正后)

图 2.2-9 为卫星数据 10 天合成图例。

通道图像数据合成采用以下规则:

对于 $NDVI \geqslant 0.1$,取 $NDVI$ 最大值合成;

对于 $NDVI < 0.1$,取亮温最大值合成。

②轨道漂移订正方法

由于卫星发射后,其星下点的地方时随时间会发生漂移(见图 2.2-10),如 NOAA-9,从发射时的 14 时左右(1985 年),运行四年后其星下点地方时变为 16 时左右。从而卫星观测到的地面亮温会发生变化,因此需要对卫星轨道漂移进行订正。

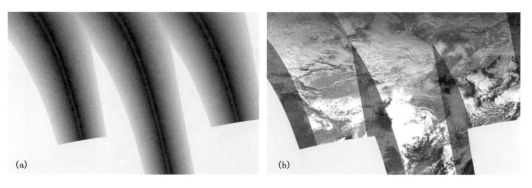

图 2.2-8　卫星轨道数据空间拼接示意图
(a)卫星天顶角三轨拼接采样示意图;(b)卫星图像三轨拼接示意图

图 2.2-9　卫星数据 10 天合成图例

通过对卫星观测机理和不同下垫面温度日变化特征分析,对卫星轨道漂移订正主要采用非线性回归的方法。首先采用二次多项式对卫星观测值进行非线性模拟,获得非线性拟合回归方程。然后以卫星发射初期卫星观测值为标准,将卫星生命期内所有观测值提升到这个标准。图 2.2-11 是 NOAA14 卫星在轨道漂移订正前后卫星观测亮度温度分布图。非线性回归订正可以取得较好的效果。

(4)滤波分析处理

由于长时间序列遥感数据不可避免地存在各种错误或噪音数据,这里采用 Savitzky-Golay 滤波法进行去噪平滑处理。基于 Savitzky-Golay 滤波法和其他减少噪音的方法一样,该方法也基于两点假设:一是从卫星遥感数据获取的植被指数(VI)数据是植被测量的一种标志,即 VI 的时序变化对应于植被的生长与衰落;二是云和大气条件的影响总是降低 VI 的数值,即 VI 与植被变化变缓过程不一致的突降都应该作为噪声消除。基于这两点假设,新的基于

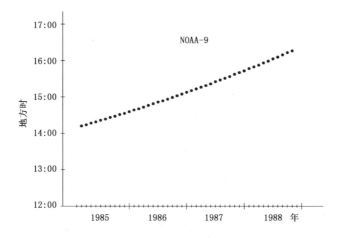

图 2.2-10　NOAA-9 星下点随时间漂移示意图

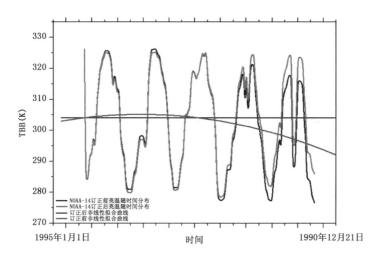

图 2.2-11　卫星观测地方时漂移导致亮温发生变化及订正处理示意图

Savizky-Golay 平滑方法不仅可以应用于不同时间尺度的 $NDVI$ 数据，如日数据、旬数据和月数据并且没有对传感器的限制。

　　Savizky-Golay 滤波是 Savizky 和 Golay1964 年提出的一种最小二乘卷积拟合方法来平滑和计算一组相邻值或光谱值的导数。它可以简单地理解为一种权重滑动平均滤波，其权重取决于在一个滤波窗口范围内做多项式最小二乘拟合的多项式次数。这个多项式的设计是为了保留高的数值而减少异常值。这个滤波器可以应用于任何具备相同间隔的连续且多少有些平滑的数据。显然 $VI$ 值时序数据满足这个条件。$VI$ 时序数据平滑的最小二乘卷积法可用公式表示如下：

$$Y_j' = \frac{\sum_{i=-m}^{i=m} C_i Y_{j+i}}{N}$$

其中 $Y$ 是 $NDVI$ 原始值，$Y'$ 是 $VI$ 拟合值，$C_i$ 是第 $i$ 个 $VI$ 值滤波系数，$N$ 是指卷积的数目，也等于平滑窗口的大小（$2m+1$）。$j$ 是指 $VI$ 时序数据中第 $j$ 个数据。平滑数组包含有（$2m+$

1)个点,$m$ 为平滑窗口大小的一半。$C_i$ 可以通过 Stemier 等(1972)对 Savitzky 和 Golay 工作修正后的方法得到。

应用此滤波时,有两个参数取决于 $VI$ 数据的观察。第一个参数是 $m$,通常 $m$ 越大结果越平滑,被平滑的峰谷值就越多。第二个值是平滑多项式的次数。基本在 $2\sim4$ 之内。较低的次数可以得到更平滑的结果,但是会保留异常值,高的次数可以去掉这些值,但是可能得到更多噪音的结果。

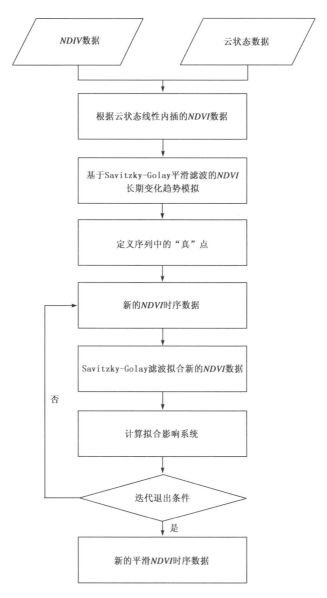

图 2.2-12　Savizky-Golay 滤波平滑方法的框架示意图

在进行滤波时,通过对整个遥感植被指数(vegetation indices,即 $VI$)时序数据的长期变化趋势模拟将 $VI$ 值分为两类:真值和假值,再通过局部循环迭代的方式使"假"点 $VI$ 值被拟合值取代,与"真"点值重新合成新的比较平滑的 $VI$ 曲线,逐步拟合以更接近于 $VI$ 时序数据的

上包络线值,其过程如图 2.2-12 所示。下面以 NDVI 时间序列为例说明处理过程:

①利用云掩模数据,对序列对应云的数据进行内插,以提高 NDVI 的数据质量。除云外,对于 8 天内 NDVI 大于 0.5 的增长也被认为是误差,进行内插。因为这样的增长在自然界是不可能的。如果某像元有连续 7 个值为云状态,也就是该像元在连续将近两个月内始终被云等大气条件影响,则认为该像元的 NDVI 值不能被恢复,剔出此点参与后面的处理工作。

②用 Savitzky-Golay 滤波拟合长期变化趋势线。基于前面所述假设,大多数噪音是由于云和大气条件影响引起的植被指数值降低,低于长期变化趋势线的数据认为是噪音或是不重要的。

③定义 NDVI 序列数据中的真值。NDVI 中的真值有助于计算适合的影响系数,使得最后的 NDVI 时序数据结果作为 NDVI 的上包络线数据,更好地模拟整个生长季节的 NDVI 变化。通过与原时间序列数据相比可以判断 NDVI 的“真”点,这里认为 NDVI 都应该高于长期趋势线,若低于长期趋势线的值,则认为是受到大气或者是云的影像,因此定义高于长期趋势线的值为“真”点。

④产生新的 NDVI 时序数据。利用 NDVI 的长期变化趋势线的值取代原始序列数据中的“假”值,生成新的 NDVI 时序数据,通过新的时序数据拟合出的曲线势必更接近原 NDVI 序列的上包络线。

⑤ 用 Savitzky-Golay 滤波拟合新的长期变化趋势线。对新的时序数据再次应用 Savitzky-Golay 滤波拟合来获取长期变化趋势线,通过该趋势线得到新的 NDVI 时序数据,这样通过反复迭代最终得到趋于真值的 NDVI 时序数据。

计算拟合的影响系数。拟合效果用一个拟合效果系数来评价拟合曲线和 NDVI“真”点之间的接近程度。第 $i$ 次拟合效果系数($F_i$)计算公式如下:

$$F_i = \frac{\sum_{k=1}^{L}(N'_{k,i+1} - N_i)}{L}$$

其中 $N'_{k,i+1}$ 是经过 $k$ 次拟合后得到的数列,$N_i$ 是对 VI 云点进行线性内插后的 VI 值,$L$ 是确定的“真”点的数目,只根据定义的“真”值来计算 $F_i$,随着 $F_i$ 的降低,拟合曲线就会进一步接近 VI 的“真”值。退出循环的条件定义为:

$$F_{i-1} \geqslant F_i \leqslant F_{i+1}$$

其中 $F_{i-1}$ 为第 $i-1$ 次拟合的效果系数,$F_i$ 为第 $i$ 次,$F_{i+1}$ 为 $i+1$ 次,以此保证拟合效果达到最好。利用该系数检验第四、第五步的拟合效果,作为退出循环条件。NDVI 时序数据应用 Savizky-Golay 滤波方法,分别对研究区内 2004、2003 年 8 天合成的 EVI 和 NDVI 时序数据进行了重构处理,得到用于作物种类识别、物候期监测以及时序分析。平滑前后时序数据效果如图 2.2-13 所示。

从平滑前后曲线对比图可以看出:平滑前 VI 时序曲线有严重的锯齿状波动,直接用于时间序列分析比较困难;重构曲线基本上保持了原有曲线的基本形状,较为真实地恢复了植被指数曲线,同时有效地消除了云和缺失数据的影响,重构曲线对作物生长轨迹特征刻画得更为突出。不同作物的曲线形状不同,不同耕作制度,曲线出现的峰的个数不同,不同作物组合峰值出现的位置也不同。这反映了不同作物的物候特性。经平滑后的 EVI 和 NDVI 时序数据可以用来监测作物物候期、作物长势分析以及作物种类识别。

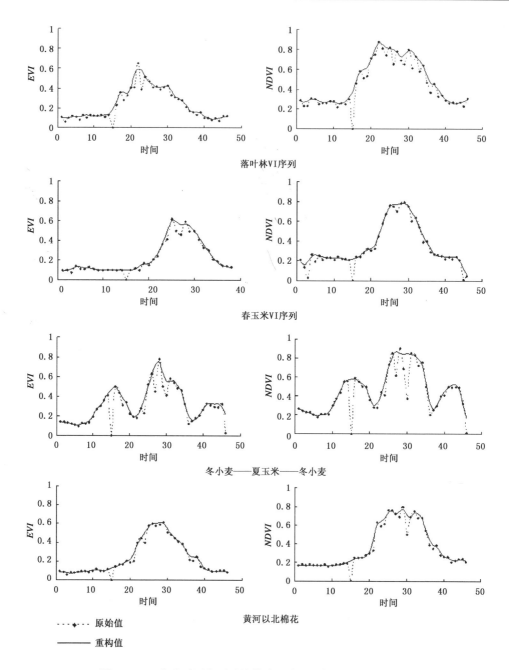

图 2.2-13　华北平原主要种植模式地块 *VI* 序列平滑前后比较

（5）基础数据集建立

中国区域卫星遥感基础数据集主要内容为：1、2 通道反射率；3、4、5 通道亮温；太阳天顶角；卫星天顶角；相对方位角。

数据集覆盖范围为东经 65°—145°，北纬 10°—60°；时间范围为 1999 年 1 月至 2008 年 12 月；空间分辨率为 0.01°×0.01°，时间分辨率为日。

### 2.2.2 卫星遥感产品反演及气候数据集建设

（1）地表温度

利用 NOAA 数据可见光波段 1 和近红外波段 2 求得植被指数；以植被指数 NDVI 为参数，利用植被特征的持续分布和决策树的方法，通过与地球资源卫星多波段训练数据的融合，从训练数据中得到的覆盖百分比与 1 km 数据之间的线性关系进行植被覆盖度估算；以植被覆盖度及 IGBP 土地覆盖分类数据将中国或部分区域分成高密度、中密度、低密度覆盖区，建立不同植被覆盖情况下的比辐射率求算模型；以 NOAA 数据红外 4、5 波段的亮温数据，对 Becker and Li（1990）分裂窗地表温度模型进行参数调整和改进，建立依赖于植被覆盖度的比辐射率的分裂窗模型求算地表温度（LST）（图 2.2-14）。

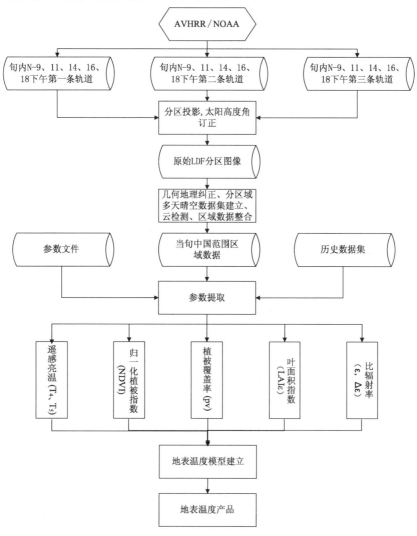

图 2.2-14　地表温度处理流程

（2）射出长波辐射

用 NOAA 的窗区通道 5 探测数据计算射出长波辐射通量密度（OLR）的算法如下：

获取通道 5 亮温:读取经过处理后得到的等经纬度投影综合数据集文件,得到等经纬度投影的每个格点的通道 5 亮温 $T_5$;(参见图 2.2-14 遥感亮温)

通道 5 辐射率计算:由普朗克公式计算通道 5 辐射率 $R(\theta)$;

$$R(\theta) = \frac{c_1 \gamma_{05}^3}{e^{c_2 \gamma_{05}/T_5} - 1.0}$$

式中:$\gamma_{05}$ 是 VIRR 通道 5 的中心波数,因 $T_5$ 的值域而约有不同,$c_1$、$c_2$ 是普朗克常数,$c_1 = 1.191065 \times 10^{-5}$,$c_2 = 1.438681$。

临边变暗订正:对通道 5 辐射率测值作临边变暗订正,得到相当于卫星在天顶时的辐射率测值 $R(0)$;

$$R(0) = (1 + \alpha_2(\sec\theta - 1) + \beta_2(\sec\theta - 1)^2)\, R(\theta) + \alpha_1(\sec\theta - 1) + \beta_1(\sec\theta - 1)^2$$

式中:$\alpha_1$,$\alpha_2$,$\beta_1$,$\beta_2$ 为经验系数,由红外辐射传输计算软件对 3000 多条全球各天气状况的大气廓线进行通道 5 辐射率模拟计算,并经统计回归分析得出。

计算通道 5 等效亮度温度:由普朗克公式的反函数计算卫星天顶角为 0 的辐射率所对应的通道等效亮度温度 $T_{05}$;

$$T_{05} = \frac{c_2\, \gamma_{05}}{\ln(c_1 * \gamma_{05}^3/R(0) + 1.0)}$$

式中:$\gamma_{05}$ 因辐射率 $R(0)$ 的值域不同而约有不同。

计算通量等效亮度温度:由窄一宽波段辐射转换公式计算格点的通量等效亮度温度 $T_F$;

$$T_F = a + b\, T_{05} + c\, T_{05}^2$$

式中 $a$,$b$,$c$ 是理论回归系数,由红外辐射传输计算软件对全球 3000 多条大气廓线做大气顶长波辐射通量密度计算和通道 5 辐射率模拟计算,再统计回归分析得出。

计算 OLR:由黑体辐射定律计算格点的射出长波辐射通量密度(OLR);

$$OLR = \sigma\, T_F^4$$

式中:$\sigma$ 是斯蒂芬一玻尔兹曼常数,$\sigma = 5.67 \times 10^{-8}$,OLR 的单位是:$W/m^2$。

日平均 OLR 计算:对卫星白天、夜间过境时观测得到的 OLR 资料求平均,得到日平均射出长波辐射通量密度 $OLR_M$:

$$OLR_M = \frac{(OLR_D + OLR_N)}{2}$$

式中:$OLR_D$ 是白天的 OLR,$OLR_N$ 是夜间的 OLR。

具体流程如下(图 2.2-15):

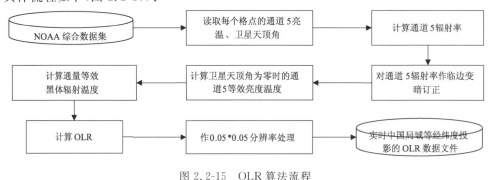

图 2.2-15　OLR 算法流程

（3）云量

为了加速云检测处理速度，可采用单一像元为处理对象的方法。利用 NOAA 卫星可见光和红外通道数据，参照 ISCCP 国际卫星云检测计划中的云检测方法，根据中国区域下垫面的不同特征，采用单一像元为处理对象的方法对周边像元不加处理，可利用卫星可见光和红外通道数据，获取多个阈值，用来判识云和晴空像元。判据可考虑：热红外阈值检测、局地均一性或空间相关检测、反射率检测、通道 2 与通道 1 比值检测以及通道 4、5 亮度温度差检测等特征；对多年 NOAA 卫星资料进行云检测之后，利用统计分析方法估算云覆盖率（图 2.2-16）。

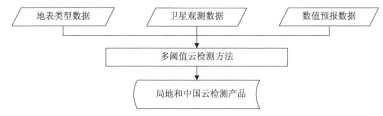

图 2.2-16　云检测处理流程图

（4）干旱指数

干旱是一种在某一特定时间内的气候现象。常规的干旱监测方法利用干旱的这一特点，通过对长时间序列观测资料的统计分析进行。其考虑的主要因子有降水、干旱指数、温度、蒸发量等。就卫星遥感而言，能获取的地表参数主要有地表亮温、植被指数、降水指数、干旱指数等，其中后二者精度有待进一步提高。经过研究，遥感干旱指数可用地表温度和植被指数两个主要参考因子进行模型。

与干旱有关的因子主要有：降水量、土壤湿度、温度、蒸发量等，目前从卫星遥感资料中能获取的与干旱有关的主要参数有：地表温度、植被指数、降水指数、土壤湿度（后二者精度有待提高）

遥感干旱指数模型描述如下：

① 对于干旱指数（$DI$），如果考虑若干个（$i$）独立因子对其产生作用，各因子指数分别为 $D_1$、$D_2$、$D_3$、$\cdots$、$D_i$，则其综合指数为：

$$DI = r_1 \times D_1 + r_2 \times D_2 + r_3 \times D_3 + \cdots + r_i \times D_i$$
$$r_1 + r_2 + r_3 + \cdots + r_i = 1$$

其中，$r_1$、$r_2$、$r_3$、$\cdots$、$r_i$ 分别为各因子的权重函数。

② 结合现有的较长时间序列卫星遥感资料和产品，以植被指数、地表温度为主要参考因子，建立遥感干旱监测模型：

$$D_{VCI} = 100 \times (NDVI - NDVI_{最小}) / (NDVI_{最大} - NDVI_{最小})$$
$$D_{TCI} = 100 \times (Tb_{最大} - Tb) / (Tb_{最大} - Tb_{最小})$$
$$DI = r1 \times D_{VCI} + r2 \times D_{TCI}$$
$$r_1 + r_2 = 1$$

（5）气候产品数据集（日、旬、月）

日产品：云覆盖、OLR

旬产品：植被指数、地表温度、云覆盖、干旱指数

## 2.3　基于多源信息耦合技术的农业气候资源时空分布模型

### 2.3.1　卫星遥感地表温度与气温耦合模型研究的意义

常规站点观测的气温资料为离散点资料，气温受地形等因素影响较大，在空间分布上存在一定差异，因而站点观测气温不能代表面上的气温分布，加上站点空间分布不均，在站点稀疏的地区，无法通过站点观测气温获取大范围上的气温分布情况。在农业气候区划中气温是一个十分重要的因子，如何获取连续的面状气温分布对于农业气候区划有着至关重要的意义。通过站点气温插值方法，虽然能获得具有一定精度的面状气温分布，但无法精确描述植被覆盖、坡向等因素的影响，尤其在站点稀疏地区，仅通过几个点的观测值进行空间插值无法精确地反映出气温的区域分布特征。

卫星遥感地表温度产品是一种考虑下垫面差异、大气等对比辐射率的影响，利用气象卫星多通道数据，反演出的反映地表温度分布的产品。卫星探测作为天基遥感观测的方式之一，受地面影响小，其获取的资料在空间和时间分布上都较为连续，空间分辨率为 1.1 km，能充分反映地表温度的空间分布差异。地表温度与站点观测的 0 cm 地温在物理意义上较为接近，二者的差别在于站点观测的 0 cm 地温是点上的温度分布，而地表温度是 $0.01°×0.01°$ 网格上 0 cm 平均地温分布，二者具有极高的相关性，在物理值上较为接近。而通过对全国 756 个基本站的 0 cm 地温和气温分析结果表明，大部分站点二者的相关系数可达到 0.8 以上，部分站点在 0.95 以上。这一结果表明，站点 0 cm 地温与气温之间也具有较好的相关性。因此，卫星遥感地表温度产品与气温之间也必然存在着较好的相关性。如果通过分析能建立起二者的相关模型，则完全可能实现地表温度向气温的转换，从而获得 $0.01°×0.01°$ 空间分辨率的气温分布数据，并进一步通过与站点插值气温数据形成互补，则可建立起一套具有较高精度和可使用性的气温分布数据集。该数据集用于农业气候区划，可进一步提高农业区划精度，为实现细网格的精细农业气候区划提供基础数据支撑。

本研究的目的就是如何建立卫星遥感地表温度与气温间的耦合模型，实现地表温度向气温的转换，建立一套卫星遥感全国地表温度耦合气温数据集。

### 2.3.2　卫星遥感地表温度与气温耦合的可行性

（1）卫星遥感旬最高地表温度与站点旬平均最高 0 cm 地温的相关分析

卫星遥感地表温度定义为卫星探测像元范围内的陆地表面温度平均值，站点 0 cm 地温则是指气象台站观测点处的地面温度，二者之间在物理意义上较为接近，主要存在面和点的区别。以某一气象站点为例，由于极轨气象卫星红外遥感数据星下点空间分辨率为 1.1 km，一个像元的覆盖面积约为 $1.21\ km^2$，卫星遥感地表温度台站所处像元 $1.21\ km^2$ 地球表面温度的平均，而气象台站观测的 0 cm 地温仅为台站观测点的地面温度。在实际的地表温度反演中，0 cm 地温常用来对地表遥感温度反演结果进行精度检验，是台站观测多种温度要素中与遥感反演地表温度最接近的物理量。因此，在理论上，卫星遥感旬最高地表温度与旬平均最高 0 cm 地温之间存在较好的相关性。

利用 2002—2008 年全国 756 个基本站点旬平均最高 0 cm 地温和站点位置对应的相应时

次卫星遥感旬最高地表温度进行采样及相关性分析,结果表明在可用的 687 个站点中,平均相关系数可以达到 0.84,最好的站点相关系数高达 0.98 以上,超过 60％的站点相关系数在 0.9 以上。图 2.3-1 为新疆淖毛湖站 2002—2008 年旬最高地表温度与旬平均最高 0 cm 地温散点图(韩秀珍,李三妹 等,2012)。

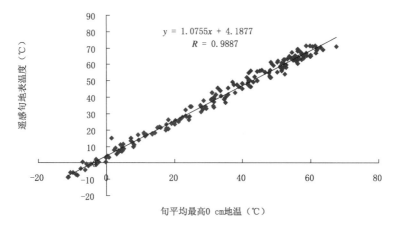

图 2.3-1  新疆淖毛湖站 2002—2008 年旬最高地表温度与旬平均最高 0 cm 地温散点分布图

由于遥感地表温度与 0 cm 地温之间存在面和点的区别,理论上说,当下垫面条件较为单一时,遥感地表温度与 0 cm 地温应该十分接近,而当下垫面条件较为复杂,即卫星遥感探测像元混合性大、包含的地表类型复杂时,地表温度与 0 cm 地温之间则可能存在一定的差异。

(2)站点旬平均最高 0 cm 地温与站点旬平均最高气温之间的相关分析

在物理意义上,地温与气温之间存在一定的相关关系。利用 1971—2008 年共 38 年的全国 756 个基本站获取的旬平均最高 0 cm 地温和旬平均最高气温资料,通过对每个站点的旬平均最高 0cm 地温和旬平均最高气温进行相关分析,发现 95％以上的站点二者相关系数在 0.75 以上,81％以上的站点二者相关系数达到 0.9 以上,其中最大相关系数为 0.993,最小相关系数为 0.571。采用 $\alpha$ 为 0.05 的显著性检验,756 个站全部通过。表 2.3-1 为旬平均最高 0 cm 地温和旬平均最高气温站点回归分析列表。图 2.3-2 为 4 个站点的旬平均最高气温与旬平均最高 0 cm 地温散点分布系列图。

表 2.3-1  旬平均最高 0 cm 地温和旬平均最高气温站点回归分析列表

| 站点数 | 731 | 平均标准偏差 | 3.93 | 最大偏差最小值 | 7.73 |
|---|---|---|---|---|---|
| 最小相关系数 | 0.57 | 标准偏差最小值 | 2.39 | 最大偏差最高值 | 25.2 |
| 最大相关系数 | 0.99 | 标准偏差最大值 | 8.64 | 最大偏差整体均值 | 13.12 |
| 相关系数大于 0.75 的站点百分比(％) | 95.2 | 偏差平均值最小值 | 1.81 | 最小偏差最小值 | 0.0 |
| 相关系数大于 0.9 的站点百分比(％) | 81.1 | 偏差平均值最大值 | 7.32 | 最小偏差最高值 | 0.153 |
| 整体平均相关系数 | 0.93 | 偏差平均值总体平均值 | 3.18 | 最小偏差整体均值 | 0.006 |

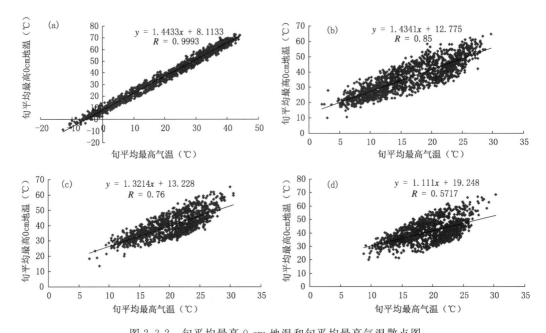

图 2.3-2　旬平均最高 0 cm 地温和旬平均最高气温散点图

(a)相关系数为 0.99 (b)相关系数为 0.85　(c)相关系数为 0.76　(d)相关系数为 0.57

　　通过旬平均最高气温与旬平均最高 0 cm 地温间的散点图分析,除了少部分站点相关系数达 0.97 以上外,其他大部分站点的散点分布存在较大的离散度,旬 0 cm 地温与气温间的变化关系并不固定,而是存在较大的差异。由于散点取样基于同一站点,因此影响这种相关关系的主要因素为季节。取图 2.3-2c 的样本,按月进行再分类,对每一类进行相关性分析(表 2.3-2),可见月之间的回归参数和相关系数都存在较大差异。

表 2.3-2　站点 56137(相关系数为 0.85)按月分类逐月回归参数表

| 月份 | 相关系数 | 回归系数 | 回归常数 |
| --- | --- | --- | --- |
| 1 | 0.666848 | 0.836082 | 16.63574 |
| 2 | 0.666085 | 1.144871 | 18.32776 |
| 3 | 0.666288 | 1.468439 | 17.32452 |
| 4 | 0.800546 | 1.946142 | 10.42407 |
| 5 | 0.635875 | 1.624683 | 13.96962 |
| 6 | 0.760874 | 2.497275 | −12.8028 |
| 7 | 0.83562 | 3.034231 | −27.8549 |
| 8 | 0.856217 | 3.219434 | −31.701 |
| 9 | 0.871056 | 2.532956 | −14.3018 |
| 10 | 0.807006 | 1.707805 | 4.651809 |
| 11 | 0.688117 | 1.217036 | 13.39675 |
| 12 | 0.710228 | 1.026413 | 13.00408 |

通过总体相关分析,部分站点的旬平均最高 0 cm 地温和旬平均最高气温间的相关性受到季节的一定影响。通过对 756 个站的旬平均最高 0 cm 地温和旬平均最高气温按月份进行分类,一共得到 8759 类,相关分析表明,78％的类别相关系数在 0.75 以上,8759 类的总体平均相关系数为 0.812(表 2.3-3)。

表 2.3-3　按月分类的站点旬平均最高 0 cm 地温和旬平均最高气温回归分析列表

| 种类数 | 8759 | 平均标准偏差 | 2.95 | 最大偏差最小值 | 0.98 |
|---|---|---|---|---|---|
| 最小相关系数 | 0.042 | 标准偏差最小值 | 0.56 | 最大偏差最高值 | 28.44 |
| 最大相关系数 | 0.98 | 标准偏差最大值 | 8.95 | 最大偏差整体均值 | 8.25 |
| 相关系数大于 0.75 的站点百分比(％) | 78 | 偏差平均值最小值 | 0.42 | 最小偏差最小值 | 0.0 |
| 相关系数大于 0.9 的站点百分比(％) | 18 | 偏差平均值最大值 | 7.58 | 最小偏差最高值 | 3.47 |
| 整体平均相关系数 | 0.812 | 偏差平均值总体平均值 | 2.35 | 最小偏差整体均值 | 0.047 |

经过月份分类后,由于每一类的样本数较分类前大为减少,所以整体相关系数有所下降,但是整体偏差明显降低。通过对相关系数低于 0.75 的类别按季节分类,可见相关系数较低的类别主要集中在 6、7、8、9 月这 4 个月(图 2.3-3)。

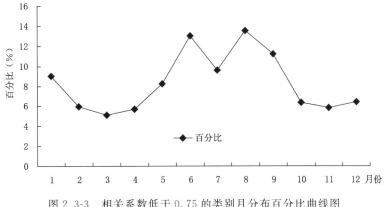

图 2.3-3　相关系数低于 0.75 的类别月分布百分比曲线图

根据月分类后各个类别的回归参数较为接近的月进行归类,12 个月可归为 4 大类:3—5月、6—8 月、9—11 和 12—2 月,正好对应春夏秋冬四个季节。

综上所述,根据站点旬平均最高气温和旬平均最高 0 cm 地温分析,二者之间的相关关系,受季节的影响。由于 0 cm 地温与遥感地表温度之间无论从物理意义上,还是数值的大小上,都较为接近,因此,遥感地表温度与气温之间存在较好的相关性。

(3)卫星遥感旬最高地表温度与站点旬平均最高气温的相关分析

根据卫星遥感旬最高地表温度和站点旬平均最高 0 cm 地温相关分析表明,卫星遥感旬最高地表温度和站点旬平均最高 0 cm 地温虽然存在面和点的差异,但在物理意义上较为接近。且这种相关性受到下垫面条件的影响。下垫面条件越单一,二者相关性越好,反之则越差。这种相关性主要受季节等因素的影响。

根据上述分析,卫星遥感地表温度与气温之间存在着一定的必然联系。由 2004—2008 年全国 2340 个加密气象观测站的旬平均最高气温与对应的卫星遥感旬最高地表温度统计分析表明,仅有 21 个站的相关系数低于 0.75,且最小相关系数为 0.544,85% 以上的站点相关系数在 0.9 以上,其中相关系数低于 0.75 的站点主要分布在海南岛,相关系数在 0.75 至 0.9 的站点主要分布在华南南部、西南地区南部以及青藏高原东部等地(图 2.3-4)。

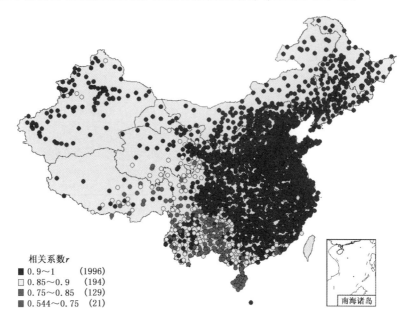

相关系数 $r$
- ■ 0.9～1 　　　 (1996)
- □ 0.85～0.9 　 (194)
- ▨ 0.75～0.85 　(129)
- ■ 0.544～0.75 　(21)

图 2.3-4　站点卫星遥感旬最高地表温度与站点旬平均最高气温相关系数分布图

图 2.3-5 为相关系数不同的 4 个站点的卫星遥感旬最高地表温度与旬平均最高气温散点图。由图 2.3-5 可见,卫星遥感地表温度与旬平均最高气温的散点分布较为接近,除了相关系数非常高的站外,其他站点的散点分布具有较大的离散度。

综上所述,卫星遥感地表温度和气温之间虽然物理概念不同,但二者之间仍存在着较好的相关性。因此,通过建立地温和气温间的耦合关系,利用地表温度推算近地表气温的思路是完全可行的,这为获取复杂下垫面上空间连续的旬气温分布数据提供了可能。

### 2.3.3　卫星遥感地表温度与气温耦合模型的建立

(1)耦合模型的影响因子分析

由于地表温度是表征地物表面冷热程度的物理量,其变化受到地物性质、干湿状况等影响,而气温是表征大气冷热程度的物理量,大气流动性强,易受到周围环境的影响。由于地物与大气的导热性、热容性等都存在差异,并且不同地物之间热容性也不同,水的热容性大,裸地热容性差,因此,在建立地温与气温间的相关关系时,必须考虑地物及环境差异。

按照地表温度的反演原理,地表温度与土地覆盖类型、植被指数等关系密切。反演地表温度采用的分裂窗算法,通过考虑土地覆盖类型及植被指数对比辐射率的影响,根据分裂窗通道的亮度温度,采用普朗克公式最终求得地表温度。卫星遥感热红外通道的亮度温度值包含了高程、地理纬度等静态变量以及风速、气压、地表湿度等瞬时变量的影响,因此反演得到的地表温度实际上是一个多种因子共同作用的结果,地表温度(LST)可表达为:

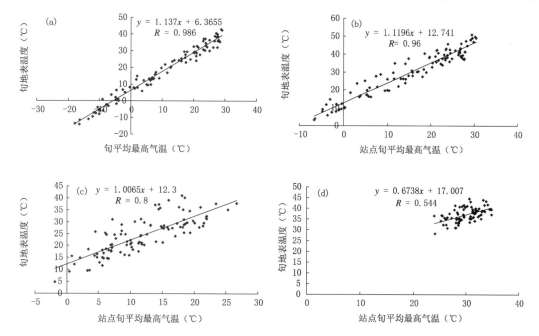

图 2.3-5　卫星遥感旬最高地表温度和站点旬平均最高气温散点图

(a)相关系数为 0.98;(b)相关系数为 0.96;(c)相关系数为 0.8;(d)相关系数为 0.544

$$LST = f(type, NDVI, BT_{10.7\mu m}(Z, \varphi, \lambda, W, P, H), BT_{11.7\mu m}(Z, \varphi, \lambda, W, P, H))$$

$$(2.3-1)$$

其中，$type$ 为土地覆盖类型，$NDVI$ 为归一化差分植被指数，$BT_{10.7\mu m}$ 为 10.3~11.3 $\mu m$ 通道亮度温度，$BT_{11.7\mu m}$ 为 11.3~12.3 $\mu m$ 通道亮度温度，$Z$ 为海拔高度，$\lambda$ 为地理经度，$\varphi$ 为地理纬度，$W$ 为风速，$P$ 为气压，$H$ 为地表湿度。

　　某一时刻近地表气温 T 的变化与地理位置($\varphi, \lambda$)、海拔高度 $Z$、风速 $W$、气压 $P$、湿度 $H$ 等同样有着密切的关系，T 可表达为:

$$T = f(Z, \varphi, \lambda, W, P, H) \qquad (2.3-2)$$

　　假设气温与地温之间存在较好的相关关系，并且根据 0 cm 地温与气温之间的分析结果，二者的相关性表现为线性相关，因而气温 T 可表达为:

$$T = A \times LST + B \qquad (2.3-3)$$

　　由于气温与地温的变化不同，不同的下垫面条件，气温与地温间的变化存在较大差异，例如，水的比热大于空气，水面温度变化小于气温，沙漠的比热低于大气，沙漠地表气温变化大于气温，因此回归系数 A 和回归常数项 B 值并不固定，而是随着下垫面条件和大气环境的改变而变化。严格而言，式 2.3-3 应写为:

$$\begin{bmatrix} T_1 \\ T_2 \\ \cdots \\ T_n \end{bmatrix} = \begin{bmatrix} A_1 \\ A_2 \\ \cdots \\ A_n \end{bmatrix} \times \begin{bmatrix} LST_1 \\ LST_2 \\ \cdots \\ LST_n \end{bmatrix} + \begin{bmatrix} B_1 \\ B_2 \\ \cdots \\ B_n \end{bmatrix} \qquad (2.3-4)$$

　　根据(2.3-4)式，如何确定各种情况下的回归系数 A 和回归常数项 B 是利用卫星遥感地表温度估算出气温的关键所在。根据式(2.3-1)和式(2.3-2)，影响地表温度和气温间的关系的因子包括地理纬度、海拔高度、风速、气压、湿度、土地覆盖类型以及植被指数,如何确定这些因子对气温和地温间相关关系的权重,进而根据权重系数筛选出主要影响因子,从而建立地表温度和气温间的耦合模型,实现气温的估算,是地表温度与气温间的耦合模型的重点之一。由于 0 cm 地温与卫星遥感反演地表温度较为接近,站点观测资料时间序列长,不受云覆盖等因素影响,因此可基于各种因子对 0 cm 地温与气温间相关性的影响,分析这些因子对地表温度和气温耦合模型的影响权重。

①地理纬度影响分析:

地理纬度对于气温和地温都有一定的影响,这种影响主要反映为年平均气温或地表温度的总体分布,气温和地表温度随纬度的增加而降低。对于单时次的气温和地温分布,地理纬度虽存在一定的影响,但并无明显规律可循。尤其在夏季,中高纬度地区如沙漠地区,气温和地温常常高于低纬度地区。同时,气温和地温同时随地理纬度的变化而变化,地理纬度在二者相关性分析上无明显作用关系。因此,在地表温度与气温的耦合上,地理纬度无法作为直接影响因子,但地理纬度的分布带来了气候分区的差异,在地温和气温的耦合中,可以通过考虑气候分区间接考虑地理纬度的影响。

②海拔高度影响分析

海拔高度同样对地温和气温有一定的影响,地温和气温随着海拔高度的升高而降低。通过不同海拔高度上的站点气温和 0 cm 地温分析,海拔高度对于地温和气温虽都存在一定的影响,但这种影响无明显的规律性,地温和气温往往同时随海拔高度的变化而变化,对于二者的相关性影响较小。但不同海拔高度上,空气稀薄程度不同,从而带来了气压和风速等的不同,这种差异可体现在气候分区上。因此,与地理纬度相似,在地温和气温的耦合中,海拔高度的影响通过气候区划间接考虑。

③降水影响分析

降水量对旬平均最高气温与旬平均最高 0 cm 地温间的相关性有着较大的影响,旬平均最高气温与旬平均最高 0 cm 地温间的相关性随旬降水量的增大而呈下降趋势。图 2.3-6 为 16 个站点在不同降水量下旬平均最高气温与旬平均最高 0 cm 地温间的相关系数分布图。根据图 2.3-6 分析,当旬总降水量低于 50 mm 时,各站点的气温与地温相关性较为连续,在 0.9 以上,尤其当旬总降水量低于 10 mm 时,二者的相关性接近 1.0,而当旬总降水量超过 50 mm 时,旬平均最高气温与旬平均最高 0 cm 地温间的相关系数存在较大的波动,部分站点的相关系数低于 0.9,最低可达 0.7 左右。

降水量对气温与地温相关性的影响主要表现为:第一,旬内云覆盖量的增多,云量的增加不仅影响卫星遥感晴空资料的获取率,碎云等的存在对于地表温度的反演精度还会带来较大影响;第二,旬内地表湿度或含水率的增大,由于同一地区地表温度的变化率随地表湿度的增大而下降,这就使得地表温度和气温的相关性较地表湿度较小时有所不同,从而导致地表温度和气温耦合间的偏差。由于降水的时空分布差异较大,加之降水资料主要为站点离散资料,卫星遥感资料较难获取连续面上的降水量分布,因此,在利用地表温度耦合气温过程中,降水因子较难直接使用,由于降水量与云量有着较为密切的关系,因此,利用地表温度耦合气温过程中,可通过云覆盖率间接反映降水因子的影响。

④土地覆盖类型影响分析

土地覆盖类型是影响地表温度的主要因子之一。不同土地覆盖类型下,地表比辐射率差

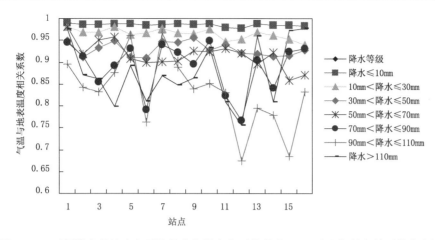

图 2.3-6　不同降水量站点旬平均最高气温与旬平均最高 0 cm 地温间的相关系数分布图

异较大,从而带来地表温度的不同。在相同气温条件下,不同土地覆盖类型的地表温度存在明显差异,同时地表温度的分布会进一步影响气温,从而影响气温和地表温度间的变化关系。图 2.3-7～9 分别为北纬 40 度左右三种土地覆盖类型包括城镇、沙漠以及草地 1971—2008 年逐年 10 月旬平均最高 0 cm 地温与旬平均最高气温散点图。由图 2.3-7～9 可见,三种土地覆盖类型的旬平均最高 0 cm 地温和旬平均最高气温间的回归系数存在一定的差异,沙漠变化斜率最大,城镇其次,草地最小,反映了不同土地覆盖类型下地表温度与气温间变化关系存在一定的差异。

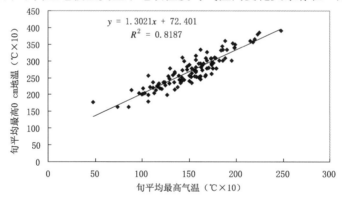

图 2.3-7　大同站 10 月旬平均最高 0 cm 地温与旬平均气温散点图(土地覆盖类型:城镇)

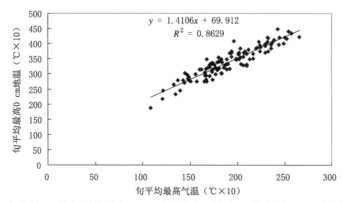

图 2.3-8　库车站 10 月旬平均最高 0 cm 地温与旬平均气温散点图(土地覆盖类型:沙漠)

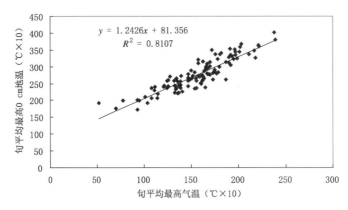

图 2.3-9 林河站 10 月旬平均最高 0 cm 地温与旬平均气温散点图(土地覆盖类型:草地)

⑤植被指数影响分析

裸地和植被的比辐射率差异较大,植被指数能较好地反映地表植被覆盖程度,在地表比辐射率的计算中,植被指数常作为主要计算参量,对地表比辐射率起着决定性作用。由于地表比辐射率是地表温度反演的关键因子,植被指数通过影响地表比辐射率大小影响地表温度反演结果及精度。从地表温度反演结果分析,同一区域内,植被覆盖度高的地区地表温度的范围及变化小于或低于无植被覆盖区。气温在一定程度上受到植被覆盖程度的影响,但由于大气的流动性,这种影响远小于地表温度。因此,由于植被指数对地表温度和气温的影响不同,在地表温度和气温的耦合中,植被指数对耦合模型有较大的影响,在地表温度和气温耦合中,必须考虑该因子。

除了上述影响因子外,影响地表温度和气温耦合关系的因子还有风速和大气湿度等。风速影响大气运动对地表和大气的热量传递或传输,大气湿度对于气温的变化有着重要的影响,气温的变化趋势随湿度的增大趋于缓慢,从而影响地表温度和气温间的耦合关系。由于风速和大气湿度多为离散站点观测资料,无法获取面状分布数据,在利用卫星遥感地表温度耦合气温过程中,无法直接参与运算。然而,风速和大气湿度的分布和变化具有一定的地域性和季节性特征,通过气候分区及考虑季节,从某种程度上可反映出风速和大气湿度对地表温度和气温耦合关系的影响。

通过上述分析可以发现,风速、大气湿度、地表湿度(降水量)、土地覆盖类型及植被指数这五个因子由于对地表温度和气温的影响作用不同,因而对地表温度与气温间的耦合关系影响较大,地理纬度、海拔高度虽对气温和地表温度都有着较大的影响,但由于对二者的影响作用较为接近,因此,对地表温度和气温间的耦合关系影响较小。根据各种影响因子的数据分布特点分析,风速、大气湿度以及降水量等资料一般为常规气象站点观测资料,较难获取精细网格点的分布情况,但这些因子具有较强的地域性和季节性分布特征,因而可通过气候分区及季节来间接反映因子对耦合模型的影响。植被指数、土地覆盖类型、海拔高度以及地理纬度等因子目前可以获取到精细网格点的数据,可直接用于地表温度和气温间的耦合建模。

(2)耦合因子的确定

根据地表温度与气温耦合模型的影响因子分析,影响地表温度和气温的相关性因子主要包括风速、大气湿度、降水量(地表湿度)、土地覆盖类型及植被指数等。由于卫星遥感地表温度数据为 $0.01° \times 0.01°$ 空间分辨率的栅格数据,土地覆盖类型和植被指数可以通过遥感资料获取,与地表温度数据在空间上完全匹配,而风速、大气湿度、降水等要素为站点离散观测资料,在空间上无法与卫星遥感地表温度数据匹配,并且站点观测时间与卫星观测时间不一致,在地表温度和气温的耦合中,无法直接将这些因素应用到耦合模型中。通过分析表明,风速、湿度、降水这些因子具有一定的季节性和气候分布特征,在相同季节,同一气候带中,风速、大气湿度和降水量具有一定的相似性,因而其对地表温度和气温的相关性影响相似,可视为不变因子。这样,地表温度与气温耦合模型的因子主要确定为以下四类:

季节:主要根据逐月的地表温度和气温间的回归系数进行归类,一般分为春、夏、秋、冬四个季节,春季(3、4、5 月),夏季(6、7、8 月),秋季(9、10、11 月),冬季(12、1、2 月)。

气候分区:主要根据中国气候区划图进行划分,一共分为 9 类。图 2.3-10 为中国气候区划图,表 2.3-4 为我国气候分区列表。由气候区划图及列表可见,气候分区已充分考虑了地理纬度、海拔高度、降水量及温度等因子,在同一气候分区中,地理纬度、海拔高度、年降水总量以及积温等都较为接近。

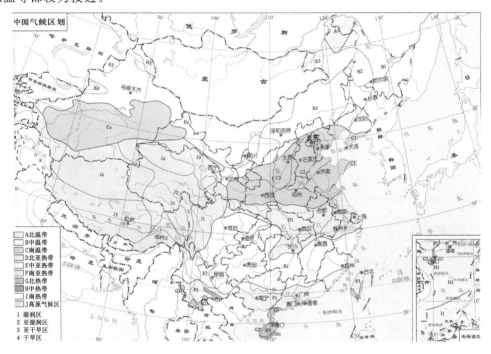

图 2.3-10　中国气候区划图

表 2.3-4　我国气候分区列表

| 分类 | 气候区 | 气候区细分 |
| --- | --- | --- |
| 1 | 中热带 | 中热带湿润区 |
| 2 | 北热带 | 北热带湿润区 |
| | | 北热带亚干旱区 |
| | | 北热带亚湿润区 |
| 3 | 南亚热带 | 南亚热带湿润区 |
| 4 | 中亚热带 | 中亚热带湿润区 |
| 5 | 北亚热带 | 北亚热带湿润区 |

| 分类 | 气候区 | 气候区细分 |
|---|---|---|
| 6 | 南温带 | 南温带湿润区 |
| | | 南温带亚湿润区 |
| | | 南温带亚干旱区 |
| | | 南温带干旱区 |
| 7 | 中温带 | 中温带湿润区 |
| | | 中温带亚湿润区 |
| | | 中温带亚干旱区 |
| | | 中温带干旱区 |
| 8 | 北温带 | 北温带湿润区 |
| 9 | 高原区 | 高原湿润区 |
| | | 高原亚湿润区 |
| | | 高原亚干旱区 |
| | | 高原干旱区 |

土地覆盖类型:采用 IGBP 的全球土地覆盖分类结果,一共分为 17 类。图 2.3-11 为 IG-BP 我国及周边区域土地覆盖类型分布图。

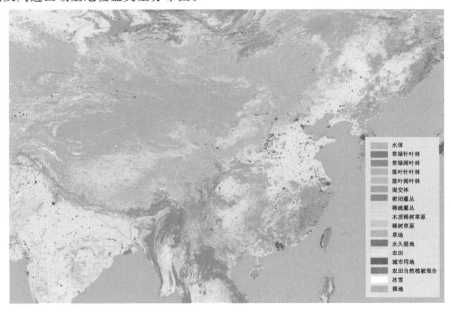

图 2.3-11　IGBP 我国及周边区域土地覆盖类型分布图

植被指数:按照植被指数分为 4 大类:$<0.2$、$0.2\sim0.4$、$0.4\sim0.6$、$>0.6$。

(3)基于多要素的耦合模型及置信度检验

在上述影响地表温度和气温的各个主要因子中,气候区划和土地覆盖类型相对静态,植被指数和季节则是动态影响因子,因此,首先按站点所在的气候区划和土地覆盖类型将全国分为88类,在此基础上,再根据季节和植被指数动态分类,一共获取了851种分类。对这851类进行采样分析,结合回归、拟合等手段,建立了每一种类别的旬平均最高地表温度和旬平均最高气温间的耦合模型。

在这 851 种耦合模型中,相关性最好的模型遥感反演旬平均最高地表温度和旬平均最高气温间相关系数高达 0.98 以上,超过 27% 的模型相关系数在 0.9 以上,超过 75% 的模型相关系数在 0.7 以上。

通过对每一种模型进行 $\alpha$ 为 0.05 的显著性检验,91% 以上的模型均通过检验。检验未通过的类型主要分布在华南南部包括广西南部、海南、广东南部等地。

总体来说,北方地区旬最高地表温度和旬平均最高气温的相关系数明显高于南方地区,季节上秋冬季好于春夏季,植被稀疏地区好于植被稠密区。表 2.3-5 为类型 4(土地覆盖类型为农地,气候分区为中亚热带湿润区)在不同季节和植被指数时的旬平均最高气温和卫星遥感旬最高地表温度间的耦合模型分析表。

### 2.3.4　卫星遥感地表温度与气温耦合模型的应用

基于建立的卫星遥感旬最高地表温度和站点旬平均最高气温间的耦合模型,利用 NO-AA/AVHRR 1998—2007 年反演的卫星遥感旬最高地表温度数据集和旬最大植被指数数据集,结合气候分区、土地覆盖数据,考虑季节影响,建立了 1998—2007 年 10 年逐旬的 $0.01° \times 0.01°$ 旬平均最高气温数据集,在旬平均最高气温数据集的基础上,建立了 1998—2007 年 10 年旬、月、季、年平均最高气温数据集,并作为基础数据之一用于农业气候区划。

图 2.3-12~15 分别为 2007 年 1 月上旬、4 月上旬、7 月上旬和 10 月上旬利用卫星遥感旬最高地表温度耦合的旬平均最高气温分布图。图 2.3-16 为 1998—2007 年 10 年年平均最高气温分布图。

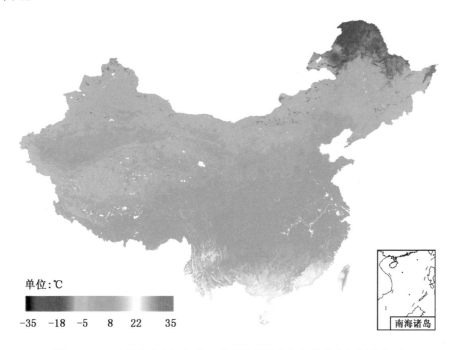

图 2.3-12　卫星遥感全国旬最高地表温度拟合旬平均最高气温分布图
(2007 年 1 月上旬)

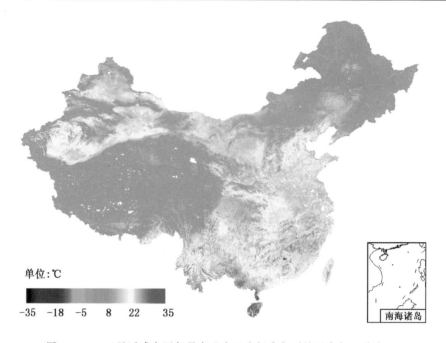

图 2.3-13 卫星遥感全国旬最高地表温度拟合旬平均最高气温分布图

（2007 年 4 月上旬）

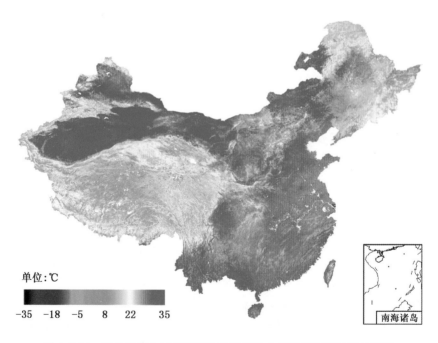

图 2.3-14 卫星遥感全国旬最高地表温度拟合旬平均最高气温分布图

（2007 年 7 月上旬）

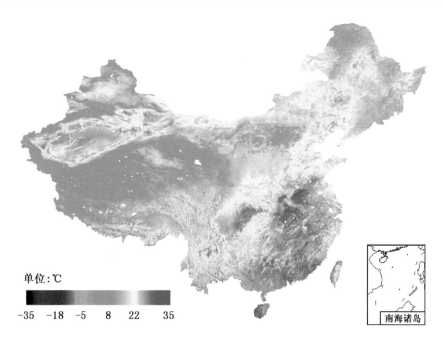

图 2.3-15　卫星遥感全国旬最高地表温度拟合旬平均最高气温分布图
（2007 年 10 月上旬）

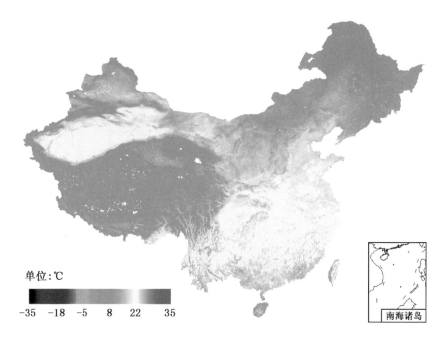

图 2.3-16　旬卫星遥感最高地表温度拟合旬平均最高气温图
（1998－2007 年 10 年平均）

表2.3-5 类型4旬平均最高气温和卫星遥感旬最高地表温度耦合模型分析表

| 类型 | 季节 | 植被指数分类 | 样本数 | 相关系数 | 回归系数 | 回归常数 | 偏差平方和 | 平均标准偏差 | 回归平方和 | 最大偏差 | 最小偏差 | 偏差平均值 | 检验是否通过 | F值 | F检验值 | Theta值 |
|---|---|---|---|---|---|---|---|---|---|---|---|---|---|---|---|---|
| 4 | 1 | 4 | 666 | 0.88616 | -6.436058 | 0.882356 | 3282.87624 | 2.24859 | 12006.22172 | 6.064027 | 0.000666 | 1.7899 | 1 | 2428 | 3.85 | 1.999539 |
| 4 | 2 | 4 | 2039 | 0.633757 | 11.805958 | 0.485404 | 8636.341615 | 1.430773 | 5797.198925 | 6.295832 | 0.000162 | 1.661187 | 1 | 1367 | 3.84 | 0.550649 |
| 4 | 3 | 4 | 527 | 0.937266 | -3.640841 | 0.836058 | 1409.769339 | 2.696387 | 10190.13856 | 4.470372 | 0.00643 | 1.340562 | 1 | 3795 | 3.85 | 1.980264 |
| 4 | 4 | 4 | 312 | 0.879391 | -4.470917 | 0.757416 | 1182.924347 | 2.149222 | 4035.762287 | 5.368509 | 0.00618 | 1.564979 | 1 | 1058 | 3.86 | 2.505609 |
| 4 | 1 | 3 | 2060 | 0.900514 | -7.290349 | 0.874965 | 11005.02591 | 2.341128 | 47199.78055 | 6.371046 | 0.004256 | 1.907583 | 1 | 8827 | 3.84 | 1.525974 |
| 4 | 2 | 3 | 712 | 0.503209 | 13.637818 | 0.415344 | 3980.213879 | 1.163269 | 1349.618481 | 6.165344 | 0.013227 | 1.963917 | 1 | 240.7 | 3.85 | 0.97704 |
| 4 | 3 | 3 | 1924 | 0.947353 | -4.184618 | 0.834031 | 4802.862909 | 2.847865 | 42044.54819 | 5.514686 | 0.000655 | 1.254503 | 1 | 16825 | 3.84 | 1.133052 |
| 4 | 4 | 3 | 1709 | 0.897813 | -4.802932 | 0.767195 | 5518.544077 | 2.330295 | 22937.53088 | 5.84361 | 0.002864 | 1.464382 | 1 | 7095 | 3.84 | 0.992657 |
| 4 | 1 | 2 | 1649 | 0.910347 | -8.066725 | 0.878645 | 8939.925111 | 2.399484 | 43258.16868 | 6.531943 | 0.000048 | 1.92067 | 1 | 7969 | 3.84 | 1.951308 |
| 4 | 2 | 2 | 69 | 0.658233 | 8.824569 | 0.465875 | 292.12615 | 1.481007 | 223.333271 | 5.117141 | 0.008673 | 1.728986 | 1 | 51.22 | 4 | 3.831764 |
| 4 | 3 | 2 | 1633 | 0.944489 | -4.134374 | 0.821817 | 3932.350591 | 2.774406 | 32498.53626 | 5.3914 | 0.001571 | 1.236793 | 1 | 13479 | 3.84 | 1.133268 |
| 4 | 4 | 2 | 2131 | 0.870123 | -3.598623 | 0.721523 | 7081.734505 | 2.099283 | 22074.90033 | 5.682467 | 0.000183 | 1.470074 | 1 | 6636 | 3.84 | 0.786703 |

由分布图可见,通过卫星遥感地表温度耦合得到的 0.01°×0.01°旬平均最高气温分布连续,细节特征突出,尤其在西北地区,较好地反映了气温的空间分布特征。

### 2.3.5　卫星遥感地表温度与气温耦合模型应用结果精度检验

卫星遥感地表温度和气温耦合模型的精度检验主要采用常规站点观测的温度统计资料和站点插值的气温数据进行对比检验。检验数据主要来源于 2002—2003 年未参与耦合建模的数据集,将 2002—2003 年的卫星遥感地表温度耦合得到的逐旬旬平均最高气温分布数据集以及站点观测数据集,通过逐站点对比检验,统计耦合气温的误差。在与常规站点插值气温进行对比时,剔除插值所用站点,采用未参与插值的站点气温与耦合气温进行对比检验分析。表 2.3-6 为 2002 年的检验结果,表 2.3-7 为 2003 年的检验结果。

表 2.3-6　2002 年耦合气温与插值气温对比检验表

| 年 | 月 | 旬 | 检验站点数 | 耦合气温差<3 K 站点数 | 插值气温差<3 K 站点数 | 耦合气温差累计值 | 插值气温差累计值 |
|---|---|---|---|---|---|---|---|
| 2002 | 1 | 1 | 1548 | 1148 | 744 | 33125 | 54528 |
| 2002 | 1 | 2 | 1491 | 1108 | 1385 | 32328 | 22256 |
| 2002 | 1 | 3 | 1449 | 1220 | 896 | 26934 | 42183 |
| 2002 | 2 | 1 | 1527 | 1339 | 946 | 24631 | 44151 |
| 2002 | 2 | 2 | 1529 | 1335 | 1218 | 23848 | 31126 |
| 2002 | 2 | 3 | 1396 | 1101 | 836 | 27693 | 43217 |
| 2002 | 3 | 1 | 1532 | 673 | 1237 | 55708 | 34039 |
| 2002 | 3 | 2 | 1508 | 1191 | 1199 | 29686 | 32486 |
| 2002 | 3 | 3 | 1534 | 982 | 1074 | 40300 | 37344 |
| 2002 | 4 | 1 | 1537 | 1011 | 1325 | 41836 | 26839 |
| 2002 | 4 | 2 | 1535 | 1106 | 1215 | 34612 | 32452 |
| 2002 | 4 | 3 | 1488 | 758 | 704 | 52704 | 55585 |
| 2002 | 5 | 1 | 1388 | 891 | 654 | 38253 | 52834 |
| 2002 | 5 | 2 | 1511 | 1082 | 1010 | 35755 | 41969 |
| 2002 | 5 | 3 | 1528 | 1054 | 1168 | 36746 | 33493 |
| 2002 | 6 | 1 | 1228 | 923 | 786 | 26624 | 31403 |
| 2002 | 6 | 2 | 1212 | 827 | 640 | 30830 | 38397 |
| 2002 | 6 | 3 | 1227 | 744 | 994 | 35072 | 22690 |
| 2002 | 7 | 1 | 1188 | 1024 | 1058 | 19942 | 20008 |
| 2002 | 7 | 2 | 1190 | 905 | 446 | 25417 | 43749 |
| 2002 | 7 | 3 | 1182 | 1019 | 861 | 19785 | 26487 |
| 2002 | 8 | 1 | 1184 | 988 | 1032 | 21181 | 23534 |
| 2002 | 8 | 2 | 1124 | 801 | 724 | 24996 | 31307 |
| 2002 | 8 | 3 | 1192 | 914 | 703 | 25419 | 35367 |
| 2002 | 9 | 1 | 1594 | 1087 | 1279 | 37707 | 35738 |
| 2002 | 9 | 2 | 1523 | 1149 | 1112 | 32770 | 37816 |
| 2002 | 9 | 3 | 1533 | 1267 | 1458 | 28929 | 21829 |
| 2002 | 10 | 1 | 1602 | 1335 | 966 | 28062 | 43691 |
| 2002 | 10 | 2 | 1596 | 1144 | 1170 | 36290 | 37591 |
| 2002 | 10 | 3 | 1582 | 989 | 1186 | 41727 | 34847 |
| 2002 | 11 | 1 | 1590 | 1339 | 1104 | 27576 | 41097 |
| 2002 | 11 | 2 | 1580 | 1020 | 1358 | 40467 | 27336 |
| 2002 | 11 | 3 | 1558 | 1134 | 1087 | 35463 | 38538 |
| 2002 | 12 | 1 | 1553 | 1202 | 1290 | 31406 | 30049 |
| 2002 | 12 | 2 | 1564 | 1396 | 1233 | 23027 | 32502 |
| 2002 | 12 | 3 | 1362 | 988 | 848 | 29978 | 39550 |
| 年度累计 | | | 51865 | 38194 | 36946 | 1156827 | 1278028 |

表 2.3-7　2003 年耦合气温与插值气温对比检验表

| 年 | 月 | 旬 | 检验<br>站点数 | 耦合气温差<br><3 K 站点数 | 插值气温差<br><3 K 站点数 | 耦合气温差<br>累计值 | 插值气温差<br>累计值 |
|---|---|---|---|---|---|---|---|
| 2003 | 1 | 1 | 1534 | 833 | 938 | 45780 | 44580 |
| 2003 | 1 | 2 | 1553 | 1398 | 1283 | 23371 | 29312 |
| 2003 | 1 | 3 | 1529 | 1262 | 1324 | 27305 | 27008 |
| 2003 | 2 | 1 | 1553 | 1220 | 1329 | 31157 | 26747 |
| 2003 | 2 | 2 | 1469 | 1008 | 822 | 35739 | 50804 |
| 2003 | 2 | 3 | 1525 | 1087 | 785 | 34990 | 52275 |
| 2003 | 3 | 1 | 1518 | 627 | 854 | 59749 | 48631 |
| 2003 | 3 | 2 | 1420 | 529 | 638 | 60079 | 56659 |
| 2003 | 3 | 3 | 1542 | 1109 | 1110 | 34706 | 36533 |
| 2003 | 4 | 1 | 1517 | 989 | 779 | 38826 | 53669 |
| 2003 | 4 | 2 | 1527 | 1061 | 1156 | 36182 | 36507 |
| 2003 | 4 | 3 | 1536 | 1109 | 906 | 34917 | 46909 |
| 2003 | 5 | 1 | 1537 | 1034 | 1189 | 38138 | 34656 |
| 2003 | 5 | 2 | 1474 | 989 | 1070 | 38062 | 35163 |
| 2003 | 5 | 3 | 1538 | 1049 | 1189 | 37204 | 32266 |
| 2003 | 6 | 1 | 1224 | 878 | 1030 | 28338 | 21547 |
| 2003 | 6 | 2 | 1227 | 958 | 957 | 25058 | 23504 |
| 2003 | 6 | 3 | 1177 | 942 | 1017 | 22631 | 19139 |
| 2003 | 7 | 1 | 1155 | 829 | 786 | 26413 | 29509 |
| 2003 | 7 | 2 | 1187 | 855 | 664 | 27721 | 36588 |
| 2003 | 7 | 3 | 1183 | 742 | 392 | 30982 | 51895 |
| 2003 | 8 | 1 | 1189 | 906 | 608 | 24664 | 42646 |
| 2003 | 8 | 2 | 1136 | 834 | 865 | 24707 | 26631 |
| 2003 | 8 | 3 | 1192 | 885 | 670 | 25620 | 38711 |
| 2003 | 9 | 1 | 1563 | 1106 | 951 | 36927 | 48696 |
| 2003 | 9 | 2 | 1576 | 909 | 1199 | 45367 | 35182 |
| 2003 | 9 | 3 | 1314 | 935 | 972 | 31589 | 31899 |
| 2003 | 10 | 1 | 1482 | 1146 | 1028 | 30606 | 38586 |
| 2003 | 10 | 2 | 1568 | 1391 | 1231 | 23911 | 32655 |
| 2003 | 10 | 3 | 1602 | 1394 | 1023 | 26538 | 42798 |
| 2003 | 11 | 1 | 1588 | 688 | 1181 | 67356 | 37397 |
| 2003 | 11 | 2 | 1565 | 1242 | 1101 | 30020 | 37887 |
| 2003 | 11 | 3 | 1559 | 1081 | 1367 | 36857 | 26075 |
| 2003 | 12 | 1 | 1440 | 1237 | 1176 | 23075 | 27483 |
| 2003 | 12 | 2 | 1505 | 1430 | 1244 | 17710 | 30199 |
| 2003 | 12 | 3 | 1550 | 1350 | 1304 | 25299 | 30715 |
| 年度累计 | | | 51754 | 37042 | 36138 | 1207594 | 1321461 |

　　图 2.3-17～20 分别为 2002 年 1 月、4 月、7 月及 10 月上旬耦合气温和插值气温与站点观测气温的散点图。

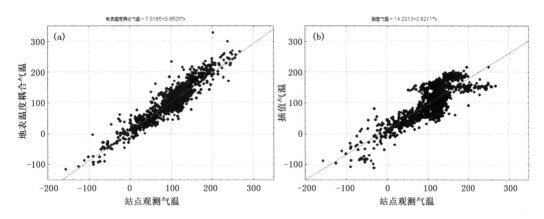

图 2.3-17　2002 年 1 月上旬 0.01°×0.01°旬平均最高气温精度检验图（a.耦合气温，b.插值气温）

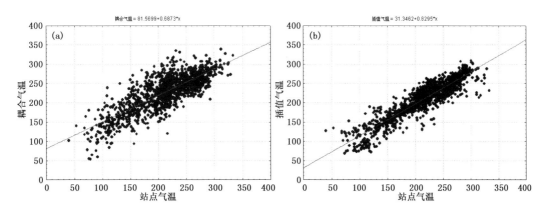

图 2.3-18　2002 年 4 月上旬 0.01°×0.01°旬平均最高气温精度检验图（a.耦合气温，b.插值气温）

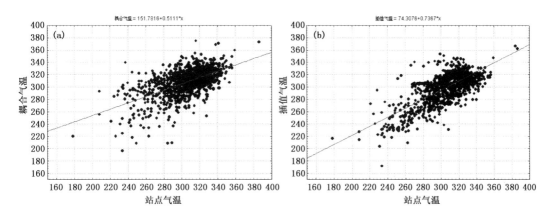

图 2.3-19　2002 年 7 月上旬 0.01°×0.01°旬平均最高气温精度检验图（a.耦合气温，b.插值气温）

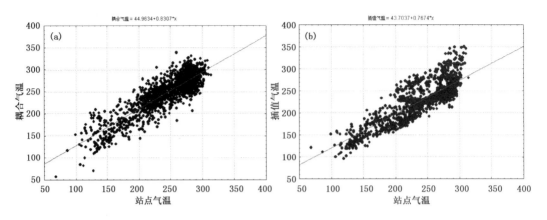

图 2.3-20　2002 年 10 月上旬 0.01°×0.01°旬平均最高气温精度检验图(a.耦合气温,b.插值气温)

根据对表 2.3-6～7 和图 2.3-17～20 分析,利用卫星遥感地表温度耦合的气温分布总体趋势与站点观测结果较为一致,具有一定的可参考性。从季节分布结果对比分析来看,冬季最好,秋季次之,春季和夏季较差;从地域分布结果分析来看,北方地区好于南方地区。与站点资料插值结果对比分析显示,二者总体趋势一致,但基于卫星遥感地表温度耦合的气温,层次更丰富,尤其在站点稀少区域或地形复杂的山区,站点插值气温分辨率低,而卫星遥感地表温度耦合的气温分布连续,可较好地反映温度的空间分布特征;另外,利用站点资料插值的气温有一定的"耀斑"现象(即以某个区域为中心,呈圆形往四周放射,圆形中心区域温度值明显高于或低于四周),而基于卫星遥感地表温度耦合的气温则避免了"耀斑"现象的出现。但是夏季云量较多或降水频繁时,卫星遥感地表温度的反演误差较大,同时地表温度与气温间的相关性也明显降低,因此此种情况下基于卫星遥感地表温度耦合的气温有时效果不佳,而站点资料插值气温则相对稳定,不存在云干扰等因素,因此,这种情况下,可综合使用卫星遥感地表温度耦合的气温和站点资料插值气温,以获取气温的最佳分布。

## 2.4　精细化农业气候要素数据库

### 2.4.1　精细化农业气候要素类型

(1)高密地面气象要素数据集说明

中国高密度台站地面基本气象要素日值数据集包含了中国所有常规气象站和农垦、森工、生产建设兵团等行业气象站在内的 2466 个站点 1951—2010 年的日值基本地面气象观测资料。所用数据取自全国各省(区、市)气象局整理的 1951—2010 年地面气候日值资料以及国家气象信息中心气候资料室保存的 1951—2010 年全国基本基准站地面气候日值资料。

精细化农业气候要素数据库使用国家气象信息中心提供的高密地面气象数据集要素包括:平均气温、日最高气温、日最低气温、平均水汽压、20—20 时降水量、平均风速和日照时数。其资料年代为 1971—2010 年,站点资料为全国各省共 2466 个观测站。

①数据处理方法

日平均值统计方法:气压、气温、水汽压、相对湿度、风速的日平均值为该日相应要素各定时值之和除以定时次数而得。若该日定时值缺测一次或一次以上时,该日不做平均。

日总量的统计方法:降水量、蒸发量、日照时数的日总量由该日相应要素各时值累加,其值来自原始数据文件。

日统计值质量控制码的确定:1 日中,当定时值资料有错误时,相应的日值资料按缺测处理;当 1 日中定时值有可疑时,日统计值则可疑。

②质量控制码

该数据集中使用的质量控制码具体如下:

0:正确数据

1:可疑数据

2:错误数据

7:无观测数据

8:缺测数据

无观测数据说明:实际业务中,一些台站(指每天只进行 8 h、14 h、20 h 三次观测的一般站)根据《规范》在夜间不进行某些要素的观测。无观测数据在数据集中也表现为“缺”数据,但与缺测数据不同。与缺测数据一起反映了数据集的完整性状况。

③评估指标的统计方法

评估报告中用实有率评估数据集的完整性,用可疑率和错误率评估数据集的质量状况。各统计量的统计方法如下:

实有率=有效数据组数/应观测数据组数×100%;

无观测率=无观测数据组数/总数据组数×100%;

缺测率=缺测数据组数/应观测数据组数×100%;

可疑率=可疑数据组数/有效数据组数×100%;

错误率=错误数据组数/有效数据组数×100%。

其中:

$$应观测数据组数=总数据组数-无观测数据组数$$
$$有效数据组数=总数据组数-无观测数据组数-缺测数据组数$$

在进行气候要素空间格点推算时,由于某些要素缺测等多种原因,用于各气候要素推算的站点数不完全一致。

(2)农业气候要素类型描述

农业气候要数包括旬、月、季、年地面气候标准值与累年值和气温稳定通过 0、5、10、12、15℃的农业气候标准值与累年值两大类数据。

①地面气候要素

地面气候要素包括旬、月、季、年的平均气温、平均最低气温、平均最高气温、极端最低气温、极端最高气温、≥35℃高温日数、≤0℃低温日数、日照时数、降雨量、降雨日数等十个要素。

②农业气候要素

日平均气温稳定通过 0、5、10、12、15℃的起始、终止日期和期间的天数、积温、日照时数、降雨量六个要素。

(3)农业气候要素站点分布

①站点分布情况

　　2466 个气象站最大程度地覆盖了中国大陆地区。西、北部的新疆、青海、西藏、内蒙古等省区台站分布较稀疏。在新疆和黑龙江补充了行业站,增加了台站密度(图 2.4-1)。

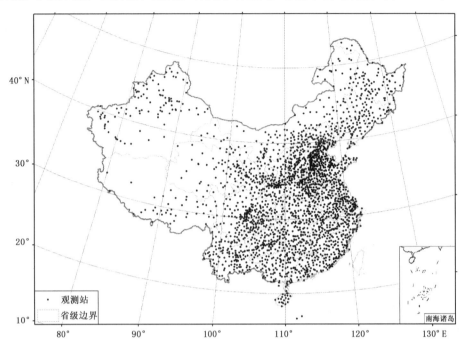

图 2.4-1　中国大陆地区地面气象观测站分布图

　　②站点变化情况

　　1951 年有 181 个测站(其中 3 个为一般站,无行业站);1961 年增至 1936 站,主要增加的是一般站,其中行业站 8 个;1971 年达到 2279 个站,1980 年后基本稳定在 2466 站(图 2.4-2～3)。

### 2.4.2　精细化农业气候要素处理方法

　　(1)地面气象要素统计方法

　　1)旬要素统计

　　每月的 1—10 日为第一旬,11—20 日为第二旬,21—月末为第三旬。

　　①旬平均气温:旬内各日日平均气温之和的平均值。

　　②旬平均最低气温:旬内各日最低气温之和的平均值。

　　③旬平均最高气温:旬内各日最高气温之和的平均值。

　　④旬极端最低气温:旬内日最低气温的最小值。

　　⑤旬极端最高气温:旬内日最高气温的最大值。

　　⑥旬高温日数:旬内日平均气温大于 35℃出现的天数。

　　⑦旬低温日数:旬内日平均气温小于 0℃出现的天数。

　　⑧旬日照时数:旬内日照时数的合计值。

　　⑨旬降雨量:旬内 20—20 时降水量的合计值。

　　⑩旬降雨日数:旬内 20—20 时降水量大于 0.1 毫米降水出现的天数。

　　以上 36 旬统计要素共 360 组数据。

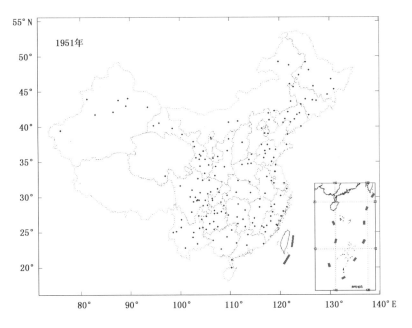

图 2.4-2　1951 年中国地面气象观测站分布图

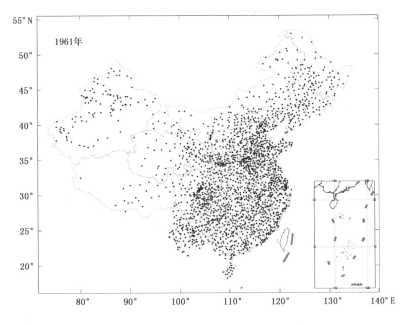

图 2.4-3　1961 年中国地面气象观测站分布图

2) 月要素统计

①月平均气温:月内各日日平均气温之和的平均值。

②月平均最低气温:月内各日最低气温之和的平均值。

③月平均最高气温:月内各日最高气温之和的平均值。

④月极端最低气温:月内日最低气温的最小值。

⑤月极端最高气温:月内日最高气温的最大值。

⑥月高温日数:月内日平均气温大于 35℃ 出现的天数。

⑦月低温日数:月内日平均气温小于 0℃ 出现的天数。

⑧月日照时数:月内日照时数的合计值。

⑨月降雨量:月内 20—20 时降水量的合计值。

⑩月降雨日数:月内 20—20 时降水量大于 0.1 毫米降水出现的天数。

以上 12 个月统计要素共 120 组数据。

3)季要素统计

每年的 3—5 月为第一季度(春季),6—8 月为第二季度(夏季),9—11 月为第三季度(秋季),12—2 月为第四季度(冬季)。

①季平均气温:季内三个月月平均气温之和的平均值。

②季平均最低气温:季内三个月月平均最低气温之和的平均值。

③季平均最高气温:季内三个月月平均最高气温之和的平均值。

④季极端最低气温:季内日最低气温的最小值。

⑤季极端最高气温:季内日最高气温的最大值。

⑥季高温日数:季内日平均气温大于 35℃ 出现的天数。

⑦季低温日数:季内日平均气温小于 0℃ 出现的天数。

⑧季日照时数:季内日照时数的合计值。

⑨季降雨量:季内 20—20 时降水量的合计值。

⑩季降雨日数:季内 20—20 时降水量大于 0.1 毫米降水出现的天数。

以上 4 季统计要素共 40 组数据。

4)年要素统计

①年平均气温:年内十二个月月平均气温之和的平均值。

②年平均最低气温:年内十二个月月平均最低气温之和的平均值。

③年平均最高气温:年内十二个月月平均最高气温之和的平均值。

④年极端最低气温:年内日最低气温的最小值。

⑤年极端最高气温:年内日最高气温的最大值。

⑥年高温日数:年内日平均气温大于 35℃ 出现的天数。

⑦年低温日数:年内日平均气温小于 0℃ 出现的天数。

⑧年日照时数:年内日照时数的合计值。

⑨年降雨量:年内 20—20 时降水量的合计值。

⑩年降雨日数:年内 20—20 时降水量大于 0.1 毫米出现的天数。

以上年统计要素共 10 组数据。

上述年、季、月旬统计要素共 530 组。

(2)界限温度下积温统计方法

统计分析日平均气温稳定通过 0、5、10、12、15℃ 的起始、终止日期和期间的天数、积温、日照时数、降水量六个要素。

①农业气候指标温度

农业气候指标温度是指对植物生长发育有明确生物学意义,并对农业生产可以起指导作用的温度。是鉴定农业生产热量资源的重要指标,是选择合理种植制度的重要依据。常用的农业指标温度有 0℃、5℃、10℃、12℃、15℃、20℃等。

0℃:日平均气温稳定通过 0℃,表示寒冬已过,土壤"日消夜冻",冬小麦开始扎根返青,早春作物如大麦开始顶凌播种,草木萌发,春耕等农事活动开始。日平均温下降到 0℃,土壤开始冻结,越冬作物停止生长,草木休眠。把稳定>0℃期间的持续期作为农业"耕作期",也称"温暖期"。

5℃:日平均气温稳定通过 5℃,与农作物及大多数果树恢复或停止生长的日期相符合,可作为作物生长期长短的标志,该时期称作物"生长期"。

10℃:日平均气温稳定通过 10℃,是喜温作物(水稻、玉米、棉花等)生长发育的生物学零点,其后喜温作物才开始生长。喜凉作物及草木进入积极生长期,冬小麦开始拔节。秋季日平均下降到 10℃,喜温作物停止生长,草木开始枯萎的界限温度。通常将 10℃以上持续日期作为喜温作物生长期长短的依据。大于 10℃以上是光合作用制造干物质较为有利的时期,该时期称为植物生长"活跃期"。

12℃:日平均气温稳定通过 12℃,其生物意义同日平均气温稳定通过 10℃,是针对某些区域或作物,如长江流域的直播棉花采用 12℃作为温度的界限指标。

15℃:日平均气温稳定通过 15℃,是喜温作物开始积极生长,水稻开始移栽,甘薯开始扦插,日平均气温下降到 15℃,是秋粮作物灌浆成熟终止,也是冬小麦适宜播种期的上限温度,大于 15℃的持续期是喜温作物的积极生长期。

②积温

在作物生长所需要的其他因子都得到基本满足时,在一定的温度范围内,气温和生长发育速度成正相关。而且只有当温度累积到一定的总和时,才能完成其发育周期,这一温度的总和称"积温"。积温表示热量累积的强度以及持续时间长短的状况,是农业气候资源分析中的重要指标,以℃·d 表示。

③稳定通过界限温度的算法

日平均气温稳定通过某温度值,是指连续五天之内不再出现低于此温度指标。这些农业温度指标的初终日期,是比较符合当地作物生长发育和田间耕作的实况,并基本与当地物候景观一致。

稳定通过界限温度的算法是采用 5 天滑动平均方法。当连续 5 天日平均气温平均值大于界限温度时,继续下滑 1 天并计算下个 5 天日平均气温平均值,直到连续 5 天日平均气温平均值不再大于界限温度止。首先,记录中间 5 天日平均气温平均值均大于界限温度的起、止时间(日期),在从首 5 天中找到不再出现小于界限温度的日期,该日期作为稳定通过某界限温度的开始日期;然后,从末 5 天中到不再出现大于界限温度的日期,该日期作为稳定通过某界限温度的终止日期,其算法流程如图 2.4-4 所示。

(3)栅格农业气候要素构建方法

①数据空间结构和要素栅格化

精细化的农业气候要素的空间分辨率为 0.01°×0.01°,数据矩阵为 5100×6450,空间投影方式为 GEOGRAPHIC CLARKE186。栅格农业气候要素包括旬、月、季、年的平均气温、平均最低气温、平均最高气温、极端最低气温、极端最高气温、降水量、降水日数、日照时数、>35℃的高温日数、<0℃的低温日数(1981—2010 年)共 10 项,以及日平均气温稳定通过 0、

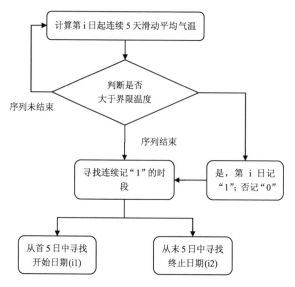

图 2.4-4　判断稳定通过界限温度起止时间的算法流程

5、10、12、15℃的起始、终止日期和界限温度期间的天数、积温、日照时数、降水量（1981—2010年）共 6 项，如表 2.4-1、表 2.4-2 和表 2.4-3 所示。

表 2.4-1　气象要素表

| 要素名 | 文件名 | 数据类型 | 单位 | 说明 |
|---|---|---|---|---|
| 旬平均温度 | Ta_Mmm_x | 整型 | 0.1℃ | |
| 月平均温度 | Ta_Mmm | 整型 | 0.1℃ | |
| 季、年平均温度 | Ta_Sx | 整型 | 0.1℃ | |
| 旬平均最高温度 | Th_Mmm_x | 整型 | 0.1℃ | |
| 月平均最高温度 | Th_Mmm | 整型 | 0.1℃ | mm＝月：01—12； |
| 季、年平均最高温度 | Th_Ss | 整型 | 0.1℃ | x＝旬：1—3； |
| 平均最低温度 | Tl_Mmm_x | 整型 | 0.1℃ | s＝季（年）：1—4(5) |
| 旬平均最低温度 | Tl_Mmm | 整型 | 0.1℃ | |
| 季、年平均最低温度 | Tl_Ss | 整型 | 0.1℃ | |
| 旬极端最高温度 | ETh_Mmm_x | 整型 | 0.1℃ | |
| 月极端最高温度 | ETh_Mmm | 整型 | 0.1℃ | |
| 季、年极端最高温度 | ETh_Ss | 整型 | 0.1℃ | |
| 旬极端最低温度 | ETl_Mmm_x | 整型 | 0.1℃ | |
| 月极端最低温度 | ETl_Mmm | 整型 | 0.1℃ | |
| 季、年极端最低温度 | ETl_Ss | 整型 | 0.1℃ | |
| 旬降水量 | P_Mmm_x | 整型 | 0.1 mm | mm＝月：01—12； |
| 月降水量 | P_Mmm | 整型 | 0.1 mm | x＝旬：1—3； |
| 季、年降水量 | P_Ss | 整型 | 0.1 mm | s＝季（年）：1—4(5) |
| 旬日照时数 | SH_Mmm_x | 单精度 | 1 h | |
| 月日照时数 | SH_Mmm | 单精度 | 1 h | |
| 季、年日照时数 | SH_Ss | 单精度 | 1 h | |

**表 2.4-2　日期、日数型要素表**

| 要素名 | 文件名 | 数据类型 | 单位(d) |
|---|---|---|---|
| 高温日数 | T35_Day | 整型 | 0.1 |
| 低温日数 | T0_Day | 整型 | 0.1 |
| 降水日数 | P_Day | 整型 | 0.1 |
| ≥0℃的开始日 | T00_Day_1 | 整型 | 0.1 |
| ≥0℃的结束日 | T00_Day_2 | 整型 | 0.1 |
| ≥0℃的初终日数 | T00_Day | 整型 | 0.1 |
| ≥5℃的开始日 | T05_Day_1 | 整型 | 0.1 |
| ≥5℃的结束日 | T05_Day_2 | 整型 | 0.1 |
| ≥5℃的初终日数 | T05_Day | 整型 | 0.1 |
| ≥10℃的开始日 | T10_Day_1 | 整型 | 0.1 |
| ≥10℃的结束日 | T10_Day_2 | 整型 | 0.1 |
| ≥10℃的初终日数 | T10_Day | 整型 | 0.1 |
| ≥12℃的开始日 | T12_Day_1 | 整型 | 0.1 |
| ≥12℃的结束日 | T12_Day_2 | 整型 | 0.1 |
| ≥12℃的初终日数 | T12_Day | 整型 | 0.1 |
| ≥15℃的开始日 | T15_Day_1 | 整型 | 0.1 |
| ≥15℃的结束日 | T15_Day_2 | 整型 | 0.1 |
| ≥15℃的初终日数 | T15_Day | 整型 | 0.1 |

**表 2.4-3　各界限温度下的气象要素表**

| 要素名 | 文件名 | 数据类型 | 单位 |
|---|---|---|---|
| ≥0℃的积温 | T00_AT | 单精度 | 1℃·d |
| ≥5℃的积温 | T05_AT | 单精度 | 1℃·d |
| ≥10℃的积温 | T10_AT | 单精度 | 1℃·d |
| ≥12℃的积温 | T12_AT | 单精度 | 1℃·d |
| ≥15℃的积温 | T15_AT | 单精度 | 1℃·d |
| ≥0℃的降水 | T00_P | 整型 | 0.1 mm |
| ≥5℃的降水 | T05_P | 整型 | 0.1 mm |
| ≥10℃的降水 | T10_P | 整型 | 0.1 mm |
| ≥15℃的降水 | T15_P | 整型 | 0.1 mm |
| ≥0℃的日照时数 | T00_sh | 单精度 | h |
| ≥5℃的日照时数 | T05_sh | 单精度 | h |
| ≥10℃的日照时数 | T10_sh | 单精度 | h |
| ≥15℃的日照时数 | T15_sh | 单精度 | h |

②栅格要素构建方法

精细化农业气候资源要素空间数据采用 ArcGIS 9 的 Raster(Grid)数据模型存储与管理，主要通过 ArcGIS Engine 组件的 GeoDatabase 数据接口编程实现。

ArcGIS Engine 是 ESRI 为用户创建新的 GIS 应用，或扩展和定制原有的桌面应用程序的一组跨平台的完整嵌入式 GIS 组件库和工具包。使用 ArcGIS Engine，可以将 GIS 功能嵌入到已有的应用程序中，从而拓宽了 GIS 技术的应用范围。

Raster 栅格数据也是 GIS 数据中很重要的一部分，ArcGIS 中最常用的文件型有 GRID、TIFF、ERDAS IMAGE 等，这几种栅格数据的工作空间也是所在的文件夹。打开栅格数据时需要使用栅格工作空间工厂(RasterWorkspaceFactory)，然后再使用 IRasterWorkspace 接口的打开栅格数据集方法即可打开一个栅格数据集。在打开栅格数据集时，如果数据格式为 ESRI GRID，那么 OpenRasterDataset()方法的参数为栅格要素集的名称，如果数据格式为 TIFF 格式，那么该方法的参数为完整的文件名，即要加上 .tif 扩展名，例如 OpenRasterDataset('hillshade.tif')。

### 2.4.3　基于 Oracle9i 的农业气候数据库

（1）农业气候数据库内容

农业气候区划所需的基本农业气候数据库是建立在 Oracle9i 基础上，数据库服务器环境为 Windows Server 2008＋Oracle9i，数据库内容包括两大类：农业气候资源要素累年值数据库（表 2.4-4）和农业气候资源要素气候标准值数据库（表 2.4-5），要素包括气温、降水、日照等多种要素的日值、旬值、月值、季值、年值，以及稳定通过 0、5、10、12、15℃ 的积温及其期间的降水、日照时数、起始日和终止日。

**表 2.4-4　农业气候资源要素累年值数据库**

| 数据名称 | 数据库表名称 | 时间 | 字段数 | 说明 |
|---|---|---|---|---|
| 累年日值 | T_h_mete_day | 1981－2010 年 | 11 | 逐日资料 |
| 累年旬值 | T_h_mete_tendays | 1981－2010 年 | 14 | 逐旬资料 |
| 累年月值 | T_h_mete_month | 1981－2010 年 | 13 | 逐月资料 |
| 累年季(年)值 | T_h_mete_season | 1981－2010 年 | 13 | 逐年(季)资料 |
| 通过 0、5、10、12、15℃ 农业气候累年值 | T_agro_climate | 1981－2010 年 | 9 | 稳定通过 0、5、10、12、15℃ 积温 |

**表 2.4-5　农业气候资源要素气候标准值数据库**

| 数据名称 | 数据库表名称 | 时间 | 字段数 | 说明 |
|---|---|---|---|---|
| 标准值旬值 | T_h_climate_tendays_7100 | 1981－2010 年 | 13 | 30a 资料 |
| 标准值月值 | T_h_climate_month_7100 | 1981－2010 年 | 12 | 30a 资料 |
| 标准值季(年)值 | T_h_climate_season_7100 | 1981－2010 年 | 12 | 30a 资料 |
| 通过 0、5、10、12、15℃ 农业气候标准值 | T_agro_climate_7100 | 1981－2010 年 | 8 | 稳定通过 0、5、10、12、15℃ 积温 |

（2）农业气候数据库结构

①地面气象日值数据库

地面气象日值数据库（表 2.4-6）

时间：1981—2010 年 12 月 31 日

数据表名称：T_h_mete_day

表 2.4-6　地面气象日值数据库

| 序号 | 要素名称 | 字段名称 | 数据类型 | 单位 |
|---|---|---|---|---|
| 1 | 区站号 | V01000 | number | |
| 2 | 年 | V04001 | number | |
| 3 | 月 | V04002 | number | |
| 4 | 日 | V04003 | number | |
| 5 | 平均气温 | V12001 | number | 0.1℃ |
| 6 | 日最高气温 | V12052 | number | 0.1℃ |
| 7 | 日最低气温 | V12053 | number | 0.1℃ |
| 8 | 平均水汽压 | V13004 | number | 0.1 hPa |
| 9 | 20—20 时降水量 | V13201 | number | 0.1 mm |
| 10 | 平均风速 | V11002 | number | 0.1 m/s |
| 11 | 日照时数 | V14032 | number | h |

②地面气候累年旬值数据库

地面气候累年旬值数据库（表 2.4-7）

时间：1981 年 1 月 1 日—2010 年 12 月 31 日

数据表名称：T_h_mete_tendays

表 2.4-7　地面气候累年旬值数据库

| 序号 | 要素名称 | 字段名称 | 数据类型 | 单位 |
|---|---|---|---|---|
| 1 | 区站号 | V01000 | number | |
| 2 | 年 | V04001 | number | |
| 3 | 月 | V04002 | number | |
| 4 | 旬 | V04202 | number | |
| 5 | 平均气温 | v12001_401_801 | number | 0.1℃ |
| 6 | 平均最低气温 | v12212_401_801 | number | 0.1℃ |
| 7 | 平均最高气温 | v12211_401_801 | number | 0.1℃ |
| 8 | 极端最低气温 | v12212_405_801 | number | 0.1℃ |
| 9 | 极端最高气温 | v12211_405_801 | number | 0.1℃ |
| 10 | ≥35℃高温日数 | v12211_405_801_035 | number | d |
| 11 | ≤0℃低温日数 | v12212_405_801_000 | number | d |
| 12 | 日照时数 | v14032_400_801 | number | h |
| 13 | 降水量 | v13011_441_801 | number | 0.1 mm |
| 14 | 降水日数 | v13211_440_801_001 | number | d |

③地面气候累年月值数据库

地面气候累年月值数据库(表 2.4-8)

时间：1981—2010 年 12 月 31 日

数据表名称：T_h_mete_month

**表 2.4-8　地面气候累年月值数据库**

| 序号 | 要素名称 | 字段名称 | 数据类型 | 单位 |
|------|----------|----------|----------|------|
| 1 | 区站号 | V01000 | number | |
| 2 | 年 | V04001 | number | |
| 3 | 月 | V04002 | number | |
| 4 | 平均气温 | v12001_401_801 | number | 0.1℃ |
| 5 | 平均最低气温 | v12212_401_801 | number | 0.1℃ |
| 6 | 平均最高气温 | v12211_401_801 | number | 0.1℃ |
| 7 | 极端最低气温 | v12212_405_801 | number | 0.1℃ |
| 8 | 极端最高气温 | v12211_405_801 | number | 0.1℃ |
| 9 | ≥35℃高温日数 | v12211_405_801_035 | number | d |
| 10 | ≤0℃低温日数 | v12212_405_801_000 | number | d |
| 11 | 日照时数 | v14032_400_801 | number | h |
| 12 | 降水量 | v13011_441_801 | number | 0.1 mm |
| 13 | 降水日数 | v13211_440_801_001 | number | d |

④地面气候累年年(季)值数据库

地面气候累年年(季)值数据库(表 2.4-9)

时间：1981—2010 年 12 月 31 日

数据表名称：T_h_mete_season

**表 2.4-9　地面气候累年年(季)值数据库**

| 序号 | 要素名称 | 字段名称 | 数据类型 | 单位 |
|------|----------|----------|----------|------|
| 1 | 区站号 | V01000 | number | |
| 2 | 年 | V04001 | number | |
| 3 | 季 | V04003 | number | |
| 4 | 平均气温 | v12001_401_801 | number | 0.1℃ |
| 5 | 平均最低气温 | v12212_401_801 | number | 0.1℃ |
| 6 | 平均最高气温 | v12211_401_801 | number | 0.1℃ |
| 7 | 极端最低气温 | v12212_405_801 | number | 0.1℃ |
| 8 | 极端最高气温 | v12211_405_801 | number | 0.1℃ |
| 9 | ≥35℃高温日数 | v12211_405_801_035 | number | d |
| 10 | ≤0℃低温日数 | v12212_405_801_000 | number | d |
| 11 | 日照时数 | v14032_400_801 | number | h |
| 12 | 降水量 | v13011_441_801 | number | 0.1 mm |
| 13 | 降水日数 | v13211_440_801_001 | number | d |

⑤地面气候标准旬值数据库

地面气候标准旬值数据库(表 2.4-10)

时间:1981—2010 年

数据表名称:T_h_climate_tendays_7100

**表 2.4-10　地面气候标准旬值数据库**

| 序号 | 要素名称 | 字段名称 | 数据类型 | 单位 |
|------|----------|----------|----------|------|
| 1 | 区站号 | V01000 | number | |
| 2 | 月 | V04002 | number | |
| 3 | 旬 | V04202 | number | |
| 4 | 平均气温 | v12001_401_801 | number | 0.1℃ |
| 5 | 平均最低气温 | v12212_401_801 | number | 0.1℃ |
| 6 | 平均最高气温 | v12211_401_801 | number | 0.1℃ |
| 7 | 极端最低气温 | v12212_405_801 | number | 0.1℃ |
| 8 | 极端最高气温 | v12211_405_801 | number | 0.1℃ |
| 9 | ≥35℃高温日数 | v12211_405_801_035 | number | d |
| 10 | ≤0℃低温日数 | v12212_405_801_000 | number | d |
| 11 | 日照时数 | v14032_400_801 | number | h |
| 12 | 降水量 | v13011_441_801 | number | 0.1 mm |
| 13 | 降水日数 | v13211_440_801_001 | number | d |

⑥地面气候标准月值数据库

地面气候标准月值数据库(表 2.4-11)

时间:1981—2010 年

数据表名称:T_ h_climate_month_7100

**表 2.4-11　地面气候标准月值数据库**

| 序号 | 要素名称 | 字段名称 | 数据类型 | 单位 |
|------|----------|----------|----------|------|
| 1 | 区站号 | V01000 | number | |
| 2 | 月 | V04002 | number | |
| 3 | 平均气温 | v12001_501_801 | number | 0.1℃ |
| 4 | 平均最低气温 | v12212_501_801 | number | 0.1℃ |
| 5 | 平均最高气温 | v12211_501_801 | number | 0.1℃ |
| 6 | 极端最低气温 | v12212_506_801 | number | 0.1℃ |
| 7 | 极端最高气温 | v12211_505_801 | number | 0.1℃ |
| 8 | ≥35℃高温日数 | v12211_501_801_035 | number | d |
| 9 | ≤0℃低温日数 | v12212_501_801_000 | number | d |
| 10 | 日照时数 | v14032_500_801 | number | h |
| 11 | 降水量 | v13011_541_801 | number | 0.1 mm |
| 12 | 降水日数 | v13211_540_801_000 | number | d |

⑦地面气候标准年(季)值数据库

地面气候标准年(季)值数据库(表 2.4-12)

时间:1981—2010 年

数据表名称:T_h_climate_season_7100

**表 2.4-12　地面气候标准年(季)值数据库**

| 序号 | 要素名称 | 字段名称 | 数据类型 | 单位 |
|---|---|---|---|---|
| 1 | 区站号 | V01000 | number | |
| 2 | 年(季) | V04203 | number | |
| 3 | 平均气温 | v12001_801_801 | number | 0.1℃ |
| 4 | 平均最低气温 | v12212_801_801 | number | 0.1℃ |
| 5 | 平均最高气温 | v12211_801_801 | number | 0.1℃ |
| 6 | 极端最低气温 | v12212_805_801 | number | 0.1℃ |
| 7 | 极端最高气温 | v12211_805_801 | number | 0.1℃ |
| 8 | ≥35℃高温日数 | v12211_805_801_035 | number | d |
| 9 | ≤0℃低温日数 | v12212_805_801_000 | number | d |
| 10 | 日照时数 | v14032_800_801 | number | h |
| 11 | 降水量 | v13011_841_801 | number | 0.1 mm |
| 12 | 降水日数 | v13211_840_801_000 | number | d |

⑧稳定通过各界限温度的农业气候累年值数据库

通过 0、5、10、12、15℃农业气候累年值数据库(表 2.4-13)

时间:1981—2010 年

数据表名称:T_agro_climate_00/05/12/15

**表 2.4-13　稳定通过 0、5、10、12、15℃农业气候累年值数据库**

| 序号 | 要素名称 | 字段名称 | 数据类型 | 单位 |
|---|---|---|---|---|
| 1 | 区站号 | V01000 | number | |
| 2 | 界限温度 | v12001_601_801 | number | 0.1℃ |
| 3 | 年 | V04001 | number | |
| 4 | 出现起始日期 | v12001_601_801_000 | number | |
| 5 | 出现终止日期 | v12001_601_801_001 | number | |
| 6 | 天数 | v12001_601_801_002 | number | d |
| 7 | 积温 | v12001_601_801_003 | number | 0.1℃·d |
| 8 | 日照时数 | v14032_641_801 | number | h |
| 9 | 降水量 | v13011_641_801 | number | 0.1 mm |

⑨气温稳定通过界限温度的农业气候标准值数据库

通过 0、5、10、12、15℃农业气候标准值数据库(表 2.4-14)

时间:1981—2010 年

数据表名称:T_agro_climate_7100_00/05/12/15

表 2.4-14　稳定通过 0、5、10、12、15℃ 农业气候标准值数据库

| 序号 | 要素名称 | 字段名称 | 数据类型 | 单位 |
|---|---|---|---|---|
| 1 | 区站号 | V01000 | number | |
| 2 | 界限温度 | v12001_601_801 | number | 0.1℃ |
| 3 | 出现起始日期 | v12001_601_801_000 | number | |
| 4 | 出现终止日期 | v12001_601_801_001 | number | |
| 5 | 天数 | v12001_601_801_002 | number | d |
| 6 | 积温 | v12001_601_801_003 | number | 0.1℃·d |
| 7 | 日照时数 | v14032_641_801 | number | h |
| 8 | 降水量 | v13011_641_801 | number | 0.1 mm |

### 2.4.4　基于 Oracle9i＋ArcGIS SDE92 的农业气候空间数据库

空间数据库系统(Spatial Database Sysetm)是地理空间数据的集成。通过空间数据库管理系统将分幅、分层、分要素、分类型生产的空间数据进行统一的管理,以便于空间数据的维护、更新与分发及应用。基于 Oracle9i＋ArcGIS SDE92 的农业气候空间数据库包含基础地理信息背景数据库、气候要素、农业气候要素、观测站点地理位置相关的离散点等信息。

(1)基础地理空间数据库

基础地理空间数据库主要包括 1∶250000、1∶10000000、1∶40000000 的国界、行政境界、水系、交通、居民点和高程(DEM)等数据,以及所有入库的地面气象观测站点信息(图 2.4-5)。

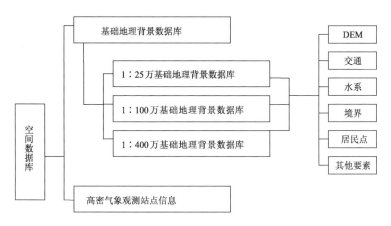

图 2.4-5　基础地理空间数据库示意图

在创建基础空间数据库和农业气候空间数据库时,采用了不同用户存储不同类型数据的策略。涉及用户有 SDE、ADMIN100、ADMIN25、ADMIN400、LANDUSE、SOIL 等,主要用于通过中间插件 ArcSDE 创建空间数据库。用户的创建方法和规则参考 Oracle 的有关规定。

SDE 用以管理空间数据库的元数据等信息;

ADMIN100 名下建立了基于 1∶1000000 的基础地理信息空间数据库;

ADMIN25 名下建立了经拼接处理后的、基于 1∶250000 的基础地理信息空间数据库;

ADMIN400 名下建立了 1 ∶ 4000000 的资源环境空间数据库；

LANDUSE 名下建立了土地利用空间数据库；

SOIL 名下建立了中国土壤特性空间数据库；

CLIMATE 名下建立了气候要素空间数据库；

AgCLIMATE 名下建立了农业气候要素空间数据库。

表 2.4-15、2.4-16 为 1 ∶ 250000 和 1 ∶ 1000000 的基础地理数据空间数据库图层列表。

**表 2.4-15　1 ∶ 250000 基础地理数据空间数据库图层列表**

| 图层属性类别 | 图层名称 | 属性图层描述 |
| --- | --- | --- |
| 行政边界 | ADMIN25. province | 全国省界 |
| | ADMIN25. DIST | 全国地区 |
| | ADMIN25. CNTY | 全国县界 |
| 道路 | ADMIN25. road | 道路 |
| | ADMIN25. railk | 铁路 |
| | ADMIN25. highway | 高速公路 |
| 居民点 | ADMIN25. respy | 全国居民点（面） |
| | ADMIN25. City_CAPT | 首都（点层） |
| | ADMIN25. City_PROV | 省会城市（点层） |
| | ADMIN25. City_DIST | 地级市（点层） |
| | ADMIN25. City_CNTY | 县级城市（点层） |
| 河流 | ADMIN25. River_Level1 | 一级河流 |
| | ADMIN25. River_Level2 | 二级河流 |
| | ADMIN25. River_Level3 | 三级河流 |
| | ADMIN25. River_Level4 | 四级河流 |
| | ADMIN25. River_Level5 | 五级河流 |
| 数字高程 | ADMIN25. DEM001 | 数字高程（栅格） |

**表 2.4-16　1 ∶ 1000000 基础地理空间数据库图层列表**

| 类别 | 图层名 | 描述 |
| --- | --- | --- |
| 行政边界 | ADMIN100. county_arc | 线 |
| | ADMIN100. county_label | |
| | ADMIN100. county_node | |
| | ADMIN100. county_polygon | 面 |
| | ADMIN100. county_tic | |
| 湖泊 | ADMIN100. lake_arc | 线 |
| | ADMIN100. lake_label | |
| | ADMIN100. lake_polygon | 面 |
| | ADMIN100. lake_tic | |

续表

| 类别 | 图层名 | 描述 |
|------|--------|------|
| 土地利用 | ADMIN100. landuse_annotation | |
| | ADMIN100. landuse_arc | 线 |
| | ADMIN100. landuse_label | |
| | ADMIN100. landuse_polygon | 面 |
| | ADMIN100. landuse_tic | |
| 河流 | ADMIN100. river_arc | 线 |
| | ADMIN100. river_node | |
| | ADMIN100. river_tic | |
| 分级河流 | ADMIN100. riverjb1_arc | 一级河流线 |
| | ADMIN100. riverjb1_node | |
| | ADMIN100. riverjb1_tic | |
| | ADMIN100. riverjb2_arc | 二级河流线 |
| | ADMIN100. riverjb2_node | |
| | ADMIN100. riverjb2_tic | |
| | ADMIN100. riverjb3_arc | 三级河流线 |
| | ADMIN100. riverjb3_node | |
| | ADMIN100. riverjb3_tic | |
| | ADMIN100. riverjb4_arc | 四级河流线 |
| 分级河流 | ADMIN100. riverjb4_node | |
| | ADMIN100. riverjb4_tic | |
| | ADMIN100. riverjb5_arc | 五级河流线 |
| | ADMIN100. riverjb5_node | |
| | ADMIN100. riverjb5_tic | |
| 土壤类型 | ADMIN100. soil_annotation | |
| | ADMIN100. soil_arc | 线 |
| | ADMIN100. soil_label | |
| | ADMIN100. soil_polygon | 多边形面 |
| | ADMIN100. soil_tic | |
| 等高线 | ADMIN100. toppoline_annotation | |
| | ADMIN100. toppoline_arc | |
| | ADMIN100. toppoline_tic | |

(2)农业气候空间数据库

农业气候空间数据库包括千米级网格气候要素空间数据库(表 2.4-17)和千米级网格农业气候要素空间数据库(表 2.4-18)两大类五种要素:气温、降水、日照和日数,时间尺度上包含旬、月、季到年四种。

表 2.4-17　千米网格气候要素空间数据库图层列表

| 图层属性类别 | 图层名称 | 属性图层描述 |
| --- | --- | --- |
| 气温 | TA. Mmm_x | 全国旬平均气温,mm 为月份,x 为旬序(下同) |
| | TA. Mmm | 全国月平均气温 |
| | TA. Ss | 全国季(年)平均气温,s 为季(年,当 s 为 5 时) |
| | TH. Mmm_x | 全国旬最高气温 |
| | TH. Mmm | 全国月最高气温 |
| | TH. Ss | 全国季(年)最高气温 |
| | TL. Mmm_x | 全国旬最低气温 |
| | TL. Mmm | 全国月最低气温 |
| | TL. Ss | 全国季(年)最低气温 |
| | ETH. Mmm_x | 全国旬极端最高气温 |
| | ETH. Mmm | 全国月极端最高气温 |
| | ETH. Ss | 全国季(年)极端最高气温 |
| | ETL. Mmm_x | 全国旬极端最低气温 |
| | ETL. Mmm | 全国月极端最低气温 |
| | ETL. Ss | 全国季(年)极端最低气温 |
| 降水 | P. Mmm_x | 全国旬降水量 |
| | P. Mmm | 全国月降水量 |
| | P. Ss | 全国季(年)降水量 |
| 日照 | SH. Mmm_x | 全国旬日照时数 |
| | SH. Mmm | 全国月日照时数 |
| | SH. Ss | 全国季(年)日照时数 |
| 日数 | T35_DAY. Mmm_x | 全国旬内日平均气温大于 35℃的天数 |
| | T35_DAY. Mmm | 全国月内日平均气温大于 35℃的天数 |
| | T35_DAY. Ss | 全国季(年)内日平均气温大于 35℃的天数 |
| | T0_DAY. Mmm_x | 全国旬内日平均气温小于 0℃的天数 |
| | T0_DAY. Mmm | 全国月内日平均气温小于 0℃的天数 |
| | T0_DAY. Ss | 全国季(年)内日平均气温小于 0℃的天数 |
| | P_DAY. Mmm_x | 全国旬内日降水量大于 0.1 mm 的天数 |
| | P_DAY. Mmm | 全国月内日降水量大于 0.1 mm 的天数 |
| | P_DAY. Ss | 全国季(年)内日降水量大于 0.1 mm 的天数 |

表 2.4-18　千米网格农业气候要素空间数据库图层列表

| 图层属性类别 | 图层名称 | 属性图层描述 |
| --- | --- | --- |
| 积温 | AT.T00 | 全国稳定通过 0℃的积温 |
| | AT.T05 | 全国稳定通过 5℃的积温 |
| | AT.T10 | 全国稳定通过 10℃的积温 |
| | AT.T12 | 全国稳定通过 12℃的积温 |
| | AT.T15 | 全国稳定通过 15℃的积温 |
| 降水 | P.T00 | 全国稳定通过 0℃的降水量 |
| | P.T05 | 全国稳定通过 5℃的降水量 |
| | P.T10 | 全国稳定通过 10℃的降水量 |
| | P.T12 | 全国稳定通过 12℃的降水量 |
| | P.T15 | 全国稳定通过 15℃的降水量 |
| 日照 | SH.T00 | 全国稳定通过 0℃的日照时数 |
| | SH.T05 | 全国稳定通过 5℃的日照时数 |
| | SH.T10 | 全国稳定通过 10℃的日照时数 |
| | SH.T12 | 全国稳定通过 12℃的日照时数 |
| | SH.T15 | 全国稳定通过 15℃的日照时数 |
| 日数 | DAY.T00 | 全国稳定通过 0℃的天数 |
| | DAY.T05 | 全国稳定通过 5℃的天数 |
| | DAY.T10 | 全国稳定通过 10℃的天数 |
| 日数 | DAY.T12 | 全国稳定通过 12℃的天数 |
| | DAY.T15 | 全国稳定通过 15℃的天数 |
| | DAY_1.T00 | 全国稳定通过 0℃的起始日序,1 月 1 日日序为 1 |
| | DAY_1.T05 | 全国稳定通过 5℃的起始日序 |
| | DAY_1.T10 | 全国稳定通过 10℃的起始日序 |
| | DAY_1.T12 | 全国稳定通过 12℃的起始日序 |
| | DAY._1T15 | 全国稳定通过 15℃的起始日序 |
| | DAY_2.T00 | 全国稳定通过 0℃的终止日序 |
| | DAY_2.T05 | 全国稳定通过 5℃的终止日序 |
| | DAY_2.T10 | 全国稳定通过 10℃的终止日序 |
| | DAY_2.T12 | 全国稳定通过 12℃的终止日序 |
| | DAY_2.T15 | 全国稳定通过 15℃的终止日序 |

（3）卫星遥感气候要素栅格数据库

①卫星遥感反演气候要素

应用 NOAA/AVHRR 资料反演的农业气候要素产品包括年、季、月、旬的多年平均地表温度(LST)、云覆盖率、干旱指数、长波辐射(OLR)（表 2.4-19）。

卫星遥感反演的气候要素产品的空间区域为 10°—60°N、65°—135°E,空间分辨率为 0.01°×0.01°,空间栅格数为 8000×5000,地理参考系为 GCS_Clarke_1866。

表 2.4-19　卫星遥感反演的 GRID 数据产品

| 要素名 | 栅格文件名 | 数据类型 | 单位 | 说明 |
|---|---|---|---|---|
| 地表温度 | LT_yyyymm－x | 整型 | 0.01℃ | |
| 植被指数 | VI_yyyymm－x | 整型 | 0.0001 | |
| 云覆盖率 | CC_yyyymm－x | 整型 | 0.01 | yyyy＝1998－2007; |
| 干旱指数 | DI_yyyymm－x | 整型 | 0.001 | mm＝01－12(月); x＝1－3(旬) |
| 长波辐射 | OLR_yyyymm－x | 整型 | $0.01W \cdot m^{-2}$ | |

②通过卫星遥感耦合的气候要素

基于地表温度和气温的耦合模型,利用全国 1998—2007 年度逐旬地表温度数据,结合 1998—2007 年度逐旬全国站点插值气温数据,全国 1998—2007 年度逐旬云检测数据以及其他辅助数据,计算全国 1998—2007 年度逐旬近地表气温,构建了基于 ArcGIS 栅格数据模型(GRID)的 1998—2007 年度全国逐旬、月、季和年平均最高气温、极端最高气温空间数据,如表 2.4-20 所示。

卫星遥感耦合的气温空间区域为 15°—55°N,70°—140°E,分辨率为 0.01°×0.01°,空间栅格数为 7000×4000,地理参考系为 GCS_Clarke_1866。

表 2.4-20　卫星遥感耦合气温 GRID 数据

| 要素名 | 栅格文件名 | 数据类型 | 单位 | 说明 |
|---|---|---|---|---|
| 旬平均气温 | TA_Mmm_x | 整型 | 0.1℃ | |
| 月平均温度 | TA_Mmm | 整型 | 0.1℃ | |
| 季(年)平均温度 | TA_Ss | 整型 | 0.1℃ | |
| 旬平均最高气温 | TH_Mmm_x | 整型 | 0.1℃ | |
| 月平均最高气温 | TH_Mmm | 整型 | 0.1℃ | M 月份标志:mm＝01－12; x＝1－3(旬); |
| 季(年)平均最高温 | HT_Ss | 整型 | 0.1℃ | S 季(年)标志:s＝ 1－4(季),5(年) |
| 旬极端最高气温 | ETH_Mmm_x | 整型 | 0.1℃ | |
| 月极端最高气温 | ETH_Mmm | 整型 | 0.1℃ | |
| 季(年)极端最高气温 | ETH_Ss | 整型 | 0.1℃ | |

(4)空间数据库的应用

1)空间数据库的连接方法

在客户端安装有 ArcGIS DeskTop 系列应用软件的情形下,利用其工具 ArcCatalog 建立数据库连接:

在 server 栏填入空间服务器 IP 地址或服务器名(需 DNS 解析或在 host 文件中做服务器名与 IP 地址间映射)

①在 service 栏填入 esri_sde 或 5151/tcp

②Database 栏可空白

③然后填入用户名(admin25)和口令(admin)

④点击确认键即可建立与空间服务器的关联:如 Connection to 10.28.16.61

⑤为了方便记忆,可以将新建立的连接改名,比如以"用户名＋服务器名的方式",如 admin25@10.28.16.61

⑥由于与空间数据库建立连接，需要比较多的计算机资源，在默认的情形下，该连接处于关闭状态。连接关闭的时候，在连接名上面会标有一个红色的"x"。

⑦在使用的时候，双击即可打开连接，查看空间数据库中的图层信息。

⑧在 ArcCatalog 中，点击连接处的"＋"号，可在左边列出可用图层名，右侧则可以查看选中图层的内容或元数据说明、也可以进行图层预览。

2）在应用程序中使用空间数据库中的基础地理信息图层

以 ArcGIS 的桌面应用工具 ArcMap 为例进行说明：

①点击添加数据图层按钮，打开一个添加图层的对话框

②在 Add Data 对话框中选中，向上浏览至 Catalog 根目录，然后在其下选中 Database Connections 并双击，即可打开其下的数据库连接

③选中要打开的数据库连接并双击，即可打开空间数据库连接，并可浏览选择需要添加的数据库图层

④选中要添加的图层，按 Add 按钮，即可将图层添加到 ArcMap 中。

3）在自开发程序中使用空间数据库的中数据

在自己开发的程序中使用空间数据库中的数据有以下两种模式：

一是对 ArcEngine 的数据库组件编程，直接对数据库中的图层信息进行列表，然后选择显示图层。

二是对 ArcToolBar 组件编程，利用其添加数据对话框，采用与 ArcMap 一样的方式显示图层。

# 第3章　农业气候区划指标、方法与业务流程

本章 3.1 节主要介绍农业气候区划指标体系的基本要求与原则,简要回顾国内外各种地区类型和粮、棉、油与多种经济作物类型的农业气候区划指标体系,以及农业气候区划指标的提取方法与注意事项。3.2 节根据农业气候区划的基本方法,重点介绍评判分析、决策树、聚类分析、CAST 聚类、主分量分析及其改进等的统计学方法,以及 GIS 在农业气候区划中的应用技术。3.3 节介绍农业气候区划的一般业务流程、区划需求的调查方法、区划目标关键性气候问题的分析方法、精细化农业气候要素和区划指标的处理方法、农业气候区划方法的选择与应用,以及应用"精细化农业气候区划产品制作系统"制作区划产品的方法及其产品的再加工与应用。

## 3.1　农业气候区划指标体系

### 3.1.1　农业气候区划指标体系的基本要求与原则

(1)构建农业气候区划指标体系的基本要求

①农业气候区划

农业气候区划是从农业生产的需要出发,根据农业气候条件的区域异同性对某一特定地区进行的区域或类型划分。它是在农业气候分析的基础上,以对农业地理分布有决定意义的农业气候指标为依据,遵循农业气候相似原理和地域分异规律,将一个地区划分为若干个农业气候区域或气候类型(丘宝剑,卢其尧.1987;陈波涔.1982),且各区或各类型都有其自身的农业气候特点、农业发展方向和利用改造途径。

②农业气候区划指标体系

农业气候区划指标,是指对农业地理分布、农业生物的生长发育和产量形成有决定意义的农业气候要素及其临界值。农业气候区划指标可以分为综合因子指标和主导因子指标,主导因子指标往往又以主导因子与辅助因子相结合;农业气候区划一般有若干等级构成,每一级区划均有相应的区划指标。所有指标构成农业气候区划的指标体系,即农业气候区划指标体系。

③构建农业气候区划指标体系的基本要求

农业气候区划指标体系要符合以下基本要求:其一,区划指标因子具有农业气候属性,既有明确的农业意义,又有农业气候地域空间分布的指示性;其二,各等级单位的指标有独立性,并能反映地域差异的层次性,有分区、划片、定界的可操作性,高级区指标具有区域气候特征或地带性指示,低级区指标反映地方农业气候特征。

在构建农业气候区划指标体系时,既要考虑综合因子,又要考虑主导因子。在农业生态环境中,多因子的综合影响不等于每个因子影响的综合,表现出单因子影响的不可加性和多因子综合影响的不可分性。综合因子反映气候对农业的影响是它的整体,而不是气候的一两个要

素,可借助多因子复合指标,或多因子群分析的一次性分区来完成。主导因子是鉴于各个气候因子对农业的影响不均等,可以根据不同区划对象的要求,选择某些最重要因子,或以主导因子与辅助因子相结合。综合因子着眼于农业气候的差异性,往往先有区域的概念,然后根据相匹配的主要因子组合作为指标。主导因子则着眼于农业气候相似性,先确定主导因子,再按农业气候因子的重要性逐级划分。根据我国开展区划经验,主导因子和综合因子相结合可取得较好的区划结果。

区划指标是区划工作中最关键、最核心的问题。各种区划的等级和界限由指标确定,而采用什么指标,又和区划的方法、原则、种类和对象等有关。农业气候区划的指标,一方面要能够反映气候的特征,另一方面又要能够反映农业的要求,因此,农业气候区划比一般气候区划的指标更加复杂,更加难以确定。

指标的选择,不但要考虑采用什么要素,而且还要考虑采用什么样的临界值,即对某些自然现象、对生产、对农业对象有重要意义的数值。如温度 0℃,表明水结冰,多种作物冻伤冻死,所以是很重要的农业气候指标。

（2）精细化农业气候区划的性质

根据区划对象的不同,农业气候区划可分为综合区划和部门区划;根据区划范围的大小,农业气候区划可分为大区域、中区域和小区域区划。

精细化农业气候区划属于部门区划。按对象分,属于作物气候区划;按气候要素分属于作物综合气候区划;按空间尺度分属于中小区域区划,重点是省域范围内的农业气候区划,但要细化到县乡一级区域。当然也可以进行全国范围内的精细化农业气候区划,但其工作量与工作难度很大。所以,本次的精细化农业气候区划重点是以具体的农作物（包括果树、牧草）为研究对象,以省、市、县为划区的空间对象。

另外,精细化农业气候区划也属于类型区划,但含有区域区划的内容。即在进行精细化农业气候区划之前,首先根据农业气候条件的地域异同性,将所涉及地区划分为若干个农业气候区域,然后再对各个区域进行精细化农业气候类型区划。

（3）农业气候区划指标体系的基本原则

①以气候要素为主,非气候要素为辅的原则

因该区划为农业气候区划,所以区划指标以气候要素为主。但受气候观测条件的限制,有些地区难以获得较准确的气候要素数据,在这种情况下,可以用能够反映气候差异性的非气候要素来替代,如山区和高原,海拔高度对气候影响很大,在缺乏气候观测资料的情况下,可以用海拔高度作为山区和高原农业气候区划的辅助指标。

②关键性（否决性）要素原则

确定越冬作物、多年生作物,以及其他作物的关键制约要素,以此作为否决要素指标。如越冬大田作物和多年生作物以极端最低气温作为否决要素指标,在干旱无灌溉地区以降水量作为否决要素指标。符合否决条件的地区,不再进行其他因素的分析评价,而直接作为不适宜气候区。

③综合性原则

考虑光、温、水三个方面的综合作用。在农业生态环境中,光、温、水对农作物生长发育的影响并非简单的加法性关系,而是相互影响、共同作用的关系。如在热量条件差的区域,强光照可以弥补部分热量的不足。

④层次化原则

首先根据否决要素指标，分为适宜区和不适宜区。然后，根据光、温、水条件，对适宜区进行适宜度指数测算，并归并为最适宜区、适宜区和次适宜区或适宜区、次适宜区。

⑤时空差异性原则

中国地域广阔，农业气候指标应该而且必须反映出因时、因地的差别。如新疆的干旱风标准应该比河北、江苏高一些，而南方的涝害标准则应该比北方高一些，这种差别是由于作物在一个地方长期栽培对当地气候具有一定适应性反映的结果。

### 3.1.2　国内前三次农业气候区划指标体系

我国公认的第一次全国性的农业气候区划工作起始于 20 世纪 60 年代初期，至 20 世纪末，我国先后进行了三次全国性的农业气候区划工作。

（1）第一次全国农业气候区划指标体系

20 世纪 60 年代初期配合农业规划，各地区先后开展了农业气候区划，在农业气候区划指标体系构建方面做了大量工作，在后来的农业气候区划中起到了指导作用。

1）《我国热带－南亚热带的农业气候区划》的区划指标

1961 年 12 月，丘宝剑、卢其尧在地理学报上发表了"我国热带－南亚热带的农业气候区划"（丘宝剑，卢其尧，1961）一文，对我国热带和南亚热带的农业气候区划指标进行了探讨。该文提出，区划指标应该按其对作物的重要性而定先后。气候要素中对作物的生长发育关系最大的首先是热量，其次是水分，再次是越冬状况，最后才是风和其他不利的气象条件。

同一级区划，应该采用同一类指标，这样比较能够避免区划的主观性。但另一方面，对同一级区划的每一个区域而言，同一指标在地域上不一定都有明显差异，也就是说，有的区域可以进一步划分，有的区域则不能进一步划分。在这种情况下，采取可划则划，不可划则不划的原则来处理，因此，同一级区划的每个区域在面积上可以"不均衡"。

该区划共分五级：气候带、气候地带、气候地区、气候区、气候小区。

①第一级：气候带。采用日平均气温≥10℃时期的积温作为划分气候带的主要指标，最冷月平均气温和年绝对最低气温多年平均值作为限制性的指标。热带的指标是日平均气温≥10℃的积温≥7500℃·d，最冷月气温≥15℃，年绝对最低气温多年平均值≥5℃；南亚热带的指标是≥10℃的积温≥6500℃·d，最冷月气温≥10℃，年绝对最低气温多年平均值≥0℃。

②第二级：气候地带。采用谢良尼诺夫的水热系数（$K = r/E = r/0.1\sum t$。$K$ 为水热系数；$E$ 为可能蒸发量，以 $0.1\sum t$ 表示；$\sum t$ 是≥10℃时期的积温；0.1 为系数；$r$ 为≥10℃时期的降水量）作为划分气候地带的主要指标，并以干期日数作为限制性指标，分为潮湿、湿润、半湿润、半干旱四类（表 3.1-1）。

表 3.1-1　气候地带划分指标

| 地带 | 水热系数 | 干期日数（天） |
| --- | --- | --- |
| 潮湿 | ≥2.4 | 0 |
| 湿润 | 1.6～2.3 | 1～60 |
| 半湿润 | 0.8～1.5 | 61～120 |
| 半干旱 | <0.8 | >120 |

潮湿地带是指全年水分有余,没有干期的地方;湿润地带,全年水分充足,无干期或者有短的干期,作物基本上无需灌溉;半湿润地带是全年水分稍感不足,遇旱必需灌溉的地方;半干旱地带系指水分不足或水分失调,全年干期长达四个月以上,这里作物在干期必须灌溉才有收获。

③第三级:气候地区。用有记录以来的极端最低气温作为划分气候地区的指标。在气候带的划分时,以年绝对最低气温多年平均值作为限制性指标;而在气候地区的划分时,则以有记录以来的极端最低气温作为作物的越冬条件指标,分为:无寒害,绝对最低气温≥5℃;基本无寒害,绝对最低气温 2.0～4.9℃;轻寒害,绝对最低气温 0～1.9℃;重寒害,绝对最低气温 −2～−0.1℃;严重寒害,绝对最低气温<−2.0℃。

④ 第四级:气候区。用年平均风速作为划分气候区的指标,分为:静风,年平均风速<1 m/s;基本静风,年平均风速 1.0～1.9 m/s;轻风害,年平均风速 2.0～2.9 m/s;风害,年平均风速≥3.0 m/s。

⑤第五级:气候小区。划分气候小区的指标不一定要求统一,有时用这一指标,有时又用那一指标,视各气候区内的实际情况而定。有的气候区可用日照时数,有的可用冬季雾日数,有的可用多年平均霜日数,等等。

2)中国地理学会 1963 年确定的农业气候区划原则与指标

中国地理学会于 1963 年 11 月下旬在杭州举行了第三届全国代表大会及支援农业综合性年会,会上详细讨论了农业气候资源的概念、农业气候区划的原则和指标等若干问题(中国地理学会.1964)。这次会议讨论确定的农业气候区划的原则与指标在第一次全国农业气候区划中起到了重要的指导作用。

Ⅰ　农业气候区划原则:

①必须考虑中国气候的特殊性,即大陆性显著,夏热冬冷;季风气候,夏湿冬干。

②农业气候区划中的热量与水分划区指标,必须采取主要指标与限制性指标并用的原则。热量的主要指标为暖季温度,限制性指标为冬季温度;水分的主要指标为全年水分平衡,限制性指标为水分的季节分配。

③对作物生长、发育、产量关系最密切的气候要素是光、热、水,尤以热、水两项更为直接与重要,其他一些要素往往与主要要素之间有密切的依变关系。因此,农业气候区划采取主导因素的原则,不可能也没有必要考虑所有的要素。

④区划的作用与目的在于归纳相似、区分差异,贵于反映实际,因此应该以类型区划为主,区域区划的原则只能有条件地适当地加以运用。部门区划中,把类型归并为区域的方法不宜过多应用。

⑤区划在于反映实际的气候差别,确有差别当然应该划开,没有差异也不需要为了照顾区划单位的面积的平衡而凑指标硬划,并不一定划得愈细愈小就愈好,只要划至一个区划单位中的差异不致影响主要作物生长发育即可。宏观的农业气候区划,即以气象台站资料为基础的大农业气候区划(并非小气候区划),它的区划级数也应有一定的限制。

⑥在目前缺乏各种单一作物农业气候区划的情况下,综合农业气候区划应该首先照顾主要粮棉作物,从主要粮棉作物的要求出发。

⑦热量带(或气候带)是气候的反映,主要根据气候来确定,植被虽然在很大程度上可以反映气候,但植被的分布可以由于人为条件而改变,植被的界限是可以移动的,气候带却是客观

存在的,不变的,因此,不能完全根据植被的分布、更不能只根据某几种作物的分布来决定热量带(或气候带)。

⑧农业气候区划以热量作为第 1 级区划指标,水分作为第 2 级区划指标,这在全国都适用。至于第 3 级区划指标除某些地区还可作热、水的次一级划分以外,一般采用灾害性天气条件,由于各地的主要气象灾害的情况不同,究竟用哪一种条件,可因地而异,不必强求统一。

⑨地形复杂或高差悬殊的地区,气候的垂直差异应该尽可能得到细致的反映,只有这样才能反映实际情况。

Ⅱ　农业气候区划指标:

①热量的主导指标为≥10℃积温,限制性指标为最冷月平均温度与年绝对最低温度多年平均值。在某些情况下,热量指标中也可以参考无霜期或某种界限温度的持续日数。

②水分的主导指标为年干燥度,限制性指标为干期日数。在某些情况下,水分指标也可以参考积雪、雨季日期等等。

③灾害性天气指标可由各地自行确定,但同一类灾害性天气的地区,指标的形式应统一。

④旱涝指标目前以干燥度为宜,应因作物而异,并考虑作物发育期和区域特点。

a)农业气候的旱涝应以作物的需水量作为客观标准,因而不同的作物也就可有不同的旱涝标准。

b)我国是季风气候国家,年雨量的代表性不大,在探求旱涝指标时还必须考虑作物发育期,即要考虑旱涝指标的时间变化。

c)由于各地自然景观不同,制定旱涝标准时,应该充分注意这种特点,例如喀斯特区漏水严重,干旱标准应该偏高。

d)表示旱涝的方法有多种,如降水量、干燥度、土壤湿度等等。降水量只考虑了水分收入,未考虑水分支出,用来作为旱涝指标显然是有缺点的。土壤湿度的资料目前缺乏,也难以应用。因此,干燥度(可能蒸发量/降水量)在目前仍不失为一个良好的判断旱涝的指标。

e)为了更好地、更直接地服务于农业生产,除计算干燥度等一般性旱涝指标以外,应该逐步开始计算作物田间耗水量与灌溉量。

f)根据历史文献研究旱涝的发生区域与发生频率,是一个很重要的方面,但应该慎重处理资料,去伪存真,避免夸大失实。

3)《中国农业气候区划试论》的区划指标

《中国农业气候区划试论i》(丘宝剑,卢其尧.1980)是丘宝剑和卢其尧 1963 年提出 1980年修改发表的第一次农业气候区划成果。共分为三级区。

一级区:自然区。按温度和水分的配合划分东部季风区、西北干旱区和青藏高寒区。干旱区以干燥度($0.16 \sum t/r$)4.0 为界,全年为干期;高寒区以≥0℃积温为 3000℃,并参考最热月平均气温 18℃为界。

二级区:气候带和亚带。东部季风区和西北干旱,以>10℃积温($\sum t$)为主导指标,以最冷月平均气温($T_M$)和年绝对最低气温多年平均值($T_{AM}$)为限制性指标,划分为温带、亚热带、热带 3 个气候带,各带再划分北、中、南 3 个亚带。青藏高寒区,以>5℃积温为主导指标,最暖月平均气温为限制性指标,划分为高原寒带和高原温带(表 3.1-2)。

三级区:农业气候地区。以干燥度为主导指标,以干湿期状况为限制指标(表 3.1-3),将全国分为 43 个气候地区。

**表 3.1-2　气候带和亚带的划分指标(℃)**

| 自然区 | 气候带和亚带 | 主导指标 | 限制性指标 | |
|---|---|---|---|---|
| | | $>10℃\sum t(℃\cdot d)$ | $T_M$(℃) | $T_{AM}$(℃) |
| 东部季风区和西北干旱区 | 温带 | $<4800$ | $<0$ | $<-10$ |
| | 北(寒)温带 | $<2000$ | $<-30$ | $<-45$ |
| | 中温带 | $2000\sim3600$ | $-30\sim-10$ | $-45\sim-25$ |
| | 南(暖)温带 | $3600\sim4800$ | $-10\sim0$ | $-25\sim-10$ |
| | 亚热带 | $4800\sim8200$ | $0\sim15$ | $-10\sim5$ |
| | 北亚热带 | $4800\sim5300$ | $0\sim5$ | $-10\sim-5$ |
| | 中亚热带 | $5300\sim6500$ | $5\sim10$ | $-5\sim0$ |
| | 南亚热带 | $6500\sim8200$ | $10\sim15$ | $0\sim5$ |
| | 热带 | $>8200$(云南 7500) | $>15$ | $>5$ |
| | 北热带 | 8200(云南 7500)$\sim8700$ | $15\sim20$ | $5\sim10$ |
| | 中热带 | $8700\sim9200$ | $20\sim25$ | $10\sim15$ |
| | 南热带 | $>9200$ | $>25$ | $>15$ |
| | | $>5℃\sum t℃\cdot d$ | 最暖月平均气温(℃) | |
| 青藏高寒区 | 高原寒带 | $<1500$ | $<10$ | |
| | 高原温带 | $<1500$ | $>10$ | |

注：$\sum t$ 为积温，$T_M$ 为最冷月平均气温，$T_{AM}$ 为年绝对最低气温多年平均值

**表 3.1-3　气候地区的划分指标**

| 自然区 | 气候地区 | 主导指标($K$) | 限制性指标(潮、湿、旱、干期出现状况) |
|---|---|---|---|
| 东部季风区 | 潮湿地区 | $<0.75$ | 只有潮、湿期；或有旱期，但比潮、湿期短。 |
| | 湿润地区 | $0.75\sim0.99$ | 无干期；无潮期，也无干期；或各期均有，但潮、湿期长于旱、干期。 |
| | 半湿润地区 | $1.00\sim1.49$ | 无潮期，且旱、干期长于湿期。 |
| | 半干旱地区 | $1.50\sim3.99$ | 只有旱、干期；或有湿期，但比旱、干期短。 |
| | 干旱地区 | $\geqslant4.0$ | 全年均为干期。 |
| 西北干旱区 | 干旱地区 | $\geqslant4.0$ | 除少数山区外，全年均为干期。 |
| 青藏高寒区 | 半湿润地区 | $0.75\sim1.13$ | 各期均有，但旱、干期长于潮、湿期。 |
| | 半干旱地区 | $1.14\sim3.75$ | 无潮期，且旱、干期长于湿期。 |
| | 干旱地区 | $\geqslant3.75$ | 全年均为干期。 |

注：$K$ 为干燥度，$K=0.16\sum t/r$

(2)第二次全国农业气候区划指标体系

20 世纪 70 年代末，为配合《1978—1985 年全国科学技术发展规划纲要》的农业自然资源调查和农业区划任务，全国范围内开展了大规模的农业气候资源调查和农业气候区划工作，形成了一大批全国性、省级、地(市)级、县级农业气候区划成果。其中《中国农业气候资源和农业气候区划》是一部全国性的综合农业气候区划成果，它所确定的区划原则和构建的区划指标体系在后来的农业气候区划工作中发挥了重要作用。

1)区划原则

《中国农业气候资源和农业气候区划》确定了六项原则:

①适应农业生产发展规划的需要,配合农业自然资源开发计划;

②区划指标须具有明确的重要的农业意义,主导指标与辅助指标相结合,有的采用几种指标综合考虑;

③遵循农业气候相似性和差异性,按照指标系统,逐级分区;

④有利于充分、合理地利用气候资源,发挥地区农业气候资源的优势,有利于生态平衡和取得良好的经济效果;

⑤着眼于大农业和商品性生产,以粮、牧、林和名优特经济农产品生产为主要考虑对象;

⑥根据我国季风气候特点,逐年间气候差异造成一定的气候条件变动,因此划出的区界(尤其是高级区界)只能看作是一个相对稳定的过渡带。

区界指标着重考虑农业生产的稳定性,例如采用一定的保证率表示安全的北界等。划界时有时还考虑能反映气候差异的植被、地形、地貌等自然条件。

2)区划指标体系

《中国农业气候资源和农业气候区划》的农业气候区划指标体系由三级区划指标构成。

第一级  将全国划分为3个农业气候大区,包括东部季风农业气候大区、西北干旱农业气候大区和青藏高寒农业气候大区。其划分指标:

①采用农牧过渡带的南界气候指标,即以年降水量≥400 mm出现频率50%为主导指标,以日平均风速≥5 m/s的年平均日数为辅助指标,并考虑风蚀和水土流失情况作为东部季风农业气候大区与西北干旱农业气候大区的分界线。

②采用≥0℃积温3000℃·d和最热月平均气温18℃为指标,并参照青藏高原东部海拔3000 m等高线划出青藏高寒农业气候大区的周界,此界线以东为东部季风农业气候大区,界线以北为西北干旱农业气候大区。

第二级  将全国划分为15个农业气候带,其中东部季风农业气候大区有10个,西北干旱农业气候大区有2个,青藏高寒农业气候大区有3个。

① 东部季风农业气候大区气候带划分指标:

a)北温带与中温带的分界指标:≥0℃积温2100℃·d等值线,以北为北温带,以南为中温带。

b)中温带与南温带的分界指标:以年极端最低气温多年平均值-20℃(界线西段)至-22℃(界线东段)为主,参考指标为东段≥0℃积温3900℃·d,负积温-650℃·d,西段为≥0℃积温3600℃·d,负积温-500℃·d。这条界线是冬小麦安全越冬北界(小麦越冬冻害率≤20%),并与大苹果等南温带果树安全越冬的北界和以冬小麦为前茬的二年三熟的北界及棉花种植北界相近。

c)南温带与北亚热带的分界指标:年极端最低气温多年平均值-10～-11℃,≥0℃积温5500℃·d(西段约4800℃·d)。这条界线为茶树、毛竹安全越冬的北界,界线附近是稻麦两熟最适宜的地区和双季稻可能种植的北界。界线以南生长常绿阔叶林,界线以北基本无常绿阔叶林。

d)北亚热带与中亚热带的分界指标:年极端最低气温多年平均值-5至-6℃,最冷月平均气温4℃,≥0℃积温6100℃·d(西段约5900℃·d)。这条界线是柑橘适宜种植区的北缘及稻、稻、油(麦或绿肥)三熟制的安全北界。

　　e)中亚热带与南亚热带的分界指标:年极端最低气温多年平均值 0℃,年极端最低气温
-3℃出现频率≤5%,≥0℃积温 7000℃·d(云南 6500℃·d),最冷月平均气温 11℃。这条
界线是龙眼、荔枝的分布北界,大叶茶、宿根甘蔗和秋植蔗安全越冬的北界。

　　f)南亚热带与北热带的分界指标:年极端最低气温多年平均值 5℃,年极端最低气温 0℃
的出现频率<3%,最冷月平均气温 15℃,≥0℃积温 8200℃·d(西段 8000℃)这条界线是典
型热带作物橡胶、胡椒次适宜种植区的北界,双季稻、喜温冬作一年三熟安全种植北界。

　　g)北热带与中热带的分界指标:年极端最低气温多年平均值 10℃,最冷月平均气温 19℃,
≥0℃积温 9000℃·d。这条界线是橡胶、胡椒、可可等典型热带作物无寒害的北界,水稻三
熟,生产季节性不明显。

　　h)中热带与南热带的分界指标:最冷月平均气温 25℃,≥0℃积温 10000℃·d。这条界线
是冬季风降温影响的南限,寒潮不能到达。各种热带作物都能生长。

　　②西北干旱农业气候大区气候带划分指标:

　　这个大区只有干旱中温带和干旱南温带,以≥0℃积温 4000℃·d 作为这两个带的分界,
除南疆和东疆地区为干旱南温带外,均属干旱中温带。

　　③青藏高寒农业气候大区的农业气候带划分指标:

　　a)高原寒带指标:≥0℃积温<500℃·d,最热月平均气温<6℃。本带是地球上海拔最高
的气候带,全年无夏,气候严寒干旱,冻土广布,海拔高度平均在 5000 m 左右,空气稀薄,年降
水量东部为 250~300 mm,西部减至 60 mm 以下,植物只有稀疏耐旱的禾草和小半灌木。

　　b)高原亚寒带指标:≥0℃积温 500~1500℃·d,最热月平均气温 6~10℃。平均海拔在
4500 m 以上,气候寒冷,不仅没有夏天,春秋也很短暂,几乎全年是冬天,即使种植喜凉的青
稞、马铃薯,也不能保证正常生长发育和成熟,霜冻危害严重。

　　c)高原温带指标:≥0℃积温 1500~3000℃·d,最热月平均气温 10~18℃。由于海拔高、
气温低,全年没有夏天,春秋相连。森林集中分布在东南部,种植业主要在河谷。

　　第三级　将全国划分为 55 个农业气候区。农业气候带内划分的农业气候区着重考虑反
映非地带性的农业气候类型。其指标主要由影响各地区农业生产的主要农业气候特征值来
定,因此这一级的指标有较大灵活性,往往因带而异,具有地区性较强的特点,主要考虑一些农
业气候问题。例如:

　　东北中温带地区,主要考虑低温冷害,按积温多少而布局农业生产很重要,因而采用积温
为主,并考虑降水量、湿润度来划分农业气候区。

　　华北平原南温带主要考虑不同季节性干旱程度,采用春季和年的水分供求差来划分农业
气候区。

　　西北地区的农业气候区主要考虑干旱及风蚀沙化的气候因素和热量状况,采用年降水量
和大风出现情况以及积温作为指标。

　　青藏高原在同一气候带内气候垂直变化十分显著,而且冬季严寒,夏季温凉,全年无绝对
无霜期,夏季低温霜冻给农业、牧业生产带来很大影响。

　　此外大风也很突出。因此采用≥0℃积温、最热月平均气温、最热月极端最低气温、降水量
和湿润度等指标划分农业气候区。

　　中国农业气候区划的具体划分指标见"中国农业气候区划系统表"(表 3.1-4)。

表 3.1-4 中国农业气候区划系统表

| 农业气候大区 | 农业气候带 名称 | 农业气候带 指标 | 区号 | 农业气候区 名称 | 农业气候区 指标 ≥0℃积温(℃·d) | 农业气候区 指标 最热月平均气温(℃) / 年湿润度 | 农业气候区 指标 最冷月平均气温(℃) / 年降水量(mm) | 主要农业气候特征 | 农业特征 |
|---|---|---|---|---|---|---|---|---|---|
| I 东部季风农业气候大区 | I₁ 北温带 | ≥0℃积温小于2100℃·d；最热月平均气温＜16℃；最冷月平均气温＜−30℃ | I₁₍₁₎ | 大兴安岭北部区 | ≥0℃积温(℃·d) ＜2100 | 最热月平均气温(℃) ＜16 | 最冷月平均气温(℃) ＜−30 | 冬严寒夏温凉，积雪期短，无霜期长，湿润 | 林业，一年一熟，特早熟作物，马铃薯，春小麦，燕麦 |
|  | I₂ 中温带 | ≥0℃积温2100～3900℃·d；最热月平均气温16～24℃；最冷月平均气温−30～−10℃ | I₂₍₂₎ | 博克图—呼玛区 | ≥0℃积温(℃·d) 2100～2600 | 年湿润度 0.5～1.0 | 年降水量(mm) 450～500 | 冬季严寒，积雪期长，无霜期短 | 林，牧，一年一熟，早熟作物，马铃薯 |
|  |  |  | I₂₍₃₎ | 嫩江—小兴安岭区 | 2600～2800 | 0.5～1.0 | 450～600 | 冬寒夏凉，无霜期短，低温冷害，多大风 | 一年一熟，早熟作物，春小麦，甜菜，玉米，大豆，牧 |
|  |  |  | I₂₍₄₎ | 松花江—牡丹江区 | 2800～3200 | 0.5～1.0 | 400～700 | 冬季严冷，低温冷害，多大风，春、秋易秋涝 | 一年一熟，中温作物，玉米，甜菜，春小麦，林，大豆，牧 |
|  |  |  | I₂₍₅₎ | 松辽平原区 | 3200～3600 | 0.5～1.0 | 500～750 | 冬冷夏凉，低温冷害，大风多 | 一年一熟，晚熟作物，玉米，高粱，水稻，甜菜，向日葵，牧，林 |
|  |  |  | I₂₍₆₎ | 长白山区 | 2700～3400 | ＞1.0 | ＞800 | 冬冷夏湿润，低温冷害 | 一年一熟，中晚熟作物，春小麦，水稻，大豆，玉米，林 |
|  |  |  | I₂₍₇₎ | 辽西—辽南区 | 3600～3900 | 0.5～1.0 | 500～800 | 温暖，半湿润，半湿润，春旱 | 一年一熟，晚熟作物，玉米，春小麦，水稻，大豆，谷子，果，林 |
|  |  |  | I₂₍₈₎ | 长城沿线区 | 日平均风速≥5 m/s 的年日数少于50日，≥0℃积温3000～3900℃·d，年降水量400～550 mm | | | 温暖，半湿润，半干旱，多风沙，霜冻和冰雹较多，春旱重 | 一年一熟，农牧过渡，玉米，谷子，果，林 |

续表

| 农业气候大区 | 农业气候带 名称 | 农业气候带 指标 | 区号 | 名称 | 年水分供求差(mm) | 4—6月水分供求差(mm) | 年降水量(mm) | 3—5月降水量(mm) | 主要农业气候特征 | 农业特征 |
|---|---|---|---|---|---|---|---|---|---|---|
| I 东部季风农业气候大区 | I₃ 南温带 | 年极端最低气温多年平均为-22℃(西段-20)~-10℃；≥0℃积温3900(西段3600)~5500(西段4800)℃·d；负积温≥-650℃·d(西段≥-500℃·d) | I 3(9) | 北京—唐山—大连区 | -400~-200 | -300~-200 | 450~600 | 50~80 | 暖温、半湿润、春旱 | 二年三熟，小麦、玉米、果、林 |
| | | | I 3(10) | 黄—海平原区 | -400~-300 | -220~-180 | 400~600 | 60~130 | 春旱重、干热风、涝 | 二年三熟或一年二熟、旱作，小麦、玉米、果、梨、枣、林 |
| | | | I 3(11) | 黄河下游南部区 | -200~0 | -200~0 | 600~800 | 80~140 | 暖温、春旱、干热风、夏多雨 | 一年二熟、旱作，小麦、玉米、花生、苹果、葡萄、粮间作、烤烟 |
| | | | I 3(12) | 淮北—鲁东区 | 0~200 | -150~0 | 700~1000 | 100~200 | 暖热、南多涝、北有春旱 | 一年二熟、水旱兼作、水稻、大豆 |
| | | | I 3(13) | 黄土高原区 | -300~-150 | -250~-100 | 400~600 | 60~130 | 暖温、春旱重 | 二年三熟或一年一熟、旱粮、苹果 |
| | | | I 3(14) | 关中平原区 | -250~-200 | -150~100 | 600~700 | 80~130 | 暖热、多秋雨 | 一年二熟或二年三熟、小麦、玉米、棉花、奶山羊 |
| | I₄ 北亚热带 | 年极端最低气温多年平均为-10℃~-5℃；≥0℃积温5500(西段4800)~6100(西段5900)℃·d；最冷月平均气温0~4℃ | I 4(15) | 长江中下游区 | 3—5月湿润度>1.0 | | 最热月平均气温(℃)>28 | | 冬冷、夏热、生长期长、春、初夏复阴雨、伏旱、有渍涝 | 亚热带生物种植边缘区、一年二熟或三熟、双季稻、麦、棉、油菜、桑、竹、渔 |
| | | | I 4(16) | 汉水中上游区 | 3—5月湿润度<1.0 | | <28 | | 夏热、冬温和、山地气候多样、有洪涝、秋霜危害 | 亚热带经济林边缘区、一年二熟、稻、麦、林、牧、野生生物保护区 |

续表

| 农业气候大区 | 农业气候带 名称 | 农业气候带 指标 | 农业气候区 区号 | 农业气候区 名称 | 指标 2—4月湿润度 | 指标 7—8月湿润度 | 指标 最热月平均气温(℃) | 主要农业气候特征 | 农业特征 |
|---|---|---|---|---|---|---|---|---|---|
| Ⅰ 东部季风农业气候大区 | Ⅰ₅ 中亚热带 | 年极端最低气温-5~0℃；年平均11℃ ≥0℃积温6100(西段5900)~7000(西段6500)℃·d；最冷月平均气温4~11℃ | Ⅰ 5(17) | 江南丘陵区 | >3.0 | <1.0 | 28~30 | 夏炎热，伏旱，春多阴雨，秋有寒露风 | 一年三熟或二熟，稻-稻-绿肥(油)，苎麻，柑橘，茶，油茶，渔，牧 |
| | | | Ⅰ 5(18) | 南岭-武夷山区 | >3.0 | >1.0 | 28~29 | 夏热冬冷，春雨多，秋有寒露风，山地气候多样 | 一年二熟或三熟，山区中季稻，林，果，牧 |
| | | | Ⅰ 5(19) | 四川盆地区 | 1.0 | | >26 | 夏热，冬暖，生长期长，夏多雨，川东伏旱，日照少 | 一年三熟或二熟，稻-麦-稻旱水作，桑，柑橘，漆树，蚕，生猪 |
| | | | Ⅰ 5(20) | 湘西-黔东区 | 1.5~3.0 | >1.0 | 26~28 | 冬暖夏凉，春秋阴雨多，光照较少，山区气候多样 | 一年二熟，稻(油)，玉米，茶叶，烤烟，杉，桐，漆树，牧 |
| | | | Ⅰ 5(21) | 黔中高原区 | 0.5~1.5 | | 22~26 | 冬暖夏凉，秋多绵雨，寡照，多雹 | 一年二熟，水稻，玉米，烤烟，牧，林 |
| | | | Ⅰ 5(22) | 黔西-滇东高原区 | 0.2~0.5 | 1.8~2.2 | 20~23 | 冬冷，夏凉，北部光照较少，春旱，多绵雨 | 一年二熟，稻，小麦，玉米，油菜，烤烟，茶，牧 |
| | | | Ⅰ 5(23) | 滇中-川西南高原区 | <0.2 | 1.8~2.6 | | 冬暖夏凉，冬春旱重，光照足，河谷干热 | 一年二熟，一季中稻，玉米，油菜，烤烟，茶，牧，林，豆 |

续表

| 农业气候大区 名称 | 农业气候带 名称 | 农业气候带 指标 | 区号 | 农业气候区 名称 | 农业气候区 指标 2~4月湿润度 | 农业气候区 指标 2~4月降水量<200mm频率(%) | 农业气候区 指标 8~10月降水量<250mm频率(%) | 主要农业气候特征 | 农业特征 |
|---|---|---|---|---|---|---|---|---|---|
| I 东部季风农业气候大区 | I₆ 南亚热带 | 年极端最低气温 0~5℃；≥0℃积温 7000（西段 6500~8200）℃·d（西段 7500）℃·d；年极端最低气温≤-3℃出现频率<5%；最冷月平均气温 11~15℃。 | I₆(24) | 台北-台中区 | 0.6~2.1 | | | 冬暖、夏热，雨量丰富，台北冬雨多、山区气候垂直变化大、多台风 | 一年三熟，水稻、甘蔗、茶、南亚热带果树、森林、渔 |
| | | | I₆(25) | 粤中南-闽南区 | 1.0~1.8 | 25~40 | <20 | 雨热同季时间长、冬暖、春旱、洪涝、台风、寒露风 | 一年三熟、双季稻、甘蔗、蚕桑、渔、冬蔬菜、龙眼、荔枝、香蕉、柑橘 |
| | | | I₆(26) | 粤西-桂东南区 | 1.4~2.4 | 10~25 | <10 | 雨热同季时间长、冬暖、寒露风 | 一年三熟、南亚热带果木、热作过渡区、冬蔬菜、冬烟 |
| | | | I₆(27) | 桂中南区 | 0.9~1.2 | 25~60 | 10~20 | 夏高温多雨、冬季热、作间有寒害、春旱 | 一年三熟、稻、玉米、甘蔗、花生、冬蔬菜、柑橘、龙眼、荔枝、林、渔 |
| | | | I₆(28) | 桂西南区 | 0.4~0.9 | 61~90 | <10 | 光热丰富、冬暖、春旱 | 一年三熟、甘蔗、南亚热带果树、特种珍贵林、牧 |
| | | | I₆(29) | 滇南高原区 | 0.1~0.3 | | | 冬春干旱、夏温、冬暖、寒潮影响较小 | 一年三熟、中稻、玉米、杂粮、甘蔗、茶、紫胶林、橡胶林 |
| | I₇ 藏南亚热带 | ≥0℃积温 4000~6000℃·d | I₇(30) | 藏南-滇西北区 | ≥0℃积温 4000~6000℃，年降水量 1000~2400mm | | | 气候垂直变化大、河谷干热、高山寒冷、湿润 | 立体农业明显，一年二熟、稻、林、牧 |

续表

| 农业气候大区 | 农业气候带 名称 | 农业气候带 指标 | 区号 | 农业气候区 名称 | 农业气候区 指标（≥0℃积温 ℃·d） | 农业气候区 指标（最冷月平均气温 ℃） | 农业气候区 指标（年降水量 mm） | 主要农业气候特征 | 农业特征 |
|---|---|---|---|---|---|---|---|---|---|
| I 东部季风农业气候大区 | I₈ 北热带 | 年极端最低气温多年平均5~10℃；≥0℃积温8200℃·d（西段7500）~9000℃·d；年极端最低气温≤0℃出现频率<3%；最冷月平均气温15~19℃ | I₈(31) | 台南区 | 2—4月湿润度0.2~0.7 | | | 热量丰富，海洋性气候，冬半年水分不足，多台风 | 一年三熟，稻、甘蔗、香蕉、菠萝 |
| | | | I₈(32) | 琼雷区 | 2—4月湿润度0.5~1.1 | | | 雨热同季时同量，春旱重，台风多，典型热作偶有寒害 | 一年三熟（橡胶、胡椒、椰子）、稻、蕉 |
| | | | I₈(33) | 西双版纳—河口区 | 2—4月湿润度0.1~0.3（河口0.9） | | | 冬干暖、夏湿热，寒害少、常风小 | 全年可种植喜温作物，稻、杂粮、热作水果，大叶茶、甘蔗、热带林木 |
| | | | I₈(34) | 藏东南边境区 | ≥0℃积温≥7300℃·d，最冷月平均气温10~13℃，最热月平均气温22~26℃，年降水量3000~5500mm | | | 温热多雨、暴雨多 | 热带雨林，一年三熟、牧 |
| | I₉ 中热带 | ≥0℃积温9000~10000℃·d，最冷月平均气温19~25℃ | I₉(35) | 琼南—西、中、东沙群岛区 | 9000~10000 | 19~25 | 1000~1600 | 热量丰富，水分充足，无寒害，台风 | 全年可种喜温作物，水稻可三熟，南繁育种、主产橡胶，可可、椰子等热作、渔业 |
| | I₁₀ 南热带 | ≥0℃积温>10000℃·d，最冷月平均气温>25℃ | I₁₀(36) | 南沙群岛区 | >1000 | >25 | | 终年湿热 | 渔业及其他海产，各种热作能生长 |

续表

| 农业气候大区 | 农业气候带 名称 | 农业气候带 指标 | 农业气候区 区号 | 农业气候区 名称 | 指标 年降水量(mm) | 指标 ≥0℃积温(℃·d) | 指标 日平均风速≥5m/s的年日数(d) | 指标 年降水量≥400mm频率(%) | 主要农业气候特征 | 农业特征 |
|---|---|---|---|---|---|---|---|---|---|---|
| II 西北干旱农业气候大区 | II₁₁ 中温干旱带 | ≥0℃积温 2100~4000℃·d | II₁₁(37) | 科尔沁区 | 350~400 |  |  | 30~50 | 温暖、半干旱、风资源丰富、风沙、冰雹 | 农牧过渡区、防护林，一年一熟，玉米、谷子 |
|  |  |  | II₁₁(38) | 呼伦贝尔—锡林郭勒高原区 | 250~400 | <3000 | 80~140 | 10~40 | 冬寒夏凉、半干旱、风沙 | 农牧过渡或以牧为主，一年一熟，薯、夜麦、春小麦 |
|  |  |  | II₁₁(39) | 东胜—兰州区 | 250~400 | 3000~4000 | 40~80 |  | 温暖、半干旱、风沙大 | 一年一熟，小麦、玉米、甜菜、前套水浇地、旱地杂粮瓜果 |
|  |  |  | II₁₁(40) | 二连区 | 100~250 |  | 100~150 |  | 温暖、干旱、风沙、风资源丰富 | 牧、无灌溉无种植业 |
|  |  |  | II₁₁(41) | 河套—河西区 | 100~250 | 3000~4000 | 30~40 |  | 温暖、干旱、风沙、干热风 | 灌溉农业，小麦、玉米、甜菜、稻、牧(羊、骆驼) |
|  |  |  | II₁₁(42) | 阿拉善高原区 | 40~100 | 3000~4000 | >100 |  | 冬寒夏酷热、温暖、干旱、风沙大、太阳辐射强 | 荒漠牧、无灌溉无种植业 |
|  |  |  | II₁₁(43) | 阿勒泰—塔城区 | 150~500 | <3000 |  |  | 温凉、干旱、半干旱、多雪次 | 牧、一年一熟，春小麦、马铃薯、林 |
|  |  |  | II₁₁(44) | 准格尔盆地区 | 100~250 | 3000~4000 |  |  | 温暖、干旱、干热风 | 灌溉农业，一年一熟，小麦长绒棉、玉米杂粮瓜果、牧 |
|  |  |  | II₁₁(45) | 天山区 | 100~1000 |  |  |  | 高山冰川、多雨雪、伊犁河谷温暖 | 林、牧、一年一熟，玉米、小麦、果树 |
|  | II₁₂ 南温干旱带 | ≥0℃积温 4000~5700℃·d | II₁₂(46) | 塔里木—哈密盆地区 | <100 | 4000~5700 |  |  | 夏酷热、冬严寒、光照充足、干旱、风沙 | 荒漠戈壁、灌溉农业、一年两熟，哈密瓜、葡萄、棉(绒棉)、长绒果、牧 |

续表

| 农业气候大区 名称 | 农业气候带 名称 | 农业气候带 指标 | 区号 | 农业气候区 名称 | ≥0℃积温(℃·d) | 最热月平均气温(℃) | 最热月极端最低气温(℃) | 年降水量(mm) | 年湿润度 | 主要农业气候特征 | 农业特征 |
|---|---|---|---|---|---|---|---|---|---|---|---|
| Ⅲ 青藏高寒农业气候大区 | Ⅲ13 高原寒带 | ≥0℃积温<500℃·d　最热月平均气温<6℃ | Ⅲ13(47) | 昆仑山－北羌塘高原区 | <500 | <6 | -18～-8 | 30～300 | <0.2 | 高寒、干旱、大风、光照强 | 荒漠,农业很少 |
| | Ⅲ14 高原亚寒带 | ≥0℃积温500～1500℃·d　最热月平均气温6～10℃ | Ⅲ14(48) | 东青南高原区 | <1700 | 6～12 | -2 | 500～800 | ≥1.0 | 高寒、湿润、冬春雪灾重 | 牧、河谷有农业 |
| | | | Ⅲ14(49) | 西青南高原区 | <1500 | 6～10 | <-3 | 300～600 | <1.0 | 高寒、半湿润、大风 | 牧 |
| | | | Ⅲ14(50) | 南羌塘高原区 | 1000～1500 | 6～10 | -8～-3 | 60～300 | <0.6 | 高寒、光能丰富、半干旱、大风、多冰雹 | 牧 |
| | Ⅲ15 高原温带 | ≥0℃积温1500～3000℃·d　最热月平均气温10～18℃ | Ⅲ15(51) | 柴达木盆地区 | 1800～2600 | 13～18 | >-2 | 18～180 | <0.3 | 夏暖冬寒、光能丰富、干旱、风沙 | 灌溉农业、一熟、春小麦、牧 |
| | | | Ⅲ15(52) | 青海湖盆地－祁连山区 | <3000 | 10～18 | -5～2 | 200～600 | >0.3 | 冬冷夏凉、半干旱、冰雹 | 农牧过渡、牧、一年一熟、春小麦、油菜 |
| | | | Ⅲ15(53) | 川西－藏东高原区 | 1700～3500 | 12～18 | >-2 | 400～900 | >0.6 | 温凉、气候垂直变化大 | 林、牧、一年一熟、喜凉作物 |
| | | | Ⅲ15(54) | 藏南高原－喜马拉雅山区 | <3100 | 10～16 | <2 | 300～700 | >0.3 | 温凉、气候垂直变化大、光能丰富、冬春干旱、冰雹 | 林、牧、一年一熟、喜凉作物 |
| | | | Ⅲ15(55) | 藏西狮泉河区 | 1500～2000 | 13～14 | -2～2 | 60～170 | <0.2 | 温和、干旱、光能丰富、多大风 | 牧、一年一熟、青稞 |

（3）第三次全国农业气候区划指标体系

第三次农业气候区划属于信息化农业气候区划试点性工作，在 7 个省（市）进行，主要工作集中于 1998—2000 年。这次农业气候区划试点工作，采用了"3S"新技术，以新的网格化气象资料和 GIS 地理信息系统制作了一些作物、果树等专业的信息化农业气候区划及灾害评估风险区划，其中，北京、河南、山东的相关农业气候区划指标如下：

①北京地区优质板栗细网格农业气候区划指标

从各地板栗生长发育情况看，≥10℃积温反映了板栗生长季和当地总体热量基本情况，9月气温平均日较差反映了果实成熟期的利弊情况，1月平均气温反映了越冬情况。因此，在北京地区优质板栗细网格农业气候区划中以≥10℃积温、9月气温平均日较差和 1 月平均气温为指标。因北京地区的日照及降水均在板栗适宜种植要求范围内，故不加考虑（郭文利，王志华，等.2004）（表 3.1-5）。

表 3.1-5　北京地区优质板栗种植区划气候指标

| 要素 | 适宜区 | 次适宜区 | 不适宜区 |
|---|---|---|---|
| ≥10℃积温（℃·d） | 3800～4000 | >4000<br>3700～3800 | <3700 |
| 9 月气温日较差（℃） | >13.1 | 12～13 | <12 |
| 一月平均气温（℃） | >−7 | −8.5～−7.1 | <−8.5 |

区划是根据气候指标≥80%保证率进行确定，以一票否决的方式决定其是否适宜，即适宜区要求所有因子均达到适宜标准，当有某一因子为次（不）适宜时均定为次（不）适宜区。

②《基于 GIS 的山东农业气候资源及区划研究》的区划指标

文中基于 GIS 制作了 5 幅要素图：日平均气温>10℃积温（$\sum T_{10}$）分布图、日平均气温>10℃期间的降水量（$\sum R_{10}$）分布图、7 月平均气温分布图、年平均气温分布图和年降水分布图。在此基础上根据日平均气温>10℃期间的积温和降水求算得到干燥度图。最后根据区划指标，结合气候资源图进行叠加计算，得到农业气候区划图（冯晓云，王建源.2005）。农业气候区划图制作采用了三级指标：

一级指标为水分指标：利用干燥度（$K = 0.16 \times \sum T_{10}/\Sigma R_{10}$）来划分。$K < 1.0$ 为湿润区，$1.0 \leqslant K < 1.5$ 为半湿润区，$K \geqslant 1.5$ 为半干燥区。

二级指标为热量指标：利用日平均气温≥10℃期间的积温来划分。$3400 \leqslant \sum T_{10} < 4800$ 为暖温带，$1700 \leqslant \sum T_{10} < 3400$ 为中温带。根据区划指标，山东省全境均属于暖温带。

三级指标为夏季热量：以 7 月平均气温来划分。$T_7 < 20℃$ 为夏冷亚区，$20℃ \leqslant T_7 < 24℃$ 为夏凉亚区，$24℃ \leqslant T_7 < 26℃$ 为夏温亚区，$T_7 \geqslant 26℃$ 为夏热亚区。

根据上述区划指标，得到 5 个农业气候区的分区方案：

1 区为半干燥暖温带夏热亚区，干燥度≥1.5，日平均气温≥10℃积温 3400～4800℃·d，7月平均气温≥26℃；

2 区为半湿润暖温带夏热亚区，1.5>干燥度≥1.0，日平均气温≥10℃积温 3400～4800℃·d，7 月平均气温≥26℃；

3 区为半湿润暖温带夏温亚区,1.5>干燥度≥1.0,日平均气温≥10℃积温 3400～4800℃·d,7 月平均气温≥24℃;

4 区为湿润暖温带夏温亚区,干燥度<1.0,日平均气温≥10℃积温 3400～4800℃·d,7 月平均气温≥24℃;

5 区为湿润暖温带夏凉亚区,干燥度<1.0,日平均气温≥10℃积温在 3400～4800℃·d,7 月平均气温≥20℃。

### 3.1.3　国外农业气候区划指标体系

我国早期的农业气候区划研究和第一次全国农业气候区划主要是借鉴了前苏联的经验,世界气象组织《技术报告》中的小麦农业气候区划指标也有很好的借鉴意义。

（1）Г·Т·Селянинов 的区划《为农业服务的苏联气候区划》

Г·Т·Селянинов 1955 年发表的《为农业服务的苏联气候区划》分为三级划分:一级气候带,二级气候地区,三级气候省。

一级,即气候带指标:一级气候带反映和纬度有关的辐射热量差异、昼夜长短。将全球分为五个气候带。其中热带和亚热带的分界线为最冷月平均气温 15℃,年极端最低气温多年平均值 5℃,纬度 25°N;亚热带和温带的分界线为日平均气温>10℃积温 4000～3000℃·d,纬度 43～44°N;温带和亚北(南)极带的分界线为最热月平均气温 15℃,纬度 65°N;亚北(南)极带和北(南)极带的分界线为最热月平均气温 5℃。

二级,即气候地区指标:二级气候地区反映水分状况及其年变化。以水热系数 ITK（ITK = r/0.1∑t,∑t 为>10℃期间积温,r 为>10℃期间的降水总量）作为划分气候地区的主要指标,当 K>1.5 时,须采取防涝措施;K<1.0 时,须采取防旱措施;K<0.5 时,没有灌溉就没有农业。另外,还考虑降水的年变程和盛行天气类型。

三级,即气候省指标:采用寒冷指数（年极端最低气温多年平均值）作为划分气候省的主要指标;同时还考虑积雪状况,采用春季播种期（日平均气温从 5℃升至 15℃时期）的持续日数、干燥度等表示气候大陆性的指标。

（2）П·И·Колосков 的区划

П·И·Колосков 的区划,采用主导指标,共有五级,包括:一级气候带,以正积温为指标;二级气候地带,以湿润指数为指标;三级气候地区,以负积温为指标;四级气候州,以雪深为指标;五级气候区,以风速为指标。各级区划的界限尽可能和一定的自然界限相一致,如气候带和自然植被的分布一致,气候带和土壤分布相一致,气候地区和木本植物的分布相一致。

一级气候带的划分指标见表 3.1-6。

表 3.1-6　气候带的划分指标

| 编号 | 气候带 | 在充分湿润条件下的植被 | 正积温(℃·d) |
| --- | --- | --- | --- |
| Ⅰ | 北极带 | 苔原 | <1000 |
| Ⅱ | 亚北极带 | 针叶林(泰加林) | 1000～2000 |
| Ⅱx | 北半部 | | 1000～1500 |
| Ⅱт | 南半部 | | 1500～2000 |
| Ⅲ | 温带 | 阔叶林和混交林 | 2000～4000 |

续表

| 编号 | 气候带 | 在充分湿润条件下的植被 | 正积温(℃·d) |
|---|---|---|---|
| Ⅲх | 北半部 | | 2000~3000 |
| Ⅲт | 南半部 | | 3000~4000 |
| Ⅳ | 亚热带 | 亚热带林 | 4000~8000 |
| Ⅴ | 热带 | 热带林 | >8000 |

二级气候地带的划分指标见表 3.1-7。

表 3.1-7　气候地带的划分指标

| 符号 | 气候地带 | 地理景观 | 土壤 | 气候指标 | |
|---|---|---|---|---|---|
| | | | | 湿润度 | 4~6月无雨期达50天以上频率(%) |
| А | 干燥 | 荒漠 | 荒漠土 | <2 | >70 |
| Б | 干旱 | 半荒漠 | 褐色土 | 2~4 | 45~70 |
| В | 不很湿润 | 草原 | 栗色土 | 4~8 | 30~45 |
| Г | 中等湿润 | 森林草原 | 黑土 | 8~16 | 10~30 |
| Д | 充分湿润 | 森林 | 灰化土 | 16~32 | <10 |
| Е | 过分湿润 | 沼泽地、苔原 | 沼泽土、冻土 | >32 | 0 |

注:湿润度(湿润指数)$W=H/(E-e)$。$W$ 为湿润指数,即湿润度;$H$ 为年降水量(mm);$E-e$ 为月平均空气饱和差总量(毫米)。

三级气候地区的划分指标见表 3.1-8。

表 3.1-8　气候地区的划分指标

| 符号 | 气候地区 | 木本植被 | 负积温(℃·d) |
|---|---|---|---|
| 1 | 冬季很温和 | | <500 |
| 2 | 冬季温和 | | 500~1000 |
| 3 | 典型俄罗斯冬季 | | 1000~1500 |
| 4 | 冬季比较冷 | | 1500~2000 |
| 5 | 冬季寒冷 | 祝氏落叶松 | 2000~4000 |
| 6 | 冬季严寒 | 西伯利亚落叶松 | 4000~6000 |
| 7 | 冬季酷寒 | 兴安岭落叶松 | >6000 |

四级气候州的划分指标见表 3.1-9。

表 3.1-9　气候州的划分指标

| 符号 | 气候州 | 2月下旬的积雪深度(厘米) |
|---|---|---|
| а | 冬季无积雪 | <5 |
| б | 冬季积雪很少 | 50~10 |
| в | 冬季积雪浅薄 | 10~20 |
| г | 冬季积雪较深 | 20~40 |
| д | 冬季积雪深厚 | 40~60 |
| е | 冬季积雪很深 | >60 |

五级气候区的划分在必要时进行,以冬季或夏季风速>5 米/秒出现的频率为指标。

（3）П·И·Колосков 的《哈萨克农业气候区划》

П·И·Колосков 1947 年发表的《哈萨克农业气候区划》对哈萨克的 10 类 41 种作物进行了气候区划。

首先分析每一种作物生长、发育、产量与气候条件（主要是温度与水分）的关系，确定区划指标（称之为常数）。对一年生作物主要确定温度与水分两个条件；对越冬作物和多年生作物加入越冬条件的指标。

根据所确定的指标，划分出若干个温度地带、水分地带与越冬条件地带。温度指标多采用某一界限温度以上的活动积温，或某一界限温度以上的持续日数，间或也采用月平均气温。水分指标多数采用降水量（生长期的降水量与日平均气温高于 5℃ 时期内的降水量），间或也采用湿润度。越冬条件用 1 月平均气温和积雪深度。

（4）Ф·Ф·Давитая 的《苏联葡萄气候区划》

Ф·Ф·Давитая 的《苏联葡萄气候区划》一书最早发表于 1938 年，1949 年重版，是一本比较详尽研究一种作物区划的专著。

葡萄气候区划所用的主要指标为：

①日平均气温＞10℃ 的起止日期为葡萄开始生长和停止生长的日期；

②35～40℃ 高温（有灌溉时温度稍高），可使葡萄受害；

③年极端最低气温多年平均值−15℃ 以下，不埋藤的葡萄受害；−35℃ 以下，即使埋藤也可能受害；

④春季霜冻 0℃ 可使花蕾受害，−1℃ 可使幼芽受害；秋季霜冻−2℃ 可使叶子受害，−3℃ 可使未成熟的浆果受害，−4℃ 可使已成熟的浆果受害；

⑤不同品种要求不同的积温（＞10℃）：早熟品种＞2500℃·d，中熟品种＞2900℃·d，晚熟品种＞3300℃·d；

⑥在积温充足的条件下，获得中等收成最热月平均气温须在 16～18℃ 以上，好收成须在 17～19℃ 以上。如果最热月气温不能达到上述水平，积温再多也没有用；

⑦无霜期至少需在 150 天以上；

⑧水热系数（5−7 月）0.5 是葡萄旱地栽培的界限。水热系数（$ITK = r/0.1\sum t$，$\sum t$ 为 5−7 月的积温（＞10℃），$r$ 为 5−7 月的降水总量）＜0.5，没有灌溉就不能栽培。水热系数 1.5～2.5（随积温而有不同）是过湿的界限；

⑨因各地光照条件对葡萄生产的影响不大，所以在区划指标中不考虑光照条件。各项具体指标见 3.1-10～11。

表 3.1-10　葡萄和葡萄酒酿造业原料基地的农业气候指标

| 葡萄种类 | ＞10℃积温（℃·d） | 最热月平均气温（℃） | 降水量（毫米） | |
| --- | --- | --- | --- | --- |
| | | | 年平均 | 收获前一个月 |
| 制香槟酒的 | 2500～3600 | 16～24 | 400～1200 | 0～150 |
| 制普通酒的 | 2800～4100 | 18～26 | 400～1200 | 0～170 |
| 制烈性酒和甜酒的 | ＞3600 | 20～28 | 350～800 | ＜200 |
| 便于运输的 | ＞3800 | ＞22 | 500～1000 | 0～100 |
| 制干的 | ＞4000 | ＞25 | 500～700 | 0～20（收获前各一个月） |

表 3.1-11　葡萄热量保证率的等级指标

| 早熟品种 | | 中熟品种 | | 晚熟品种 | |
|---|---|---|---|---|---|
| 10 年内获得好收成年数 | >10℃平均积温（℃·d） | 10 年内获得好收成年数 | >10℃平均积温（℃·d） | 10 年内获得好收成年数 | >10℃平均积温（℃·d） |
| ≤1 | ≤2000 | | | | |
| 5 | 2500 | 5 | 2900 | 5 | 3300 |
| 7 | 2600 | 7 | 3020 | 7 | 3420 |
| 9 | 2770 | 9 | 3170 | 9 | 3570 |

（5）Л·Н·Бабушкин 的《中亚棉花带的农业气候区划》

Л·Н·Бабушкин1960 年出版了《中亚棉花带的农业气候区划》一书,其区划采用二级划分:一级气候州,二级气候区组。所采用的区划指标如下:

①棉花开始裂铃（50％植株）到初霜（最低气温 0℃以下）这个时期愈长,积温愈多,棉花的产量愈高,质量愈好,因此是棉花气候区划的最好指标。就中晚熟品种而言,在中亚境内,这个时期的积温由 0~1500℃·d,因此分为六个地带:0~200℃·d,200~400℃·d,400~700℃·d,700~1000℃·d,1000~1300℃·d 和>1300℃·d。

②秋季（开始裂铃到初霜时期）13 时的平均相对湿度。此时期的相对湿度愈小,愈能加速棉花成熟,提高棉花质量。

③春季播种期的热量状况。在中亚划分为 4 类地区,即 3 月 20 日以前、3 月下旬、4 月上旬和 4 月中旬播种可以保证不迟于 25 日出苗的地区。

④苗期（3—4 月）降水量。中亚计有 7 类地区,即 3—4 月降水量<40、40~70、70~100、100~130、130~160、160~190、>190 mm 的地区。

⑤干热风出现状况。温度 38~40℃,同时相对湿度 10％~15％,大致相当于空气饱和差60 hPa。13 时空气最大饱和差<50 hPa,很少出现干热风;50~60 hPa,可能出现干热风;60~70 hPa,可能出现中等强度的干热风;70~80 hPa,可能出现强烈干热风;80~90 hPa,可能出现很强烈的干热风;>90 hPa,可能出现极强烈的干热风。

（6）С·А·Сапожникова 等的玉米气候区划

С·А·Сапожникова 等 1957 年发表了《苏联玉米的农业气候鉴定》一文,实际上就是前苏联的玉米气候区划。该区划主要考虑了玉米栽培的热量保证条件、湿润条件和水热组合条件。

①玉米栽培的热量条件:首先把前苏联的玉米品种分为七个类型,即最早熟、早熟、中早熟、中熟、中晚熟、晚熟和最晚熟;然后确定每一类品种完成抽穗、乳熟—腊熟与经济成熟三种情况下所需要的>10℃积温（其中又分 50％、70％和 90％三种保证率）;最后根据玉米对热量的需求以及苏联境内>10℃积温分布图,编制了玉米栽培热量保证地带图。

热量保证按>10℃积温分为 7 个地带:①凉爽地带,1000~1400℃·d;②中等凉爽地带,1400~1800℃·d;③中等温暖地带,1800~2200℃·d;④温暖地带,2200~2600℃·d;⑤中等炎热地带,2600~3000℃·d;⑥炎热地带,3000~3400℃·d;⑦很炎热地带,>3400℃·d。

② 玉米栽培的湿润条件。根据玉米主要生长期（6—8 月）水热系数（$ГТК = r/0.1\sum t$,$\sum t$ 为 6—8 月的积温（>10℃）,$r$ 为 6—8 月的降水总量）与产量关系的分析,把前苏联划分

为 7 个湿润地带:①湿润地带,6—8 月水热系数>1.6;②中等湿润地带,水热系数 1.3~1.6;③湿润不足地带,水热系数 1.0~1.3;④中等干旱地带,水热系数 0.7~1.0;⑤干旱地带,水热系数 0.5~0.7;⑥干燥地带,水热系数 0.3~0.5;⑦很干燥地带,水热系数<0.3。

③玉米栽培的水热组合条件。在玉米栽培热量保证条件与湿润保证条件分析的基础上,编制了水热条件的综合分区图。按照水热条件的组合,把前苏联划分为 33 个水热保证的气候型。并按水热条件与产量的关系,把产量分为 10 级,以最有利的气候条件下的产量作为第 10级,编制了玉米籽粒、乳熟—腊熟期秸秆、绿色秸秆产量的水热保证级别分布图。

### 3.1.4　我国主要农作物气候区划指标体系

(1)冬小麦气候区划指标体系

Ⅰ冬小麦分布的气候界限及冬小麦生长发育对气候条件的要求

1)冬小麦分布的温度界限。世界上冬小麦的南界在最冷月平均气温 20℃,在我国冬小麦可以说没有南界的问题,但冬性强的品种在华南不能通过春化阶段,因而延迟或不能抽穗(崔读昌.1987);我国冬小麦存在北界,最冷月平均最低气温 −15℃,极端最低多年平均气温 −22~−24℃为北部界限,大致在辽南、冀北、晋北、陕北、甘肃中部一线,新疆北部由于有较稳定积雪,在极端最低多年平均气温 −26℃的地方还有种植。冬小麦种植区,≥0℃年积温最少为2900℃·d,大多数栽培区在 4500~5800℃·d,青藏高原可少到 1600℃·d,最多的地区达7000℃·d 以上;冬小麦种植区,生育期≥0℃积温最少 1800℃·d,最多 2400℃·d,主要栽培区在 2000~2200℃·d(北京 2200℃·d,武汉 2110℃·d,广州 2190℃·d)。

2)冬小麦分布的干湿界限。在无灌溉条件下,生育期降水量<50 mm 的地区不能种植小麦,<100 mm 的地区不能形成经济产量(即籽粒),<200 mm 的地区种植小麦不经济。冬小麦主要栽培区年降水量 500~1000 mm,生育期降水量 150~500 mm。全年降水量大于 1000mm,小麦生育期降水量大于 500 mm 均影响小麦产量和品质。小麦全生育期在极缺水的气候条件下需水约 500 mm,其中:播种—出苗期要求 3%(15 mm),出苗—分蘖期 6%(30 mm),分蘖—越冬 10%(50 mm),越冬期 7%(35 mm),返青—拔节期 14%(70 mm),拔节—抽穗期30%(150 mm),抽穗—成熟期 30%(150 mm)。

3)冬小麦生长发育对日照的需求。全年日照时数最少为 1000 小时,最多为 3000 小时,主要栽培区 1800~2800 小时。冬小麦生育期日照时数最少为 400 小时,最多为 2500~2800 小时,主要栽培区 800~2000 小时。全国各地的日照条件均能满足,或基本满足冬小麦生长发育的需求。

4)冬小麦各生长期对气候条件的要求:

①播种—出苗期,适宜的温度条件为 16.0~14.0℃,适宜的降水条件为 10 mm。

②出苗—分蘖期,适宜的温度条件为 14.0~11.5℃,适宜的降水条件为 20 mm。

③分蘖—拔节期,适宜的温度条件 6.0~12.5℃,适宜的降水条件为 80 mm。

④拔节—抽穗期,适宜的温度条件 12.5~14.5℃,适宜的降水条件为 100 mm。

⑤抽穗—成熟期,适宜的温度条件 14.5~20.0℃,适宜的降水条件为 100 mm。

5)小麦不同茬口对气候的要求。我国黄河流域是麦—夏玉米为主,还有麦—棉、麦—稻等两熟制;江淮之间以麦—稻为主,还有麦—棉;长江以南是麦—稻、麦—稻—稻;华南是麦—稻—稻。小麦要求的≥0℃积温为 1800~2300℃·d,夏玉米为 2000~2600℃·d,水稻为

1900~2800℃·d,棉花为3500~4200℃·d。麦—夏玉米要求4000~4900℃·d,麦—稻为4000~5000℃·d,麦—棉为5500~6200℃·d,麦—稻—稻为5900~7300℃·d。

Ⅱ 我国冬小麦冬、春性类型及气候生态条件

我国冬小麦按冬、春性分为四类:

①强冬性品种:春化温度(日平均气温,下同)0~3℃,春化期>45 d。即适宜区日平均气温0~3℃日数大于45 d。

②冬性品种:春化温度0~7℃,春化期30~45 d。即适宜区日平均气温0~7℃日数30~45 d。

③弱冬性品种:春化温度0~7℃,春化期15~30 d。即适宜区日平均气温0~7℃日数15~30 d。

④春性品种:春化温度0~12℃,春化期<15 d。即适宜区日平均气温0~12℃日数小于15 d。

我国的黄河流域、西北地区和淮河以北地区,均属于强冬性气候区,即我国冬小麦主产区多属于强冬性气候区;江淮之间为冬性气候区;长江以南为弱冬性气候区;华南和云南大部、贵州南部、四川盆地为春性气候区。

Ⅲ 确定我国冬小麦气候区划指标所考虑的主要要素

1)整体影响要素的考虑。在进行冬小麦气候区划时,为减少工作量,可首先确定少量的整体影响要素作为大区域区划的气候指标。

根据相关研究结果,确定如下要素:一是生育期最低气温;二是全生育期的降水量;三是全年正积温;四是全生育期日照时数和太阳辐射量。

2)各关键期影响要素的考虑。在进行冬小麦气候区划时,除了考虑整体影响要素外,还须考虑各关键期的影响要素。

根据相关研究结果,在进行冬小麦气候区划时,应重点考虑六个阶段:一是播种—出苗期;二是出苗—分蘖期;三是越冬期;四是分蘖—拔节期;五是拔节—抽穗期;六是抽穗—成熟期。

3)否决性要素的考虑。在我国冬小麦生长发育过程中,有一些关键性制约要素。一个地区的气候指标,只要达不达基本要求,就可以确定为冬小麦不适宜气候区。

根据相关研究结果,作为越冬作物的冬小麦,能否安全越冬是关键;另外,在无灌溉的地区,降水量也是冬小麦能否正常生长发育的关键要素;在西部高海拔地区,7月份平均气温往往成为限制小麦正常生长发育的重要条件。所以将越冬期温度条件、生育期降水量和7月份平均气温作为否决要素。

Ⅳ 我国冬小麦气候区划指标

1)否决性指标

根据过去的研究结果,在我国可将最冷月平均最低气温−15℃和极端最低多年平均气温−22~−24℃(新疆北部由于有较稳定积雪,极端最低多年平均气温可选定−26℃)作为冬小麦的温度界限,低于该条件的地区全部作为冬小麦不适宜气候区。另外,≥0℃年积温<2900℃·d,冬小麦难以成熟;在西部高海拔地区,7月份平均气温<12℃的地区冬小麦难以正常生长发育。所以将≥0℃年积温低于2900℃·d、7月份平均气温<12℃的地区作为冬小麦不适宜气候区。

在无灌溉条件下,生长期降水量<50 mm的地区不能种植小麦,<100 mm的地区不能形

成经济产量(即不能形成籽粒),<200 mm 的地区种植小麦不经济。但考虑到一些降水量<200 mm 的地区可以通过灌溉发展小麦,所以在此不将降水量作为否决性指标。

结合上面的分析,我国冬小麦气候适宜区的否决指标定为:1 月平均最低气温−15℃、极端最低多年平均气温−22～−24℃(新疆北部由于有较稳定积雪,极端最低多年平均气温可选定−26℃)、7 月平均气温 12℃(在青藏高原地区起作用)、≥0℃年积温 2900℃·d。只要其中的一项低于该指标,即为冬小麦不适宜气候区。

2)整体性指标

① 生育期最低气温。该指标反映冬小麦的越冬条件。对于强冬性小麦而言,极端最低气温>−22 为适宜区,−22～−24℃为次适宜区,<−24℃(有较稳定积雪的地区可以到−26℃)为不适宜区。

② 全生育期的降水量。对于灌溉小麦而言,全生育期降水量 150～350 mm 为适宜,<150 mm 和>350 mm 为次适宜区。对于非灌溉小麦而言,全生育期降水量 400～500 mm(青藏高原南部 300～400 mm)为适宜区,200～400 mm 和 500～600 mm 为次适宜区,<200 mm 和>600 mm 为不适宜区。

③ 全年正积温。冬小麦要求的≥0℃积温,冬小麦一熟≥2900℃·d(青藏高原≥2500℃),麦—夏玉米二熟 4000～4900℃·d,麦—稻二熟 4000～5000℃·d,麦—棉二熟 5500～6200℃·d,麦—稻—稻三熟 5900～7300℃·d。

④ 全生育期日照时数和太阳辐射量。冬小麦生育期日平均日照时数>4 h,太阳辐射量>40 千卡/cm²[①] 为适宜区;冬小麦生育期日平均日照时数<4 h,太阳辐射量<40 千卡/cm²为次适宜区。

3)各关键期指标

① 播种—出苗期:适宜的温度条件为 16.0～14.0℃;适宜的降水条件为 10 mm。

② 出苗—分蘖期:适宜的温度条件为 14.0～11.5℃;适宜的降水条件为 20 mm。

③ 越冬期:适宜的温度条件为极端最低温度≥−24.0℃,−15.0℃可能出现冻害,在最冷月平均气温>20.0℃的地区不易通过春化阶段;适宜的降水条件为 10～30 mm。

④ 分蘖—拔节期:适宜的温度条件 6.0～12.5℃;适宜的降水条件为 80 mm。

⑤ 拔节—抽穗期:适宜的温度条件 12.5～14.5℃;适宜的降水条件为 100 mm。

⑥ 抽穗—成熟期:适宜的温度条件 14.5～20.0℃;适宜的降水条件为 100 mm。

(2)玉米气候区划指标体系

Ⅰ 玉米生长发育对气候条件的要求及不同区域的玉米可生育期

1)玉米生长发育对气候条件的要求

玉米是喜温作物,生长发育及灌浆成熟需要在温暖的条件下完成。玉米种子在 10～12℃时即可萌发,高于 14℃即能出苗。温度 10～12℃时,播种后 8～20 d 出苗;温度 20℃以上时仅需 5～6 d。春玉米逢 0.5～5℃低温,夏玉米在苗期遇>40℃高温时,都对生长产生抑制作用,严重时可致死幼苗(朱英华.2003)。在 8 叶期前后,遇<17℃低温,雄雌穗小花分化停滞。在授粉阶段气温>35℃时,可使花粉失去生命力,影响授粉。在籽粒灌浆阶段温度>25℃或18℃均不利于籽粒灌浆;夜间高温可使玉米生育期缩短,导致减产,夜温每增加 1℃,玉米可减

---

① 1 千卡=4.184×10³J

产 3.6%。在华北、西北和东北地区的北部,灌浆期间的平均温度多在 18℃ 以下,由于低温的影响,产量不稳;在长江沿岸及江南则相反,玉米(春)灌浆期间温度偏高,多数年份灌浆期间平均气温在 28℃ 以上,最高可达 30℃,且夜间温度较高,因此产量不高(王成业 等,2010)。

玉米植株高大,一般全生育期耗水折合降水量为 400~500 mm,生长期内月降水量 100 mm 最为适宜。玉米在幼苗期需水较少,比较耐旱;拔节以后,随着植株的迅速增长,需水量逐步增多。拔节至灌浆期的需水量占全生育期总需水量的 43%~53%。抽雄前后一个月左右是玉米一生中需水最多的时期,其次是籽粒灌浆初期,这两个时期缺水对产量影响较大。

2)玉米的生育期

关于玉米的生育期有两种说法,一种是从玉米播种到成熟的天数,一种是从出苗到成熟的天数。目前多以出苗到成熟的天数作为玉米的生育期。

玉米生育期长短与品种、播期和温度等因素有关。一般叶数多、播期早、温度低的生育期长,反之则短。春播 70~100 d、夏播 70~85 d 的为早熟型;春播为 120 d 以上、夏播为 96 d 以上的为晚熟型;介于两者之间的为中熟型品种。

在我国,从北方到南方,温度升高,玉米生育期逐步缩短。如同为农大 364 品种,同为夏季播种,在北京的生育期为 108 d,而在南京的生育期为 89 d,相差 19 d(闫洪奎等,2009)。

在同一个地区,不同品种,其生育期存在一定差异。如据甘肃凉州区的试验结果,同一播种期(春播),金玉 1 号的生育期为 128 d(测试品种中生育期最短),而祁连 98 的生育期为 152 d(测试品种中生育期最长),最短生育期品种与最长生育期品种之间的生育期相差 24 d(王廷宽,张晓梅.2007)。

在同一个区域,随着海拔高度的升高,气温逐步降低,同一个品种的生育期相应延长。如同为中单 2 号品种,在甘肃省海拔高度分别为 1280 m、1706 m、2000 m 和 2231 m 处,其生育期分别为 133 d、138 d、153 d 和 162 d;而在云南省海拔高度分别为 1435 m、1860 m 和 2186 m 处,其生育期分别为 85 d、90 d 和 118 d(陈学君等.2009)。

在同一个区域,播期不同,玉米的生育期差异很大。如在华南热带地区,春玉米平均生育期为 114 d,秋玉米生育期为 98 d(时成俏,王兵伟,覃永媛,等.2009)。

3)各地的玉米可生育期

玉米的可生育期是指一个地区可以满足玉米正常生长发育的天数。玉米种子在 10~12℃ 时即可萌发,高于 14℃ 即能出苗。生长后期日平均气温 <16℃,籽粒灌浆基本停止。因此把春季日平均气温 ≥14℃ 到秋季日平均气温 ≥16℃ 之间的天数作为一个地区的玉米实际可生育期,简称玉米可生育期(宗英飞,2013)。

从全国各地玉米可生育日数分布情况看,由南向北递减,广东南部、海南岛及广西南部,可生育日数在 300 d 以上,一年四季皆可种植,有春玉米、夏玉米,也有秋玉米和冬玉米;长江以南可生育日数在 200 d 以上,有春玉米、夏玉米也有秋玉米;云贵高原可生育日数有 200 d 左右,以春玉米为主;黄淮海平原、关中盆地和汉中平原,可生育日数在 150~190 d 之间,以麦收后复播夏玉米为主;新疆天山以南可生育日数 150 d 以下,只能种春玉米;黄土高原、河套地区、河西走廊及北纬 40 度以北的大部分地区,可生育日数在 140 d 以下,只能种春玉米。黑龙江省北纬 50 度以北、新疆阿勒泰北部及青藏高原等地,温度低,可生育日数少,不能种玉米。

Ⅱ 确定我国玉米气候区划指标所考虑的主要因素

1)玉米可生育期:一个地区的玉米可生育期是由该地区春季日平均气温 ≥14℃ 到秋季日

平均气温≥16℃之间的天数所决定的。只有当一个地区的玉米可生育期大于玉米的生育期，才有可能种植玉米。

2)全生育期关键性气候条件:一是全生育期降水量;二是全生育期的光照条件。

3)关键生育期气候条件:一般将玉米从出苗到成熟分为苗期、拔节、开花授粉、籽粒灌浆四个阶段。苗期的关键气象要素是平均气温;拔节阶段的关键气象要素是降水量;开花授粉阶段的关键气象要素是昼夜温差、平均气温和降水;籽粒灌浆阶段的关键气象要素是平均气温、光照和降水。

Ⅲ 我国玉米气候适宜性区划指标(表 3.1-12)

表 3.1-12　玉米气候区划指标

| 代号 | 分区名称 | 生育期长短 | 玉米生长季降水量(mm) | 气候潜力(kg/666.7m²) | 种植制度 |
|---|---|---|---|---|---|
| Ⅰ | 气候最适宜种植区 | | | | |
| Ⅰ₁ | 松辽平原非灌溉气候最适宜种植区 | $Dp \geq Dr$ | ≥350 | ≥500 | 春玉米 |
| Ⅰ₂ | 黄土高原灌溉气候最适宜种植区 | $Dp \geq Dr$ | ≥200 | ≥500 | 春玉米 |
| Ⅰ₃ | 西北内陆灌溉气候最适宜种植区 | $Dp \geq Dr$ | ＜200 | ≥500 | 春玉米 |
| Ⅱ | 气候适宜种植区 | | | | |
| Ⅱ₁ | 东北气候适宜种植区 | $Dp \geq Dr$ | ＞300 | 400—500 | 春玉米 |
| Ⅱ₂ | 黄淮海平原气候适宜种植区 | $Dp \geq Dr$ | ＞400 | 400—500 | 夏玉米 |
| Ⅱ₃ | 西南气候适宜种植区 | $Dp \geq Dr$ | ＞600 | 400—500 | 春玉米 |
| Ⅲ | 气候次适宜种植区 | | | | |
| Ⅲ₁ | 华南气候次适宜种植区 | $Dp \geq Dr$ | ＞800 | ＜400 | 早春玉米 |
| Ⅲ₂ | 北部气候次适宜种植区 | $Dp \geq Dr-15$ | ＜200 | ＜400 | 春玉米 |
| Ⅳ | 气候不适宜种植区 | $Dp < Dr-15$ | | | 不宜种植玉米 |

注:(1)$Dr$ 为各地玉米(中晚熟品种)生育期,即玉米从出苗到成熟需要的天数;$Dp$ 为当地实际可能生育期,即春天≥14℃至秋天≥16℃的天数。$VDp > Dr$ 表示该地可种中晚熟品种;$Dr > Dp > Dr-15$ 表示该地不能种植中晚熟品种,但可以种早熟品种。(2)气候产量是各地光、温、水综合作用的结果。(3)资料来源:董人伦、李永春、王寿元的"玉米"一文。

1)否决性指标。一个地区的气候条件能否满足玉米完成整个生育期的要求,是能否种植玉米的关键。所以,将生育期作为玉米气候区划的否决性指标。

① $Dp \geq Dr-15$ 是可以种植早熟品种的基本条件。如果 $Dp < Dr-15$,则为玉米不适宜种植区。

② $Dp \geq Dr$ 是可以种植中晚熟品种的基本条件。如果 $Dr > Dp \geq Dr-15$,则不宜种植中晚熟品种,但可以种植早熟品种。所以将 $Dr > Dp \geq Dr-15$ 的地区作为玉米次适宜区。

2)水分指标。在满足生育期要求的情况下,玉米生育期的降水量便成为一个主要指标。降水量少了,在没有灌溉的情况下,玉米无法正常生长发育;降水量多了,则不利于玉米优质高产。

① 玉米生长季的降水量达到 $300 \sim 400$ mm(东北 300 mm,黄淮海及其以南地区 400 mm),即适宜旱作玉米的种植。

② 玉米生长季的降水量大于 800 mm,不利于玉米的生长发育,一般作为次适宜区。

③ 在有灌溉的条件下,干旱缺水不作为限制性指标。因为,在有灌溉的条件下,较少的降水量,有利于玉米优质高产。

3)气候潜力指标。气候潜力是一个地区光、温、水综合作用的结果,所以一个地区气候潜力的高低反映了该地区光、温、水组合条件的优劣。可将亩产低于 400 kg 的区域作为次适宜区,亩产高于 400 kg 的区域为玉米适宜区。

Ⅳ 山西省玉米气候区划指标

在考虑一个较小区域的玉米气候区划时,可以根据当地气候与玉米生产特点,对玉米气候区划指标进行简化。以山西省的玉米气候区划指标为例。

山西省地处黄土高原,玉米是最重要的农作物之一。由于境内南北狭长,地跨六个纬度,跨北方春播玉米和黄淮海夏播玉米区两个玉米区。作为一个省级区,其所涉及范围小,分区指标与全国分区指标不同。根据山西省的调查与观测结果(杨志跃,2005),其玉米气候区划指标见表 3.1-13。

表 3.1-13　山西玉米气候区划指标

| 分区名称 | 年平均气温(℃) | ≥10℃年积温(℃·d) | 无霜期(天) |
| --- | --- | --- | --- |
| 春播特早熟区 | ≤6 | <2700 | <120 |
| 春播早熟区 | 6~7 | 2700~3000 | 120~135 |
| 春播中早熟区 | 7~8 | 3000~3300 | 136~149 |
| 春播中晚熟 | 8~9 | 3300~3500 | >150 |
| 夏播早熟区 | 10~12 | 3800~4000 | 160~180 |
| 麦收后剩余 | | 2600~2800 | 90~95 |
| 夏播中熟区 | >12 | 4000~4500 | 180~200 |
| 麦收后剩余 | | >2800 | >95 |

资料来源:杨志跃,山西玉米种植区划研究,山西农业大学学报,2005,25(3):224

(3) 水稻气候区划指标体系

Ⅰ 水稻生长发育对气候条件的要求及水稻生育期

1)对热量的要求。热量是水稻生产最基本的气象因子,它对水稻的生长发育和产量形成起着决定的作用。根据试验与我国高寒稻区多年生产实践证明,10℃是粳稻生长的下限温度,现有粳稻早熟品种生育期要求日平均气温 10℃以上的最少天数≥110 d,同时,多年试验研究结果表明,耐寒性较强的粳稻,抽穗扬花要求日平均气温稳定在 20℃以上,自幼穗分化至抽穗扬花期所要求的高温期应不少于 30 d。但我国西南的云贵高原夏季高温不足,水稻常在 20℃以下,18℃以上仍能抽穗扬花,如云南的丽江,海拔在 2300 m 以上,夏季最热三旬平均气温仅有 18~19℃,那里仍能种植水稻(高亮之等,1987)。

2)对水分的要求。在我国热量条件满足水稻生长发育的区域内,基本上是“以水定稻”,凡有充足水源的地方均可种植水稻。水稻生育期的需水量因地区而异,因种植季节而异。北方单季稻全生育期(5—9 月)需水量,东北稻区约 600 mm,华北平原约 600~700 mm,西北灌溉地区约 700 mm;南方单季中稻全生育期(5—9 月)需水量,长江中、下游地区和江南地区约 600~650 mm,西南地区 500 mm,川西平原约 400 mm;南方双季稻早稻全生育期(5—7 月或

4—6 月)需水量一般为 300～400 mm,双季稻晚稻全生育期(8—10 月)需水量 300～400 mm；南方单季晚稻全生育期(6—10 月)需水量为 600～650 mm(李世奎等,1988)。

3)水稻标准生育期。水稻标准生育期是指标准条件下,水稻从播种至齐穗的天数。根据国内外试验研究,中纬度(即 30°N)水稻生长发育的最适宜温度为 25℃左右,加之该纬度区水稻生育期间平均气温为 25℃左右,粳稻的安全播种期在 4 月 1 日前后。因此,选取北纬 30°N 稻区,水稻生育期的平均温度 25℃,4 月 1 日播种所具有的生育长度为标准生育期。

4)水稻的模式生长期。模式生长期是指水稻从播种到成熟的理论天数。

模式生长期＝N＋40。

N 为水稻播种至齐穗天数；40 为水稻安全灌浆期天数。不同水稻品种 N 值的计算模式有所不同。

对感光性弱的品种,采用如下模式：

$$N = N' + b1\Delta T + b2(\Delta T)^2 + b3\Delta\varphi$$

对感光中等的品种,利用：

$$N = N' + b1\Delta T + b2\Delta\varphi + b3\Delta D \qquad 或$$
$$N = N' + b1\Delta T + b2(\Delta T)2 + b3\Delta\varphi + b4\Delta D$$

对感光性强的品种,可用：

$$N = N' + b1\Delta T + b2(\Delta T)2 + b3\Delta\varphi + b4\Delta D + b5\Delta\varphi \cdot b4\Delta D$$

上述方程中 N 为播种至齐穗天数；N' 为标准生育期天数(播种至齐穗天数)；bj(j=1,2,…5)为系数；$\Delta T$ 为水稻种植区水稻生育期间平均气温与标准温度(25℃)之差值；$\Delta\varphi$ 为水稻种植区纬度与标准区纬度(30°N)之差值；$\Delta D$ 为水稻播种期与标准播种期(4 月 1 日)之差值。

表 3.1-14 为以杂交籼稻汕优 2 号为例所计算的不同区域的水稻模式生长期。采用的计算模式为：

$$N = N' + b1\Delta T + b2(\Delta T)2 + b3\Delta\varphi + b4\Delta D$$
$$N = 101.56 - 3.52\Delta T + 0.16(\Delta T)2 + 3.28\Delta\varphi + 0.16\Delta D$$

模式生长期 $= N + 40$

杂交籼稻汕优 2 号的标准生育期天数 N'＝101.56。

**表 3.1-14 不同品种类型模式生长期(以杂交籼稻汕优 2 号为例)**

| 地点 | 纬度(°N) | 纬度差(°) | 播期(月/日) | 播期差(△D) | 温度*(℃) | 温差(△T) | 模式生长期(d) |
|------|---------|----------|------------|-----------|---------|---------|-------------|
| 郑州 | 34.7 | +4.7 | 4/17 | −16 | 23.9 | −1.1 | 159 |
| 徐州 | 34.3 | +4.3 | 4/18 | −17 | 23.3 | −1.7 | 160 |
| 成都 | 30.7 | +0.7 | 5/1 | −30 | 23.8 | −1.2 | 143 |
| 南京 | 32.0 | +2.0 | 5/11 | −40 | 25.1 | +0.1 | 141 |

注：* 温度是指水稻播种至齐穗的 80% 的平均气温,该时段的求算用迭代法把当地气象资料代入方程若干次求得预定值与计算值相接近的时段。数据来源:高亮之、李林,郭鹏等.水稻——中国农林作物气候区划[M].北京:气象出版社,1987:36-55。

5)水稻不同熟制模式生长期

双季稻:早稻播种至成熟的模式天数＋后季稻播种至成熟天数－后季稻秧龄＋双抢农耗天数。

稻麦(油)二熟:复种条件下水稻播种至成熟的模式天数。

麦(油)稻稻:复种条件下早稻播种至成熟的模式天数-早稻秧龄+夏收夏种农耕 10 d+后季稻播种至成熟的模式天数-后季稻秧龄+双抢农耗 10 d。

6)复种水稻生长季与稻作制度气候保证率。为了反映水稻熟制,还要考虑到前作所占用的天数,并进一步计算"复种水稻生长季"与稻作制度的气候保证率。

所谓水稻复种生长季,是指在麦茬或油菜茬的复种条件下,水稻适宜播期(称为复种水稻播期,可按当地小麦、油菜成熟期与水稻适宜秧龄求算),到复种条件下水稻适宜成熟期(称为复种水稻成熟期)之间的总天数。

水稻不同熟制需要一定的水稻生长季。这个生长季除模式生长期外,还要加上籼—粳订正天数(一般粳稻比籼稻安全播期与成熟期约迟 10 d),前作所占用的非共生天数和农耗天数即水稻各品种类型与各稻作制度相应的水稻(粳)生长季(表 3.1-15)。

表 3.1-15　全国水稻各品种类型与各稻作制度的相应生长季(粳)

| 稻作制度 | 品种类型 | 模式生长期(d) | 籼—粳订正天数(d) | 前作占用天数(d) | 农耗天数 | 稻作制度的相应生长季(d) |
|---|---|---|---|---|---|---|
| 一季早稻 | 特早熟早稻 | 110~120 | | | | 110~120 |
| | 早熟早粳 | 120~130 | | | | 120~130 |
| | 中熟早粳 | 130~140 | | | | 130~140 |
| | 晚熟早粳 | 140~160 | | | | 140~160 |
| 一季中粳或二年三熟 | 早熟中粳 | 160~170 | | | 0~10 | 160~180 |
| | 中晚熟中粳 | 170~180 | | | 0~10 | 180~190 |
| | 杂交籼稻 | 160~170 | 20 | | 0~10 | >190 |
| 麦稻二熟 | 小麦+中粳 | 140~150 | | 30 | 10 | 180~190 |
| | 小麦+杂交籼稻 | 140~150 | 10 | 30 | 10 | >190 |
| 双季稻 | 早双季(早籼+中粳) | 190~200 | 10 | | 10 | 210~220 |
| | 中双季(早籼+杂交籼粳) | 190~210 | 20 | | 10 | 220~240 |
| | 晚双季(杂交籼稻+晚籼) | >220 | 20 | | 10 | >250 |
| 三熟制 | 早三熟:早大麦油菜+早籼+中粳 | 190 左右 | | 20 | 10 | 220~230 |
| | 中三熟:小麦+早籼+杂交籼稻 | 190~210 | 10 | 20 | 10 | 230~260 |
| | 晚三熟:小麦+早籼+晚籼 | >220 | 10 | 20 | 10 | >260 |

资料来源:高亮之,李林,郭鹏,等.水稻—中国农林作物气候区划[M].北京:气象出版社,1987:36-55。

Ⅱ 确定我国水稻气候区划指标所考虑的主要因素

1)热量条件。正如前面所述,热量条件对水稻的生长发育和产量形成起着决定的作用,所以热量条件是水稻气候区划所要考虑的首要因素。

2)水分条件。水稻是一种高耗水作物,在热量条件满足的情况下,只要有水就可以种植水稻。这包括有充足的降水,或有充足的灌溉水源。

3)季节与熟制。一是要对早稻、中稻和晚稻分开考虑;二是要对一季稻、麦(油)-稻、稻-稻等分开考虑。

Ⅲ 我国水稻气候区划指标

1)热量指标

① 日平均气温稳定通过 10℃的天数≥110 d;

② 日平均气温稳定通过 18℃的天数≥30 d。

2）水分指标。采用水稻生长季的稻田干燥度（$E/r$）来反映。

干燥度（$E/r$）$=KR_0/Lr$。$E$ 为水稻生长季的稻田蒸散量；$r$ 为水稻生长季的降水量；$K$ 为系数，在北方取 $K=1.1$，在南方取 $K=1$；$L$ 为蒸发潜热，其值取 600 卡 */g；$R_0$ 是水稻生长季的辐射平衡，$R_0=Q(1-\alpha)-I$；$Q$ 为总辐射，采用日射台站的实测值；$\alpha$ 为水面反射率，取 0.06；$I$ 为有效辐射，$I=I_0(1-Gn^2)$。$G$ 为系数，随纬度的变化而取值不同；$n$ 为平均云量；$I_0$ 为碧空条件下的有效辐射，按 $M\cdot E$ 别尔梁德给出的查算图，用 $T$（空气温度）和 $e$（空气绝对湿度）查算得出。

当生长季稻田干燥度 $E/r\leq1.0$ 时，划为湿润带；$2.0\geq E/r>1.0$ 划为半湿润带；$E/r>2.0$ 为干燥带。按此指标分析，长江中下游以南和云南高原以东地区为湿润带，年降雨量一般在 1000 mm 以上，基本满足水稻生长对水分的要求；松辽平原、黄淮海平原的大部为半湿润带，年雨量一般在 500～800 mm，水稻生产在很大程度上受水分条件所制约；东北和华北的西部，陕甘宁的大部以及新疆、内蒙古为干燥带，年降雨量在 400 mm 以下，水稻种植完全受水分条件的限制，稻田只散布灌溉条件好的地方（高亮之等，1987）。

3）稻作制度的气候保证率指标。稻作制度的气候保证率用 $RCP$ 表示。

$RCP=$ 当地水稻生长季或复种水稻生长季/该稻作制度的模式生长期$\times100\%$。当 $RCP\geq100\%$，为该熟制的适宜种植区（可以此种植制度为主），$100\%>RCP\geq90\%$ 为部分种植区（在此区域内，采用相应的栽培措施，可以部分种植）。$RCP<90\%$ 为不宜种植区。

**表 3.1-16　全国水稻气候区划指标**

| 区域 | 热量条件 | 水分条件 | 水稻生长季 | 稻作制度的气候保证率 |
| --- | --- | --- | --- | --- |
| 东北半湿润一熟<br>单季早粳带 | ≥10℃天数≥110 d<br>≥18℃天数≥30 d | $1.0<E/r\leq2.0$ | <160 d<br>>120 d | 早熟中粳的 $RCP<1.0$ |
| 西北干旱一熟<br>单季早粳中粳带 | ≥10℃天数≥110 d<br>≥18℃天数≥30 d | $E/r>2.0$ | 120～180 d | 中熟中粳的 $RCP<1.0$ |
| 华北半湿润一熟<br>二熟单季中稻带 | ≥10℃天数≥110 d<br>≥18℃天数≥30 d | $1.0<E/r\leq2.0$ | 160～200 d | 小麦＋杂交稻的 $RCP<1.0$ |
| 西南湿润二熟<br>三熟单双季稻带 | ≥10℃天数≥110 d<br>≥18℃天数≥30 d | $E/r\leq1.0$ | 170～240 d | 早三熟的 $RCP<1.0$ |
| 华中湿润二熟<br>三熟单双季稻带 | ≥10℃天数≥110 d<br>≥18℃天数≥30 d | $E/r\leq1.0$ | 210～260 d | 晚三熟的 $RCP<1.0$ |
| 华南湿润二熟<br>三熟双季稻带 | ≥10℃天数≥110 d<br>≥18℃天数≥30 d | $E/r\leq1.0$ | 260～365 d | 晚三熟的 $RCP<1.0$ |
| 水稻不能种植带 | ≥10℃天数<110 d<br>≥18℃天数<30 d | | | |

数据来源：高亮之、李林、郭鹏，等.水稻——中国农林作物气候区划［M］.北京：气象出版社，1987：36-55。

---

\* 1 卡＝4.186J

（4）棉花气候区划指标体系

Ⅰ　棉花生长发育对气候条件的要求

1）对热量条件的要求。温度是影响棉花生长发育进程的一个基本因素。棉花播种-出苗期的极限温度一般为 5 cm 处地温 14～15℃，最适宜温度 20～30℃；棉花开始现蕾最低要求日平均气温 19～20℃，最适温度 25～30℃；棉花现蕾至开花期的适宜气温 25～30℃；当夏季连续最高三旬平均气温达不到 23℃时，棉花不能正常开花结铃；出现地面温度＜0℃的霜冻，棉花叶片开始冻死，部分棉桃受害，严重时棉株死亡（中国农业科学院棉花研究所，1983；刘洪顺，1987）。

根据实验结果，温度对棉花生长发育的影响非常大。以棉花种子发芽为例，温度在 20～30℃时，2 d 即可开始发芽；而 12℃时，11 d 才开始发芽。

由于各地热量条件不同，其棉花生长发育所经历的时间存在明显差异。如棉花出苗至现蕾期，在辽宁、河西走廊等地在 40 d 以下，黄河流域到长江流域之间为 40～50 d，长江流域以南超过 50 d；棉花开花到棉铃开始吐絮期，北方棉区经历 60 d 左右，淮河流域和长江中下游为 50 d，长江以南在 45 d 以下。

2）对水分条件的要求。棉花是直根系作物，主根入土深，因而抗旱能力较强；但因棉花生长期长，枝多叶大，总的耗水量较多。在苗期，需水较少，每昼夜消耗的水量约 7.5～22.5 m³/hm²，有相当强的抗旱能力。蕾期和花铃期，需水量则迅速增加，棉田田间持水量低于 60% 以下，棉株开始出现早衰，需要灌溉补水。棉花吐絮开始后，需水量较少。苗期雨水过多，易造成病苗、死苗或者苗弱迟发；现蕾以后，连续阴雨，光照不足，造成棉株徒长；棉花吐絮开始后，雨水过多，会导致棉花质量下降。棉花整个生育期的需水量存在明显的区域差异，在黄淮海地区需水量一般为 450～600 mm，在甘肃河西走廊一般为 650～700 mm（刘明春等，2002）。

3）对光照条件的要求。光照对棉花生长发育的每一个阶段都有重要作用，幼苗出土后，没有光照，黄色叶子就不能形成叶绿色。光照阶段，每天需要 8～12 h 的日照，经过 18～33 d 完成光照阶段。在现蕾期棉叶迅速增多，光合作用增强，达到整个生育期的高峰，需要有强的光照。棉花生长后期叶片衰老，光合作用虽减弱，但收花时仍要天气晴朗，光照充足，才能保证纤维的成熟。

4）棉花生长期。春季 5 cm 处地温稳定通过 14℃日期到秋季早霜到来日（地面温度低于 0℃的霜冻出现日期）之间的天数，作为我国各地棉花生长期的长短。我国特早熟棉区的辽河流域、冀北、晋中、河西走廊、新疆准噶尔盆地附近，棉花生长天数在 150～160 d 之间，黄河中、下游以及南疆在 190～210 d，四川盆地在 260 d 以上，长江中、下游 220～250 d，到了南岭以南、云南南部棉花几乎能全年生长。

Ⅱ　我国棉花气候区划指标

1）棉花不可能种植气候带指标。符合下面三个条件之一的地区为棉花不适宜种植区：

① 5 cm 日平均地温通过 14℃日期到秋季初霜出现日期之间天数＜150 d（在地膜覆盖的情况下，可以扣除 10～20 d，即限制指标可调为＜130～140 d）；

② 气温大于 10℃的积温＜3300℃·d；

③ 全年连续最高 3 旬平均气温＜23℃。

2）东部季风棉花气候带分区指标。棉花在光照、水分都满足时，只有温度降低时生长过程才受到抑制，如后期遇到低温，则铃重减轻，纤维品质差，温度＜20℃时，纤维素的淀积停止。

在此,从现蕾至气温 20℃终日时期的长短与棉花产量密切相关,其天数越长,温度高,蕾铃多,产量也越高,但棉花这一时期阴雨日数越多,蕾铃脱落也越多,产量往往又与阴雨日数成反比,所以,采用各地区棉花现蕾至气温 20℃终日日数长短作为分区指标,并以各地区阴雨日数对棉花生长产生影响来进行修正。

东部季风棉花气候带棉花气候分区指标 $R$:$R=m\times c/n$

式中 $m$ 为棉花现蕾至日均气温 20℃终日的日数;$n$ 为棉花现蕾至日平均气温 20℃终日内的阴雨日数;$c$ 为常数$=16.2$。

① $R>100$,且苗期降水$<350$ mm 为棉花最适宜气候区;

② $85<R\leqslant100$,且苗期降水$<400$ mm 为棉花适宜气候区;

③ $70\leqslant R\leqslant85$ 为棉花次适宜气候区;

④ $R<70$ 为棉花不适宜气候区。

3)西北干旱棉花气候带分区指标。

我国新疆和甘肃河西走廊棉区,降水稀少,年雨量最多地区也只有 200 mm,南疆于田、皮山一带只有 45～50 mm,吐鲁番盆地全年降水量更少,不足 20 mm。甘肃省敦煌、安西(瓜州)大致在 50 mm 左右,东部民勤略多,在 110 mm 左右。这里光照充足,阴雨天很少,昼夜温差大,对棉花生长很有利,所以,在西北干旱地区,棉花分区指标可以不考虑阴雨日数($n$),只考虑棉花现蕾至日均气温 20℃终日的日数($m$)即可。在有灌溉条件的情况下,其分区指标:

① $m>100$ 为棉花生长最适宜气候区;

② $70\leqslant m\leqslant100$ 为棉花生长适宜气候区;

③ $m<70$ 为棉花不适宜气候区。

表 3.1-17　中国棉花各气候区指标

| 区域 | 气候区 | 棉花可能生长期(d) | ≥10℃年积温(℃·d) | 连续最高 3 旬平均气温(℃) | 现蕾至日均气温20℃终日日数(d) | 苗期降水量(mm) | R 值 |
|---|---|---|---|---|---|---|---|
| 东部季风气候区 | 最适宜区 | ≥200 | ≥3300 | ≥23 | | <350 | $R>100$ |
| | 适宜区 | ≥150 | ≥3300 | ≥23 | | ≤400 | $85<R\leqslant100$ |
| | 次适宜区 | ≥150 | ≥3300 | ≥23 | | >400 | $70\leqslant R\leqslant85$ |
| | 不适宜区 | ≥150 | ≥3300 | ≥23 | | >400 | $R<70$ |
| 西北干旱气候区 | 最适宜区 | ≥200 | ≥3300 | ≥23 | $m>100$ | | |
| | 适宜区 | ≥180 | ≥3300 | ≥23 | $70\leqslant m\leqslant100$ | | |
| | 次适宜区 | ≥150 | ≥3300 | ≥23 | | | |
| | 不适宜区 | ≥150 | ≥3300 | ≥23 | $m<70$ | | |
| 不能种植棉花区 | | <150 | <3300 | <23 | | | |

注:①棉花可能生长天数是指 5 cm 日平均地温通过 14℃日期至初霜之间天数,在地膜覆盖的情况下,可以扣除 10～20 d,即限制指标可调为 130～140 d;②$R=m\times c/n$,$m$ 为棉花现蕾至日均气温 20℃终日的日数,$n$ 为棉花现蕾至日平均气温 20℃终日内的阴雨日数,$c$ 为常数$=16.2$。

(5)香蕉气候区划指标

香蕉原产热带地区,适应于热带和亚热带的气候条件,对热量条件要求比较高。气候条件不仅关系到香蕉的种植范围、品种、栽培制度和管理方式及生长发育和产量形成等各个方面,也影响香蕉品质。气候条件对香蕉的生长发育影响很大,可影响其果实大小、形状、颜色、品质及耐藏性能,在高温多湿、光照适宜的条件下,花果发育良好,果指粗长,果实肥大,果形好,产量高,品质优,色泽好;相反,在低温干旱条件下,花果生长缓慢,果瘦小,皮厚,果形不整齐,产量和品质下降。香蕉对气候环境要求,可概括为喜湿热,怕寒害和霜冻,要求雨量多且均匀,避免强风袭击。

①温度指标的选取

香蕉喜温暖而怕低温霜冻,全生育期要求高温多湿。香蕉生长要求年平均气温 20℃以上,最冷月平均气温≥12℃,≥10℃的年活动积温 6000℃·d 以上。日平均气温 16～30℃适宜香蕉生长,24～30℃为最适宜温度,10～15℃生长缓慢(何燕,苏永秀,李政,等.2006);温度高生长快,温度低生长慢,但温度过高或过低时,生长均会受到抑制,甚至出现热害或寒冻害。当温度达 38℃时生长停止,至 40℃时出现日灼现象;当温度降到 10℃时生长停止,3～5℃时叶片出现冷害症状,1～2℃时叶片会枯萎,0℃以下易整株死亡;一般绝对低温越低或持续时间越长,寒冻害越严重。黄朝荣的研究表明(黄朝荣,1993),日均温≤10℃香蕉停止伸长,日均温≤8℃连续 3～5 d 为轻度寒害,连续 6～9 d 为中等寒害,连续 10 天以上为严重寒害。Sloeum,Puvis 等的研究表明(中国热带作物学会译,1984),低于 12℃,香蕉的乳液在果皮凝固留下暗褐色斑纹,影响果实外观品质和商品价值。低温是影响香蕉高产和品质的主要限制因子,但适当低温对香蕉生育和提高果实风味有利,20～25℃的适当低温,日夜温差大,利于花芽分化,产量高,果形好,果实含糖量高,品质佳(何燕,李政 等,2007)。

②水分指标的选取

香蕉是多年生草本作物,性喜湿润,其水分含量高,叶面积大,蒸腾量也很大,加上其根系的浅生性,全生育期要求有均匀而充足的水分,香蕉需水最多的时期,是植株营养生长旺盛期和花芽分化果实膨胀期。一般要求平均月雨量 100 mm 才能满足香蕉的生理需要,较理想的年雨量为 1500～2000 mm。在干旱的情况下,香蕉生长发育受到严重不良影响,在苗期遇干旱生长缓慢,甚至引起灼伤、死亡;在营养生长旺盛期,水分供应不足,叶片变黄易早衰,影响光合产物的制造和累积,果梳数和果指数减少,产量下降;在花芽分化果实膨胀期,缺水将导致蕉蕾难以抽生,或抽生后难弯头,果实发育不饱满,蕉果短小,即使过后下雨或灌溉也无法补救,而且品质差,成熟期也推迟;而久旱逢雨,则会造成裂果;缺水还造成收获的青果耐贮性差。香蕉怕旱,也忌水浸,若土壤水分过多,土壤中氧气过少,根系吸收能力下降,植株的生长发育受阻,影响产量和果实品质。香蕉虽忌旱,但在挂果后期,适度控制水分,可减少果实含水量,增加果实风味,提高品质。因此,考虑年降雨量≥1500 mm 为最适宜区,1300～1500 mm 为适宜区,1100～1300 mm 为次适宜区,≤1100 mm 为不适宜区。

③光照指标的选取

香蕉属喜光性植物,充足光照利于其生长发育和产量形成,若低温阴雨、光照不足,则果实偏瘦小,欠光泽;但光照强度也不宜过强,光照过于强烈,则易出现日烧现象。香蕉从生长旺盛期开始,特别是在花芽形成期、开花期和果实成熟期,要求有较多的光照,其中以日照时数多,并伴有阵雨最为适宜。此外,香蕉根系浅生质脆,假茎肉质组织疏松而易折断,尤其结果以后果穗沉重,因此喜欢静风环境,怕台风等强风天气。在广西,光照一般均能满足香蕉正常生长发育的需要,所以,光照不作为气候区划划分的依据。

④指标要素的构成与确定

根据以上气候条件分析可知,香蕉在适宜的气候条件下才能获得高产稳产。日平均气温≥10℃表示香蕉生长的临界温度,日平均气温稳定通过10℃的活动积温反映香蕉生长期间热量条件状况;年平均气温和年降雨量分别反映香蕉全年的热量和水分状况;最冷月平均气温反映香蕉越冬期间的热量条件状况的优劣;年极端最低气温和日平均气温≤8℃持续天数可反映制约香蕉安全越冬的冻害和寒害状况。因此,根据香蕉生长发育对气候条件的要求,参考前人的研究成果,并结合广西栽培香蕉的实际情况,选择年平均气温、年降雨量、≥10℃活动积温、年极端最低气温和日平均气温≤8℃连续天数等5个影响香蕉生长发育和产量形成以及品质的主要气候因子,作为划分香蕉适宜种植区的农业气候区划指标(表3.1-18)。

表 3.1-18 广西香蕉种植的农业气候区划指标

| 区划因子/生态适宜度 | 最适宜区 | 适宜区 | 次适宜区 | 不适宜区 |
| --- | --- | --- | --- | --- |
| ≥10℃活动积温(℃·d) | ≥7000 | 6500~7000 | 6000~6500 | ≤6000 |
| 年平均气温(℃) | ≥22 | 21~22 | 20~21 | ≤20 |
| 年极端最低气温平均值(℃) | ≥3.5 | 2.0~3.5 | 0~2.0 | ≤0 |
| 日平均气温≤8℃连续天数(d) | ≤3 | 4~6 | 7~9 | ≥10 |
| 年降雨量(mm) | ≥1500 | 1300~1500 | 1100~1300 | ≤1100 |

(6)荔枝气候区划指标的构建

荔枝原产中国南亚热带地区,目前,在我国主要分布于广东、广西、福建和海南,其果实风味好,营养价值高,经济价值也很高。其生长发育要求高温多湿、日照充足的气候条件。

Ⅰ 温度指标的选取

荔枝是典型的南亚热带果树,适宜区年平均气温21℃以上。当气温−3~0℃时,荔枝植株会遭受不同程度的冻害,在−4℃时,则植株会被冻害致死。因此,冬季最低气温高于一定值才能保证荔枝的安全越冬。但荔枝的结果与否、产量高低及品质好坏,主要受制于其花芽分化期和开花授粉期的气候生态条件(杜尧东,刘锦銮,毛慧琴,等.2004)。

在荔枝的花芽分化期若温度较高,则花芽分化过程被抑制。所以,在考虑荔枝区划的热量指标时,宜从全年性指标和关键期指标考虑。

1)整体性温度指标。主要考虑年平均气温、12—次年2月平均气温和年极端最低气温。

① 年平均气温($T$)可反映一地的热量条件。年平均气温18℃以上的地区有荔枝分布(植石群等,2002),而以年平均气温21~25℃地区生长最优。年平均气温<20℃和>25℃的地区一般不太适宜荔枝栽培。

② 12—2月平均气温在12℃~14℃之间时,荔枝果树花芽分化期间的气温条件适当,<11℃时不利于荔枝果树安全越冬,>15℃时不利于荔枝果树花芽分化。

③ 年极端最低气温($T_{min}$)可衡量荔枝果树能否安全越冬。年极端最低气温<−4.0℃时,荔枝树整株会被冻死;<−3.0℃时容易遭受严重冻害;<−2℃时容易遭受中等强度的冻害;但>3℃时,荔枝冬季花芽分化期间所需要的低温环境不适宜,在−1℃~2℃之间时,荔枝果树既不受中等强度的冻害又能满足荔枝冬季花芽分化期间所需要的低温环境。

2)关键期温度指标。关键期包括:

① 结果母枝形成期(9月下旬—12月上旬);

② 花芽分化期(1月中旬—3月上旬);

③ 开花坐果期(4 月上旬—5 月中旬)。

荔枝的主要结果母枝是秋梢,秋梢的长势和营养积累程度直接影响花芽分化的质量和坐果率,所以该时期的温度条件直接影响荔枝产量和质量。荔枝花芽分化期需要适当的低温环境,12℃～14℃比较适宜,超过 19℃难以成花。开花坐果期的温度条件对开花坐果影响很大,低温不利于荔枝开花,小花要在 10℃以上才开始开放,18～24℃开花最盛,29℃以上开花减少;荔枝授粉受精也受气温的影响,小于 16℃花粉不萌发,22～27℃萌发率最高,30℃以上萌发率明显下降;荔枝果实要在 15℃以上才能正常生长发育,15℃以下的低温常引起严重落果。

Ⅱ 水分指标的选取

荔枝不同树龄、不同生长发育期对水分的要求不同。在花芽分化期前要求适度干旱的天气,以抑制冬梢抽发,促进花芽分化,但在花穗、花器官的发育期,又需要土壤较湿润,否则根系生长吸收弱,光合效率低,养分不足,造成大量落叶,影响花器官发育和花的质量。开花期以晴雨相间、降雨相对较少的天气为好,连续性的降水或出现高温干燥天气对荔枝授粉受精不利。在果实发育期,荔枝要求较多的水分,干旱缺水往往影响果实膨大或造成大量落果。

一般年降水量<1000 mm 时,荔枝果树生长常会出现不同程度的干旱,>1300 mm 时可基本满足荔枝生长发育的水分需求。

3—4 月的降水量对荔枝开花授粉影响很大。3—4 月是荔枝果树春季开花期,这期间降水>400 mm 容易造成"沤花",影响荔枝授粉,但降水<100 mm,干旱易使花穗排蜜量增加,体内养分消耗增加,影响蜜蜂传粉及花粉萌发率,使坐果率下降。

Ⅲ 光照指标的选取

荔枝属喜光性果树,充足的日照有利于荔枝生长结果。适宜的日照有利于促进荔枝的同化作用,增加果实色泽,提高果实品质。日照不足,荔枝叶片薄,养分积累少,难以开花结果。年日照时数 1600 h 以上的地区栽培品质最好。

Ⅳ 指标要素的构成与确定

荔枝是多年生果树,经济寿命长达百年以上,因此,确定荔枝种植的气候区划指标,需要考虑热量、越冬气候和产量形成关键期的关键气候因子等。

年平均气温与≥10℃年活动积温可反映荔枝生长期间的热量状况;极端最低气温是决定果树能否安全越冬的重要气候因子;3—4 月降水量和 3—5 月日平均气温≤15℃连续天数是荔枝生殖生长期影响产量的关键气候因子。因此将以上 5 个因子作为划分荔枝各类适宜区的气候指标因子(表 3.1-19)。

表 3.1-19　荔枝农业气候区划指标

| 气候因素/适宜度 | 最适区 | 适宜区 | 次适宜区 | 不适宜区 |
|---|---|---|---|---|
| 年平均气温(℃) | 21～25 | 20～21 | 18～20>25 | ≤18 |
| 稳定通过 10℃年积温(℃·d) | ≥7500 | 7000～7500 | 6500～7000 | <6500 |
| 年极端最低气温多年平均(℃) | ≥0 | 0.0～−1.0 | −1.0～−3.0 | ≤−3.0 |
| 3—4 月降水量(mm) | 130～250 | 100～130<br>250～400 | <100<br>>400 | |
| 3—5 月日平均气温≤15℃连续天数(d) | <3 | 3～6 | 6～10 | ≥10 |

（7）沙田柚气候区划指标

沙田柚原产我国广西容县,是世界上最优良的柚类品种之一,也是我国柚类中的珍品,历来为我国重要的出口果品之一,主要分布在南亚热带、中亚热带和北亚热带地区。我国广西、广东、四川、湖南、重庆等省区市广有栽培。决定沙田柚产量和品质的主要气象因素是温度、开花坐果期的日夜温差、花芽分化期的低温阴雨天气持续日数等。

①沙田柚温度指标的选取

沙田柚属亚热带常绿果树,喜温暖潮湿的气候。在我国年平均气温17.3～21.3℃,1月平均气温6～13℃,≥10℃积温5300～7400℃·d,极端最低气温≥−11.1℃的地区有分布。生长最适宜的温度为23～30℃,气温＞37℃或＜12.5℃时生长受到抑制,≤−5℃时易受冻害,不宜大面积栽培（苏永秀,李政,丁美花,等.2005）。

②沙田柚水分指标要素选取

沙田柚对水分的要求也比较高,降雨量的多少对沙田柚产量有较大影响。特别是春、秋两季,部分地区雨量偏少,易发生干旱,对结果母枝生长及果实的发育不利。而春末夏初季节一些地区多大雨、暴雨天气易造成幼果大量脱落,导致挂果率低,产量下降。一般要求年雨量＞1100 mm,最适宜的年雨量为1500～2000 mm。

③沙田柚光照指标选取

沙田柚是耐阴性较强的短日照作物,一般年日照1000～2600 h都能满足需要。最适宜的年日照为1500～2000 h。广西各地年日照时数在1120～2210 h,其中大部分地区为1200～1800 h,都能满足生长发育需要,因此,日照可不作为广西沙田柚区划的指标因子。

④沙田柚气候区划指标的确定

根据对沙田柚生长发育对气候条件的要求可见,年平均气温、年降雨量反映了区域的热量和水资源供应情况,是决定沙田柚能否种植的最基础指标;极端最低气温反映了一个地区所能导致的沙田柚受寒害和冻害的程度;1月平均气温决定了沙田柚花芽分化期适宜程度,秋冬季适当低温,树体内细胞液浓度增加,有利花芽分化。10℃以上积温决定沙田柚花芽萌发速度和生长量,影响坐果率。8—10月气温日较差影响干物质积累,日较差越大,越有利于干物质的积累,不但可提高产量,还有利于沙田柚后期糖分积累,酸甜度适宜,品质较好。

根据沙田柚在广西的栽培实践,结合调查综合分析,确定以年平均气温、1月平均气温、≥10℃活动积温、极端最低气温、年降雨量以及8−10月气温日较差等作为沙田柚气候区划指标。其中前5个因子是影响沙田柚正常生长、安全越冬及产量形成的主要因子,后一个为影响沙田柚品质的重要因素（表3.1-20）。

表 3.1-20　沙田柚种植的农业气候区划指标

| 生态适宜度 | 最适宜区 | 适宜区 | 次适宜区 | 不适宜区 |
|---|---|---|---|---|
| 年平均气温(℃) | 18～21 | 17～18 或 21～22 | 16～17 或 22～23 | ＜16 or ＞23 |
| 1月平均气温(℃) | 8～12 | 7～8 或 12～13 | 6～7 或＞13 | ＜6 |
| ≥10℃活动积温(℃·d) | 6000～6500 | 5500～6000 or 6500～7300 | 5000～5500 or 7300～8000 | ＜5000 or＞8000 |
| 极端最低气温(℃) | ≥−4.5 | −4.5～−5.0 | −5.0～−7.0 | ＜−7.0 |
| 年降雨量(mm) | 1500～2000 | 1300～1500 或 2000～2500 | 1100～1300 或＞2500 | ＜1100 |
| 8—10月气温日较差(℃) | 8.0～10.0 | 7.5～8.0 | 6.0～7.5 | ＜6.0 |

## 3.2　农业气候区划技术方法

### 3.2.1　农业气候区划的基本方法

（1）指标法

农业气候区划指标是农业气候区划中专门用作划分区域界限的一种指标。这种指标能具体反映地区农业气候特点，并指出农业气候区域的明显差异。

我国农业气候区划中，一直沿用传统的指标方法。一般以热量、水分和越冬条件中某一个为主要指标，若干个辅助指标，按其对当地农业的重要性，由上而下依次划分，而热量中多采用积温，水分常采用干燥度等综合指标。

这种农业气候区划指标虽是一种沿用的老方法，但由于简单明了，易于为应用者接受，不仅本专业的人能看懂，而且非专业的人也能看懂，深受服务对象欢迎。因此，在农业气候区划中，应继续采用传统的老方法，但不排除努力探索新方法。

如丘宝剑、卢其尧在研究中国热带—南亚热带农业气候区划时，为了寻找我国热带经济作物的适宜区，以三叶橡胶、椰子、胡椒等典型热带作物绝大多数年份都能正常生长，不受寒害为准，提出以热量条件为一级气候指标，水分条件为二级气候地带指标，严寒条件为三级气候指标，风力条件为四级气候区指标，而日照条件为五级气候小区指标。

农业气候区划指标法广泛用于农业气候区划中，一般采用主导指标与辅助指标相结合，单因子指标与综合因子指标相结合的原则，显然与农业气候的复杂性相关。

（2）物候法

物候法是采用指示动物或植物的物候作为农业气候区划指标进行区划的物候学方法，它是根据物候推断农业气候，从而做出农业气候区划，方法简单实用，经济有效，易为群众所掌握。尤其是在县乡级农业气候区划上，更能反映出环境的微小差异，优越性更大。

例如，过去福建省周宁县咸村就是用茶树物候作为农业气候区划的分级指标。该地位于周宁县最南部，境内地形复杂，地势起伏比较大，他们利用茶树发叶早迟和一年中摘叶次数多少作为气候区划指标进行区划，将其分为三个区：炎热区、温区、山地寒冷区。炎热区，茶叶在清明前 4、5 d 就开摘，全年可采四次茶到五次茶；温区，茶叶一般在清明后 8 天到谷雨前开摘，全年可采三次茶，而山地寒冷区，茶叶一般在谷雨前后开摘，全年仅可采用两次茶

### 3.2.2　农业气候区划的数学方法

数学方法在农业气候区划中应用，具有考虑农业气候因子多，理论上比较完善，统计客观、定量，通过计算机可以实现快速运算等优点，所以，现在已被广泛采用。尤其是多元统计学的发展，为气候区划提供了先进的数学工具。常用的方法有评判分析法、决策树法、因子分析法、聚类分析法、典型相关分析法、主分量分析法。以及基于 CAST 聚类与 RPCA 相结合的区划方法。下面介绍几种常见的方法（王连喜，陈怀亮 等，2010）。

（1）评判分析法

1）专家打分法

专家打分法，是叠加法的特例，叠加法也称多因子叠加法，是按照区划的原则，确定区划的

因子和区划的等级，如：温度、降水、积温、日照等，及各种因子的区划等级。绘制单因子分级分区图，然后按照一定的规则制成综合因子叠加图，区分出重叠程度有明显差异的区域，生成综合区划图。该方法属于叠加法的特例。

其步骤如下：

① 将各区划因子标准化，不同的因子具有不同的取值范围，各因子之间的绝对数值相差较大，而且量纲也不一样。因子数据标准化处理的目的是将不同量纲的因子经过专家打分统一为无量纲数据。

如：某种作物的区划因子有 2 个（年平均气温、年降雨量），要将某个区域划分为最适宜区、适宜区、次适宜区、不适宜区 4 个等级。运用专家打分法先将年平均气温、年降雨量两个量按照 4 个等级进行标准化（$\leqslant 10℃ = 5$ 分，不适宜区，$10 \sim 15℃ = 10$ 分，次适宜区，$15 \sim 20℃ = 15$ 分，适宜区，$> 20℃ = 20$ 分，最适宜区；$\leqslant 500$ mm $= 5$ 分，不适宜区，$500 \sim 1000$ mm $= 10$ 分，次适宜区，$1000 \sim 1500$ mm $= 15$ 分，适宜区，$> 1500$ mm $= 20$ 分，最适宜区），下两式中，$A$ 矩阵为温度指标栅格数据集，$B$ 矩阵为雨量指标栅格数据集，经过标准化后，得到两个无量纲的矩阵 $A'$ 和 $B'$，这两个矩阵为分数矩阵。

$$A = \begin{bmatrix} a_{11} & a_{12} & \cdots & a_{1m} \\ a_{21} & a_{22} & \cdots & a_{2m} \\ \vdots & \vdots & \vdots & \vdots \\ a_{n1} & a_{n2} & \cdots & a_{nm} \end{bmatrix} \Rightarrow \begin{bmatrix} 5 & 10 & \cdots & 15 \\ 20 & 10 & \cdots & 15 \\ \vdots & \vdots & \vdots & \vdots \\ 10 & 20 & & 5 \end{bmatrix} = A'$$

$$B = \begin{bmatrix} b_{11} & b_{12} & \cdots & b_{1m} \\ b_{21} & b_{22} & \cdots & b_{2m} \\ \vdots & \vdots & \vdots & \vdots \\ b_{n1} & b_{n2} & \cdots & b_{nm} \end{bmatrix} \Rightarrow \begin{bmatrix} 5 & 15 & \cdots & 15 \\ 20 & 10 & \cdots & 15 \\ \vdots & \vdots & \vdots & \vdots \\ 10 & 20 & & 5 \end{bmatrix} = B'$$

② 对每个标准化后的栅格数据集进行叠加，生成一个新的综合分值图。如：A 矩阵为温度指标栅格数据集，B 矩阵为雨量指标栅格数据集，则有分数矩阵 $A'$ 和 $B'$，综合分矩阵 $C'$。

$$C' = \begin{bmatrix} c_{11} & c_{12} & \cdots & c_{1m} \\ c_{21} & c_{22} & \cdots & c_{2m} \\ \vdots & \vdots & \vdots & \vdots \\ c_{n1} & c_{n2} & \cdots & c_{nm} \end{bmatrix} = A' + B' = \begin{bmatrix} 10 & 25 & \cdots & 30 \\ 40 & 20 & \cdots & 30 \\ \vdots & \vdots & \vdots & \vdots \\ 20 & 40 & \cdots & 10 \end{bmatrix}$$

③最后按照一定的规则对综合分值矩阵进行等级划分。按照总分值分区原则，则 40 分为最适宜区，$30 \sim 39$ 分为适宜区，$20 \sim 29$ 分为次适宜区，$10 \sim 19$ 分为不适宜区。

2）叠加法

叠加法也称多因子叠加法，其实现思路分为三步，首先进行因子的归一化处理，再按照区划的原则确定区划因子的权重系数，然后按照一定的规则转制成综合因子叠加图，区分出重叠程度有明显差异的区域，生成综合区划图。具体方法如下：

Ⅰ 因子的归一化处理

不同的因子具有不同的取值范围，各因子之间的绝对数值相差较大，而且量纲也不一样。因子数据归一化处理的目的是将不同量纲的因子统一为无量纲的数据，并且将原始数据规范化。经过归一化处理之后．每项指标中最大值为 1，最小值为 0．其余的值介于 $0 \sim 1$ 之间（这是与专家打分法中因子标准化处理的主要不同之处），这样就不会造成数值大的指标作用被人为地夸大。数值小的指标作用被人为地缩小。在所有的区划因子中(本质与专家打分法一致)。
与区划要素呈正向变化的归一化公式如下:

$$X'_{ij} = \frac{X_{ij} - X_{\min j}}{X_{\max j} - X_{\min j}}$$

式中 $(i = 1,2,3\cdots n)$,$(j = 1,2,3\cdots m)$,其中 $n$ 为评判单元的个数,$m$ 为因子个数,$X_{ij}$ 为第 $j$ 项因子指标中需要进行归一化变换的第 $i$ 个评判单元的数值,$X_{\max j}$ 为该项指标中的最大值.$X_{\min j}$ 为该项指标中的最小值。与区划要素成负向变化的采取下式进行标准化:

$$X'_{ij} = 1 - \frac{X_{ij} - X_{\min j}}{X_{\max j} - X_{\min j}}$$

Ⅱ 设定各因子的权重系数

因子权重系数的确定主要采用两种方法,一种是专家指定,相当于专家打分法,但权重要求在 0~1 之间;另一种是层次分析法。下面主要介绍层次分析法。

层次分析法(analytic hierarchy process,简称 AHP),是美国运筹学家 T. L. Saaty 教授于 20 世纪 70 年代初期提出的一种简便、灵活而又实用的多准则决策方法,适应于对一些较为复杂、较为模糊的问题作出决策,特别适用于难于完全定量分析的问题。AHP 方法把相互关联的要素按隶属关系分为若干层次,请有经验的专家对各层次、各因素的相对重要性给出定量指标,利用数学方法和专家意见给出各层次、各要素的相对权重值,作为综合分析的基础。它是多位专家的经验判断与数学模型的结合,是确定权重的一种较为合理可行的系统分析方法。

① 层次分析法的基本原理与步骤

人们在进行社会的、经济的以及科学管理领域问题的系统分析中,面临的常常是一个由相互关联、相互制约的众多因素构成的复杂而往往缺少定量数据的系统。这些决策系统中很多因素之间的比较往往无法用定量的方式描述,此时需要将半定性、半定量的问题转化为定量计算问题。层次分析法是解决这类问题的行之有效的方法。层次分析法是将复杂的决策系统层次化,通过逐层比较各种关联因素的重要性为分析、决策提供定量依据。

运用层次分析法建模,大体上可按下面四个步骤进行:

a)在确定决策目标后,对影响目标决策的因素进行分类,建立一个递阶层次结构模型;

b)比较同一层次中各因素关于上一层次的同一个因素的相对重要性,构造成对比较矩阵;

c)通过计算,检验成对比较矩阵的一致性,必要时对成对比较矩阵进行修改,以达到可以接受的一致性;

d)在符合一致性检验的前提下,计算与成对比较矩阵最大特征值相对应的特征向量,确定每个因素对上一层次该因素的权重;计算各因素对于系统目标的总排序权重并决策。

②递阶层次结构的建立与特点

应用 AHP 分析决策时,首先要把问题条理化、层次化,构造出一个有层次的结构模型。在这个模型下,复杂问题被分解为元素的组成部分。这些元素又按其属性及关系形成若干层次。上一层次的元素作为准则对下一层次有关元素起支配作用。这些层次可以分为三类:

最高层:这一层次中只有一个元素,一般它是分析问题的预定目标或理想结果,因此也称为目标层。

中间层:这一层次包含了为实现目标所涉及的中间环节,它可以由若干个层次组成,包括所需考虑的准则、子准则,因此也称为准则层。

最底层:这一层次包括了为实现目标可供选择的各种措施、决策方案等,因此也称为措施层或方案层。

例如:假期旅游有 $P_1$、$P_2$、$P_3$ 3 个旅游胜地可供选择,试确定一个最佳地点。

在此问题中,你会根据诸如景色、费用、居住、饮食和旅途条件等一些准则去反复比较三个候选地点。可以建立如下的层次结构模型:

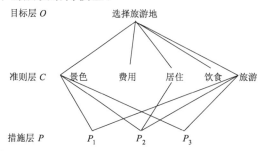

若上层的每个因素都支配着下一层的所有因素,或被下一层所有因素影响,称为完全层次结构,否则称为不完全层次结构。一般地层次数不受限制。每一层次中各元素所支配的元素一般不要超过九个。这是因为支配的元素过多会给两两比较判断带来困难。

③ 构造判断矩阵

层次结构反映了各因素之间的关系,但准则层中的各准则在目标衡量中所占的比重并不一定相同,在决策者的心目中,它们各占有一定的比例。

在确定影响某一因素的诸因子在该因素中所占的比重时,遇到的主要困难是这些比重常常不易定量化。此外,当影响某一因素的因子较多时,直接考虑各因子对该因素有多大程度的影响时,常常会因考虑不周全、顾此失彼而使决策者提出与他实际认为的重要性程度不相一致的数据,甚至有可能提出一组隐含矛盾的数据。为看清这一点,可作如下假设:将一块重为 1 kg 的石块砸成 $n$ 小块,可以精确称出它们的重量,设为 $w_1, \cdots, w_n$,现在,请人估计这 $n$ 小块的重量占总重量的比例(不能让他知道各小石块的重量),此人不仅很难给出精确的比值,而且完全可能因顾此失彼而提供彼此矛盾的数据。

假设某层现在有 $n$ 个因素 $X = \{x_1, \cdots, x_n\}$,要比较它们对上一层某一准则(或目标)$Z$ 的影响程度,确定该层中相对于某一准则所占的比重。(即把 $n$ 个因素对上层某一目标的影响程度进行排序),上述比较是两两因素之间进行比较,因此采用建立成对比较矩阵的办法。即每次取两个因子 $x_i$ 和 $x_j$,以 $a_{ij}$ 表示 $x_i$ 和 $x_j$ 对 $Z$ 的影响大小之比,则 $x_j$ 与 $x_i$ 对 $Z$ 的影响之比应为

$$a_{ij} = \frac{1}{a_{ji}}$$

定义 1 若矩阵 $A = (a_{ij})_{n \times n}$ 满足

$$a_{ij} > 0$$

且

$$a_{ji} = \frac{1}{a_{ij}} \quad (i, j = 1, 2, \cdots, n)$$

则称之为正互反矩阵(易见 $a_{ii} = 1$,$i = 1, \cdots, n$)。

关于如何确定 $a_{ij}$ 的值,可参考 Satty 的提议,在 1~9 及其倒数中间取值。表 3.2-1 列出了 1~9 标度的含义:

**表 3.2-1　$a_{ij}$ 为 1～9 标度的含义**

| 标度 | 含　义 |
|---|---|
| 1 | 表示第 $i$ 个因素与第 $j$ 个因素对 $Z$ 的影响相同 |
| 3 | 表示第 $i$ 个因素比第 $j$ 个因素对 $Z$ 的影响稍强 |
| 5 | 表示第 $i$ 个因素比第 $j$ 个因素对 $Z$ 的影响强 |
| 7 | 表示第 $i$ 个因素比第 $j$ 个因素对 $Z$ 的影响明显强 |
| 9 | 表示第 $i$ 个因素比第 $j$ 个因素对 $Z$ 的影响绝对强 |
| 2,4,6,8 | 表示第 $i$ 个因素与第 $j$ 个因素对 $Z$ 的影响介于上述两个相邻等级之间 |

比较矩阵 $A$ 的形式如下：

$$A = \begin{bmatrix} a_{11} & a_{12} & \cdots & a_{1n} \\ a_{21} & a_{22} & \cdots & a_{2n} \\ \vdots & \vdots & \vdots & \vdots \\ a_{m1} & a_{m2} & \cdots & a_{mn} \end{bmatrix}$$

在旅游的例子中，第二层 $C$ 的各因素对目标层 $O$ 的影响两两比较结果如下：

| $O$ | $C_1$ | $C_2$ | $C_3$ | $C_4$ | $C_5$ |
|---|---|---|---|---|---|
| $C_1$ | 1 | 1/2 | 4 | 3 | 3 |
| $C_2$ | 2 | 1 | 7 | 5 | 5 |
| $C_3$ | 1/4 | 1/7 | 1 | 1/2 | 1/3 |
| $C_4$ | 1/3 | 1/5 | 2 | 1 | 1 |
| $C_5$ | 1/3 | 1/5 | 3 | 1 | 1 |

矩阵中，$C_1, C_2, C_3, C_4, C_5$ 分别表示景色、费用、居住、饮食、旅途。第三层措施层 $P$ 对第二层准则层的影响两两比较结果如下：

| $C_1$ | $P_1$ | $P_2$ | $P_3$ |
|---|---|---|---|
| $P_1$ | 1 | 1/2 | 4 |
| $P_1$ | 2 | 1 | 7 |
| $P_3$ | 1/4 | 1/7 | 1 |

这样旅游问题的比较矩阵总共就有 6 个，一个 5 阶，五个 3 阶。最后，应该指出的是，一般有必要作 $\frac{n(n-1)}{2}$ 次两两判断。也有人认为，把所有元素都和某个元素比较，即只作 $n-1$ 次比较即可，但这种做法的弊病在于，任何一个判断的失误均可导致不合理的排序，而个别判断的失误对于难以定量的系统往往难以避免。进行 $\frac{n(n-1)}{2}$ 次比较，可以提供更多的信息，从而通过各种不同角度的反复比较，导出一个合理的排序。

④层次单排序及一致性检验

层次单排序：确定下层各因素对上层某因素影响程度的过程。用权值表示影响程度，先从一个简单的例子看如何确定权值。例如：一块石头重量记为 1，打碎分成 $n$ 个小块，各块的重量分别记为：$w_1, w_2, \cdots, w_n$。则可得比较矩阵：

$$A = \begin{bmatrix} 1 & \dfrac{w_1}{w_2} & \cdots & \dfrac{w_1}{w_n} \\[2mm] \dfrac{w_2}{w_1} & 1 & \cdots & \dfrac{w_2}{w_m} \\[2mm] \vdots & \vdots & \vdots & \vdots \\[2mm] \dfrac{w_n}{w_1} & \dfrac{w_n}{w_2} & \cdots & 1 \end{bmatrix}$$

由矩阵 $A$ 可知,

$$\frac{w_i}{w_j} = \frac{w_i}{w_k} \cdot \frac{w_k}{w_j}$$

即, $a_{ij} = a_{ik} \cdot a_{kj}$ ,$\forall i,j,k = 1,2,\wedge,n$ ,当正互反矩阵 $A$ 满足上述条件关系时,称为一致矩阵。

一致矩阵有三个定理。

定理 1:正互反矩阵 $A$ 的最大特征根 $\lambda_{\max}$ 必为正实数,其对应特征向量的所有分量均为正实数。$A$ 的其余特征值的模均严格小于 $\lambda_{\max}$ 。

定理 2:若 $A$ 为一致矩阵,则

$A$ 必为正互反矩阵。

$A$ 的转置矩阵 $A^T$ 也是一致矩阵。

$A$ 的任意两行成比例,比例因子大于零,从而 $rank(A) = 1$(同样,$A$ 的任意两列也成比例)。

$A$ 的最大特征值 $\lambda_{\max} = n$ ,其中 $n$ 为矩阵 $A$ 的阶。$A$ 的其余特征根均为零。

若 $A$ 的最大特征值 $\lambda_{\max}$ 对应的特征向量为 $W = (w_1,\cdots,w_n)^T$ ,则 $a_{ij} = \dfrac{w_i}{w_j}$ ,$\forall i,j = 1,2,\cdots,n$ ,即

$$A = \begin{bmatrix} \dfrac{w_1}{w_1} & \dfrac{w_1}{w_2} & \cdots & \dfrac{w_1}{w_n} \\[2mm] \dfrac{w_2}{w_1} & \dfrac{w_2}{w_2} & \cdots & \dfrac{w_2}{w_n} \\[2mm] \cdots & \cdots & \cdots & \cdots \\[2mm] \dfrac{w_n}{w_1} & \dfrac{w_n}{w_2} & \cdots & \dfrac{w_n}{w_n} \end{bmatrix}$$

定理 3:$n$ 阶正互反矩阵 $A$ 为一致矩阵,当且仅当其最大特征根 $\lambda_{\max} = n$ ,且当正互反矩阵 $A$ 非一致时,必有 $\lambda_{\max} > n$ 。

根据定理 3,可以由 $\lambda_{\max}$ 是否等于 $n$ 来检验判断矩阵 $A$ 是否为一致矩阵。由于特征根连续地依赖于 $a_{ij}$ ,故 $\lambda_{\max}$ 比 $n$ 大得越多,$A$ 的非一致性程度也就越严重,$\lambda_{\max}$ 对应的标准化特征向量也就越不能真实地反映出 $X = \{x_1,\cdots,x_n\}$ 在对因素 $Z$ 的影响中所占的比重。因此,对决策者提供的判断矩阵有必要作一次一致性检验,以决定是否能接受它。

对判断矩阵的一致性检验的步骤如下:

计算一致性指标 $CI$

$$CI = \frac{\lambda_{\max} - n}{n - 1}$$

查找相应的平均随机一致性指标 $RI$。对 $n = 1, \cdots, 9$，Saaty 给出了 $RI$ 的值（表 3.2-2）：

表 3.2-2　$n$ 为 1～9 所对应 $RI$ 的值

| $n$ | 1 | 2 | 3 | 4 | 5 | 6 | 7 | 8 | 9 |
|---|---|---|---|---|---|---|---|---|---|
| $RI$ | 0 | 0 | 0.58 | 0.90 | 1.12 | 1.24 | 1.32 | 1.41 | 1.45 |

$RI$ 的求取：用随机方法构造 500 个样本矩阵：随机地从 1～9 及其倒数中抽取数字构造正互反矩阵，求得最大特征根的平均值 $\lambda'_{\max}$，并定义

$$RI = \frac{\lambda'_{\max} - n}{n - 1}$$

计算一致性比例 $CR$

$$CR = \frac{CI}{RI}$$

当 $CR < 0.10$ 时，认为判断矩阵的一致性可以接受，否则应对判断矩阵作适当修正。

⑤层次总排序及一致性检验

上面得到的是一组元素对其上一层中某元素的权重向量。最终要得到的是各元素，特别是最低层中各方案对于目标的排序权重，从而进行方案选择，这个过程，称为层次总排序。总排序权重要自上而下地将单准则下的权重进行合成。

设上一层次（$A$ 层）包含 $A_1, \cdots, A_m$ 共 $m$ 个因素，它们的层次总排序权重分别为 $a_1, \cdots, a_m$。又设其后的下一层次（$B$ 层）包含 $n$ 个因素 $B_1, \cdots, B_n$，它们关于 $A_j$ 的层次单排序权重分别为 $b_{1j}, \cdots, b_{nj}$（当 $B_i$ 与 $A_j$ 无关联时，$b_{ij} = 0$）。现求 $B$ 层中各因素关于总目标的权重，即求 $B$ 层各因素的层次总排序权重 $b_1, \cdots, b_n$，计算按下表所示方式进行，即 $b_i = \sum_{j=1}^{m} b_{ij} a_j$，$i = 1, \cdots, n$。

| 层 $A$<br>层 $B$ | $A_1$<br>$a_1$ | $A_2$<br>$a_2$ | $\cdots$<br>$\cdots$ | $A_m$<br>$a_m$ | $B$ 层总排序权值 |
|---|---|---|---|---|---|
| $B_1$ | $b_{11}$ | $b_{12}$ | $\cdots$ | $b_{1m}$ | $\sum_{j=1}^{m} b_{1j} a_j$ |
| $B_2$ | $b_{21}$ | $b_{22}$ | $\cdots$ | $b_{2m}$ | $\sum_{j=1}^{m} b_{2j} a_j$ |
| $\vdots$ | $\cdots$ | $\cdots$ | $\cdots$ | $\cdots$ | $\vdots$ |
| $B_n$ | $b_{n1}$ | $b_{n2}$ | $\cdots$ | $b_{mn}$ | $\sum_{j=1}^{m} b_{nj} a_j$ |

对层次总排序也需作一致性检验，检验仍像层次单排序那样由高层到低层逐层进行。这是因为虽然各层次均已经过层次单排序的一致性检验，各成对比较判断矩阵都已具有较为满意的一致性。但当综合考察时，各层次的非一致性仍有可能积累起来，引起最终分析结果较严重的非一致性。

设 $B$ 层中与 $A_j$ 相关的因素的成对比较判断矩阵在单排序中已经过一致性检验，求得单排序一致性指标为 $CI(j)$，$(j = 1, \cdots, m)$，相应的平均随机一致性指标为 $RI(j)$（$CI(j)$、$RI(j)$ 已在层次单排序时求得），则 $B$ 层总排序随机一致性比例为

$$CR = \frac{\sum_{j=1}^{m} CI(j)a_j}{\sum_{j=1}^{m} RI(j)a_j}$$

当 $CR < 0.10$ 时,认为层次总排序结果具有较满意的一致性并接受该分析结果。

根据定义直接进行矩阵特征值和特征向量的计算相当困难,特别是阶数较高时更加困难。成对比较矩阵是通过定性比较得到的比较粗糙的结果,没有必要对它进行精确计算。下面给出求和法求取矩阵的特征值和特征向量的方法。步骤如下:

将矩阵 $A$ 的每一列向量归一化:

$$\widetilde{w}_{ij} = a_{ij} / \sum_{i=1}^{n} a_{ij}$$

对 $\widetilde{w}_{ij}$ 按行求和得

$$\widetilde{w}_i = \sum_{j=1}^{m} \widetilde{w}_{ij}$$

归一化

$$\widetilde{w} = (\widetilde{w}_1, \widetilde{w}_2, \cdots, \widetilde{w}_n)^T$$

$$w_i = \widetilde{w}_i / \sum_{i=1}^{n} \widetilde{w}_i$$

$$w = (w_1, w_2, \cdots, w_n)^T$$

矩阵相乘计算 $Aw$

计算特征根值的近似值

$$\lambda = \frac{1}{n} \sum_{i=1}^{n} \frac{(Aw)_i}{w_i}$$

Ⅲ 建立各个因子叠加的综合指数模型

假设有 $n$ 个区划指标 $B_1, B_2, \cdots, B_n$,$Y$ 为综合指数,$\lambda_1, \lambda_2, \cdots, \lambda_n$ 为各个区划指标的权重系数,则综合指数的基本运算模型建立如下:

$$Y = \lambda_1 B_1 + \lambda_2 B_2 + \cdots + \lambda_n B_n$$

最后运用一定的规则,对综合指数进行分类,即可将综合指数划分为最适宜区、适宜区、次适宜区、不适宜区四类。

3)加权逼近排序法

加权逼近排序法(DTOPSICS)不仅避免了以往评价中只强调某几项要素指标而忽略其他要素指标的不足,而且给出了统一的综合评价方法,更强调了参与评价各指标的重要性的不同,从而使评价结果更趋合理。此方法在农业气候资源评价和区划中应用较少。高桂琴等曾利用 DTOPSIS 法对唐山市 11 个县市的农业气候资源进行综合评估,并进行了分区。但应用中各气候要素的权重是由人为给定的,缺乏客观性,这还有待进一步探讨。

4)模糊综合评判法

模糊综合评判法是根据各因子的权重,以及各因子与评价对象的模糊矩阵,利用模糊变换的原理,对与被评价事物有关的各个因子作出总的评价。在评价过程中既要考虑各个单因素的作用,又要权衡各单因素所占的权重。对于某一项评价课题,当它涉及多指标时,可用集合 $U$ 表示多指标因素;在评价中涉及用多级评语作出评价时,则可用集合 $V$ 表示评语因素。对

于加权评价,还必须建立权重分配模糊向量 $\widetilde{A}$ 。因此,多因素综合评价方法可归纳如下:

假设给定的两个有限论域(因素论域和评语论域):

因素论域:$U = \{u_1, u_2, \cdots, u_n\}$　　($n$ 为指标/项目数)

评语论域:$V = \{v_1, v_2, \cdots, v_m\}$　　($m$ 为评语/等级数)

权重分配模糊向量:$\widetilde{A} = \{a_1, a_2, \cdots, a_n\}$　　($n$ 为指标/项目数)

$U$ 和 $V$ 通过模糊变换,构成从 $U$ 到 $V$ 的模糊关系矩阵 $\widetilde{R}$

通过模糊变换,建立权重分配模糊向量后,模糊综合评判的基本模型为

$$Y = \widetilde{A} \cdot \widetilde{R}$$

式中 $\widetilde{A}$ 为各种因子的权重集,表示每个因子对评价对象的作用大小;$\widetilde{R}$ 为模糊评判矩阵,表示由因子对评价对象的条件概率组成的关系矩阵。

运用模糊综合评判基本模型,对模糊关系矩阵 $\widetilde{R}$ 的每个要素进行运算,获得模糊综合评判矩阵 $\widetilde{B}$ 。

$$\widetilde{B} = \widetilde{A} \otimes \widetilde{R}$$

根据最大隶属度法,建立隶属度函数,对综合评判矩阵 $\widetilde{B}$ 做出评价判断。

(2)决策树法

决策树算法是空间数据挖掘中一种重要的归纳方法,旨在从大量数据中归纳抽取一般的知识规则和规律。目标是利用训练数据集建立一个分类预测模型,然后利用该模型对新的数据进行分类预测。其思路是,先利用训练空间实体集,依据信息原理生成测试函数并进行分类属性选择;再根据属性的不同取值建立树的分支,在每个分支子集中重复建立下层结点和分支,形成决策树;然后对决策树进行剪枝处理;最后用可信度和兴趣度等指标检验规则,提取多个 IF-THEN 形式的规则。其中。ID3 决策树分类法是采用基于信息熵定义的信息增益度量来选择内节点的测试属性。ID3 算法的基础理论清晰,算法较简单,学习能力较强,能够处理大规模的学习问题,故这里仅介绍 ID3 算法。

在 ID3 算法中,认为熵的值介于 0 和 1 之间,当所有的概率相等时,达到最大值。假设 $S$ 是 $n$ 个样本的集合,将样本集划分为 $m$ 个不同类 $C_i(1, 2, \cdots, m)$ ,每个类 $C_i$ 含有的样本数目为 $n_i$ 。则 $S$ 划分为 $m$ 个类的信息熵或期望信息为

$$E(S) = -\sum_{i=1}^{n} P_i \log_2 (P_i)$$

其中　　　　　　　　　　　　　$P_i = n_i / n$

式中 $P_i$ 为 $S$ 中的样本属于第 $i$ 类 $C_i$ 的概率,$S_v$ 是 $S$ 中属性 $A$ 的值为 $v$ 的样本子集,即 $S_v = \{s \in S \mid A(s) = v\}$ ,选择 $A$ 导致的信息熵定义为

$$E(S, A) = \sum_{v \in value(A)} \frac{|S_v|}{|S|} E(S_v)$$

其中 $E(S_v)$ 是将 $S_v$ 中的样本划分到各个类的信息熵,属性 $A$ 对样本集合 $S$ 的信息增益 $Gain(S, A)$

$Gain(S, A) = E(S) - E(S, A)$

$Gain(S, A)$ 是指因知道属性 $A$ 的值后导致的熵的期望压缩。$Gain(S, A)$ 越大,说明选择测试属性 $A$ 对分类的信息越多。ID3 算法就是在每个节点选择信息增益最大属性作为测试属性。

输入：训练样本 samples，各属性均取离散数值；候选属性集合 attribute_list。

输出：决策树。

步骤：

1）创建节点 N

2）判断如果所有的训练样本都在同一个类，则返回 N 作为叶节点，以类 c 标记；

3）判断如果候选属性集合为空，则返回 N 作为叶节点，标记为训练样本中最普通的类；

4）择 attribute_list 中具有最高信息增益的属性 test_attribute

5）标记节点 N 为 test_attribute；

6）由节点 N 长出一个条件为 test_attribute＝$a_i$ 的分枝；

7）设 $s_i$ 是 samples 中 test_attribute＝$a_i$ 样本的集合；

8）IF$s_i$ 为空 THEN 加上一个树叶，标记为 samples 中最普通的类；ELSE 加上一个由 Generate_decision_tree( $s_i$ ,st_tribute_list_test_attribute)返回的节点。

（3）聚类分析法

聚类分析是一种多元的客观分类方法。根据样品的属性或特征，用数学方法定量地确定样品间的亲疏关系，再按亲疏关系的程度来分型划类，得出能反映个体间亲疏关系的分类系统。这个系统中，每一小类所有的个体之间，具有密切的相似性，各个小类之间，具有明显的差异性，从而客观、定量地把一个地区的农业气候区划分出来。

系统聚类是最常用的一种聚类方法。它的基本思路是，先将每个个体视为一类，计算全部个体相互间的距离（或其他相似性度量，如相似系数、相关系数和相关距离系数等），将距离最短（或最相似）的两个个体归并为一类。然后再算这个新类以及其他各类之间的距离，再将其中距离最短的两个类归并为一类。如此反复进行，每次归并后减少一类，直到所有的个体归并成一类为止。系统聚类也可称为逐级归并聚类或逐步并类。

Ⅰ 聚类分析的距离和相似性表示方法

系统聚类的关键在于定义类与类之间的距离或相似性的表示方法。常用的距离表示方法主要有明氏（明考斯基）距离、欧氏距离、绝对距离、切比雪夫距离、马氏（马哈拉诺比斯）距离、平均距离等六种方法；常用的相似性表示方法主要有相似系数、相关系数、相关距离系数等三种方法，分别介绍如下：

1）距离表示方法

① 明氏（明考斯基）距离

$$d_{ik} = \sqrt[\theta]{\sum_{j=1}^{m} |x_{ij} - x_{kj}|^{\theta}}$$

其中 $d_{ik}$ 表示 m 维空间中 i 和 k 两点的距离；$j =1\sim m$ 为因子的序号；$i,k =1\sim n$ 且 $i \neq k$；$\theta =1,2\cdots$（下同）。

② 欧氏距离

$$d_{ik} = \sqrt[\theta]{\sum_{j=1}^{m} (x_{ij} - x_{kj})^2}$$

它是当 $\theta =2$ 时，明氏距离的一种特殊情况。

③ 绝对距离（也称块距离）

$$d_{ik} = \sum_{j=1}^{m} \left| x_{ij} - x_{kj} \right|$$

可看作 $\theta = 1$ 的明氏距离。

④ 切比雪夫距离

$$d_{ik} = \max_{1 \leqslant j \leqslant m} \left| x_{ij} - x_{kj} \right|$$

⑤ 马氏(马哈拉诺比斯)距离

$$d_{ik} = (x_i - x_k)' S^{-1} (x_i - x_k)$$

其中，$S^{-1}$ 是 $x_i$ 和 $x_k$ 两个向量协方差阵的逆矩阵。$S$ 协方差计算公式如下：

$$S_{ik} = \frac{1}{m} \sum_{j=1}^{m} (x_{ij} - \bar{x}_i)(x_{kj} - \bar{x}_k)$$

⑥ 平均距离

$$d_{ik} = \sqrt{\frac{1}{m} \sum_{j=1}^{m} (x_{ij} - x_{kj})^2}$$

各种距离均有如下性质：

$$d_{ik} = d_{ki} > 0 \qquad\qquad (i \neq k)$$
$$d_{ik} = 0 \qquad\qquad (i = k)$$
$$d_{ik} \leqslant d_{ij} + d_{jk} \qquad\qquad (i \neq k, j \neq i, k)$$

2)相似性表示方法

① 相似系数

两个个体之间的相似程度是由所涉及的 $m$ 个因子确定。可以用 $m$ 维空间中两个向量 $x_i$ 和 $x_k$ 之间的夹角余弦表示，称相似系数，计算公式如下：

$$\cos\theta_{ik} = \left( \sum_{j=1}^{m} x_{ij} x_{kj} \right) \bigg/ \sqrt{\sum_{j=1}^{m} x_{ij}^2 \sum_{j=1}^{m} x_{kj}^2}$$

$\cos\theta_{ik}$ 值在 $[1, -1]$，当 $\cos\theta_{ik} = 1$ 时，第 $i$ 和 $k$ 两点完全相似；当 $\cos\theta_{ik} = -1$ 时，两点完全不相似。

② 相关系数

$$r_{ik} = \frac{\sum_{j=1}^{m} (x_{ij} - \bar{x}_i)(x_{kj} - \bar{x}_k)}{\sqrt{\sum_{j=1}^{m} (x_{ij} - \bar{x}_i)^2} \sqrt{\sum_{j=1}^{m} (x_{kj} - \bar{x}_k)^2}}$$

形式上与两个变量之间的线性相关系数相同，所以这里也称"相关系数"。但其含义与一般意义的线性相关系数不同，其值虽然也在 $(1, -1)$ 之间，但是当 $r_{ik} \rightarrow 1$ 时表示越相似，当 $r_{ik} \rightarrow -1$ 时表示越不相似。当 $r_{ik} = -1$ 时，并不表示是负的完全相关，而是完全不相似，这一点要特别注意。从数学上看，相关系数是相似系数各个变量进行标准化变换后的情况。

③ 相关距离系数

对相关系数进行反余弦计算，有

$$\theta_{ik} = \text{arccos} r_{ik}$$

$\theta_{ik}$ 实际上是两个向量 $x_i$ 和 $x_k$ 在 $m$ 维空间的夹角，具有距离的性质，所以称其为距离系数。值得注意的是此系数具有可加性。假定空间有 3 个点，它们的距离之和为相应 3 个向量夹角之和,平均距离为 3 个向量夹角的算术平均值。

　　Ⅱ 几种主要的系统聚类方法

　　1)6 种系统聚类方法介绍

　　① 最短距离法

　　也称紧邻联接法或简单联接法。如以 $d_{ik}$ 表示第 $i$ 和第 $k$ 个个体 $x_i$ 和 $x_k$ 之间的距离,$G_p$ 和 $G_q$ 为两个类,且 $x_i \in G_p$,$x_k \in G_q$,则可定义 $G_p$ 和 $G_q$ 两类间的距离为

$$D_{pq} = \min_{x_i \in G_p, x_k \in G_q} \{d_{ik}\}$$

即两类的距离为两类中所有个体间最短距离为两类的距离。根据距离最短进行归并的原则,对所有的类进行归并,直到最后归并成一类为止。

　　② 最长距离法

　　也称完全联接法。它定义两类间的距离为两类中个体间的最远距离,即

$$D_{pq} = \max_{x_i \in G_p, x_k \in G_q} \{d_{ik}\}$$

归并原则与最短距离法一样,取距离最短的两类进行归并。

　　③ 重心法

　　也称中心联接法。在物理学角度上,两类之间的距离以它们重心之间的距离表示较为合理。若 $G_p$ 和 $G_q$ 两类的样本容量分别为 $n_p$ 和 $n_q$,则其重心为 $\bar{x}_p$ 和 $\bar{x}_q$,则它们之间的距离可定义为

$$D_{pq} = d_{\bar{x}_p, \bar{x}_q}$$

归并为新的类 $G_{pq}$ 后,新类的重心为 $\bar{x}_{pq} = (n_p \bar{x}_p + n_q \bar{x}_q)/n_{pq}$。其归并原则及步骤也与最短距离法一样。

　　④ 类平均法

　　也称均值联接法。它以两类 $G_p$ 和 $G_q$ 中所有个体之间的距离平均值作为两类间距离。可用距离平方表示

$$D_{pq}^2 = \frac{1}{n_p n_q} \sum_{x_i \in G_p, x_j \in G_q} d_{ij}^2$$

当 $G_p$ 和 $G_q$ 两类归并为 $G_{pq}$ 后,它与另一类 $G_k$ 的距离平方为

$$D_{pq \cdot k}^2 = \frac{1}{n_{pq} n_k} \sum_{x_i \in G_{pq}, x_j \in G_k} d_{ij}^2 = \frac{n_p}{n_{pq}} D_{pk}^2 + \frac{n_q}{n_{pq}} D_{qk}^2$$

归并的原则和步骤与最短距离法相同。

　　⑤ 中间距离法

　　也称加权中心联接法。它介于最短距离法和最长距离法之间,加权的目的是给后并入的类以较大的权重。如 $G_p$ 和 $G_q$ 归并为 $G_{pq}$ 类,则它与另外的 $G_k$ 类之间的距离平方定义为

$$D_{pq,k}^2 = \frac{D_{pk}^2}{2} + \frac{D_{qk}^2}{2} - \frac{D_{pq}^2}{4}$$

归并的原则和步骤和最短距离法相同。

　　⑥ 加权均值法

　　若 $G_p$ 和 $G_q$ 两类归并为 $G_{pq}$ 类后,它与其他的 $G_k$ 类之间的距离平方为

$$D_{pq,k}^2 = \frac{D_{pk}^2}{2} + \frac{D_{qk}^2}{2}$$

归并原则和步骤与最短距离法一样。

2) 六种系统聚类方法的归纳形式

Sneath 归纳的公式

$$D^2_{pq,k} = \alpha_p D^2_{pk} + \alpha_q D^2_{qk} + \beta D^2_{pq} + \gamma \left| D^2_{pk} - D^2_{qk} \right|$$

各系数见表 3.2-3,这样就把各种系统聚类方法统一起来。

表 3.2-3  六种聚类方法各系数的值

| 方法 | $\alpha_p$ | $\alpha_q$ | $\beta$ | $\gamma$ |
|------|------------|------------|---------|----------|
| 最短距离法 | $1/2$ | $1/2$ | 0 | $-1/2$ |
| 最长距离法 | $1/2$ | $1/2$ | 0 | $-1/2$ |
| 中间距离法 | $1/2$ | $1/2$ | $-1/4$ | 0 |
| 重心法 | $\dfrac{n_p}{n_{pq}}$ | $\dfrac{n_q}{n_{pq}}$ | $-\alpha_p \alpha_q$ | 0 |
| 类平均法 | $\dfrac{n_p}{n_{pq}}$ | $\dfrac{n_q}{n_{pq}}$ | 0 | 0 |
| 加权平均法 | $1/2$ | $1/2$ | 0 | 0 |

Ⅲ 应用举例

刘蕴华等(1981)在分析吉林省农业气候资源中,发现吉林省各地历年粮食单产与 ≥10℃ 期间积温,5—9 月太阳总辐射,5—9 月降水量,≥10℃ 积温距平低于 -200℃·d 频率,以及 4—6 月降水量 ≤110 mm 频率关系密切。因此,选用上述五项因子和吉林省有代表的 26 个站点进行聚类分析,做出了吉林省农业气候区划。

具体方法和步骤如下:

① 首先将各站点的农业气候因子的数值标准化,消除不同变量的量纲影响,便于分析比较。

② 计算各站点间的距离系数,并将计算结果排成距离系数矩阵。

③ 按最小距离逐步归类,从矩阵中选择距离系数最小的两个站点归并为一类;再将其组成新的序列,再选择距离系数小的站点归并,这样重复归并,直到所有站点归成一类时为止。

④ 将逐次归类过程所获得的结果,制成聚类图。聚类图以距离系数 $D$ 为纵坐标,站点为横坐标,按 $D$ 值大小的分类顺序在 $D$ 坐标上联结成组,形成树状分类图,同时制做农业气候分类系统表。

⑤ 最后,用判别分析对区域进行划分,确定出各农业气候区界,绘制吉林省农业气候分区图。

应该指出,聚类分析方法的优点虽在于可进行多元客观分析,但对所选因子同等对待,无主次之分,也可能把数量相似而性质不同的样本划为一类。因此,有待进一步完善。

(4) CAST 聚类分析方法

CAST 聚类是已故气候学家么枕生先生(1994)提出的在国际上已获得认可的一种聚类分析方法。它不但可用于气候分类区划,还可用于气候问题的其他研究。其明显优点是

① 具有客观统一的显著性标准,可在给定信度下,规定客观的并类分区划界标准;

② 由距离系数矩阵或相似系数矩阵一次逐步计算完成,不必逐步对矩阵降阶,因而计算简便;

③ 允许有区域过渡带存在,这样更符合实际气候区域的空间分布。

(5)模糊聚类分析法

模糊聚类分析是根据模糊数学的理论、方法进行识别、评判和聚类的方法。

1)模糊聚类的基本原理

对于分明集有

$$f_E(x) = \begin{cases} 1 & (x \in E) \\ 0 & (x \notin E) \end{cases}$$

即当 $x$ 属于 $E$ 的子集时定义为 1，$x$ 不属于 $E$ 的子集时定义为 0。

对于模糊集(不分明集)有

$$0 \leqslant f_A(x) \leqslant 1$$

即 $f_A(x)$ 可以取 0 到 1 之间的任意实数。如 A 和 B 均为模糊(不分明)集，其模糊数学运算法则有

$\vee$ :并　　　　　$f_{A \vee B}(x) = \max\{f_A(x), f_B(x)\}$

$\wedge$ :交　　　　　$f_{A \wedge B}(x) = \min\{f_A(x), f_B(x)\}$

$\overline{A}$ :补　　　　　$f_{\overline{A}}(x) = 1 - f_A(x)$

模糊聚类实际上是将原始的相似(或距离)矩阵通过褶积改造成具有传递性的模糊等价矩阵，然后根据一定标准得到不同的聚类。

2)模糊聚类的步骤

①建立相似矩阵

按照系统聚类计算距离或者相似性的方法计算 $i$ 与 $k$ 之间的相似系数，构成相似矩阵。

$$\boldsymbol{R'} = \begin{bmatrix} r'_{11} & r'_{12} & \cdots & r'_{1n} \\ r'_{21} & r'_{22} & \cdots & r'_{2n} \\ \vdots & \vdots & \vdots & \vdots \\ r'_{n1} & r'_{n2} & \cdots & r'_{nn} \end{bmatrix}$$

②建立模糊矩阵

将上述原始的相似矩阵，按照一定的方法改造成模糊矩阵。例如，当 $\boldsymbol{R'}$ 中的 $|r'_{ik}| \leqslant 1$ 时，可运用下面的公式对相似矩阵进行改造。

$$r_{ik} = 0.5 + \frac{r'_{ik}}{2}$$

通过改造使得相似系数(距离)压缩到 0~1 之间，即有 $0 \leqslant r_{ik} \leqslant 1$ ，于是可变 $\boldsymbol{R'}$ 为模糊矩阵。

$$\boldsymbol{R} = \begin{bmatrix} r_{11} & r_{12} & \cdots & r_{1n} \\ r_{21} & r_{22} & \cdots & r_{2n} \\ \vdots & \vdots & \vdots & \vdots \\ r_{n1} & r_{n2} & \cdots & r_{nn} \end{bmatrix}$$

③建立模糊等价矩阵

已知 $\boldsymbol{R}$ 矩阵并不具有传递性，即 $\boldsymbol{R}^2 \neq \boldsymbol{R}, \boldsymbol{R}^4 \neq \boldsymbol{R}^2 \cdots$。因此要通过矩阵褶积将模糊矩阵改造为模糊等价矩阵。具体方法是不断地进行褶积运算:$\boldsymbol{R}^2 = \boldsymbol{R} \cdot \boldsymbol{R}, \boldsymbol{R}^4 = \boldsymbol{R}^2 \cdot \boldsymbol{R}^2 \cdots$，一直到出现 $\boldsymbol{R}^{2k} = \boldsymbol{R}^k$ 时为止。即运算到某一步矩阵 $\boldsymbol{R}^{2k}$ 与前一步矩阵 $\boldsymbol{R}^k$ 相同时，则模糊矩阵 $\boldsymbol{R}^k$ 满足了模糊等价关系，具有传递性，可记为 $\boldsymbol{CR}$。矩阵的褶积与矩阵乘法类似，只是将数的加运算改成了

并运算,乘运算改成了交运算。

④对模糊等价矩阵进行聚类

依 λ 截集原理,选择适当的 λ 水平进行聚类。即将 **CR** 阵中的所有元素 $cr_{ik}$ 从大到小进行排列,分别取不同的 λ 值对 $cr_{ik}$ 进行重新定义

$$cr_{ik} = \begin{cases} 1 & (cr_{ik} \geqslant \lambda) \\ 0 & (cr_{ik} < \lambda) \end{cases}$$

这样 **CR** 阵就改造成了只含 0 和 1 的 **CR**$_\lambda$ 阵。其中 1 表示两个个体可以划为同一类。聚类的最终结果和系统聚类一样,也是将所有的样本都聚成一类。

⑤应用举例

高素华等在总结前人研究成果的基础上,抓住对种植橡胶最适宜的主要气象条件,运用模糊综合评判方法做出我国橡胶农业气候区划。所谓模糊综合评判,就是借助模糊变换原理,在考虑与被评判的事物有关各个因素时,对该事物所作的总评价。在我国橡胶农业气候区划中,所用区划因子及最适宜标准为:年平均气温≥23℃,年极端最低气温多年平均值≥8.0℃,年降水量≥2000 mm,年平均风速≤0.1 m/s。根据运用模糊综合评判方法计算结果,分为很适宜(Ⅰ)、适宜(Ⅱ)、及不适宜(Ⅲ)三等级。所得结论与郝永路等以橡胶树的低温寒害指标作为划区的主要农业气候指标,同时以月平均气温≥18℃的月数和年降水量为辅助指标所进行我国橡胶气候区划一致。海南岛南部为唯一的最适宜气候区,海南岛北部为适宜气候区,海南岛中部山地为次适宜气候区。其他橡胶区中,除滇南、滇西南与滇东南为适宜气候区外,剩余的地区仅为次适宜区,有的只能是局部可种植区。京津冀地区冬小麦气候生产潜力区划(刘晶淼等,2010)。

(6)主分量分析法及其改进

主分量分析(EOF/PCA)和旋转经验正交函数或旋转主分量分析(REOF/RPCA)方法是气象上常用的统计分析方法之一,其基本原理是对包含 $p$ 个空间点的气候要素场随时间变化进行分解,用少数几个特征向量场反映原要素场的主要特征。EOF 方法可以反映气候要素场的主要空间特征,该方法对于分型区划有一定的效果,但不能很好地揭示场中不同地理区域变化的特征。这些不同区域的变化特征只有通过 REOF 才能较好地展现。REOF 方法的基本原理是在 EOF 的基础上对原坐标轴进行旋转,使少数变量在新坐标轴上有高的载荷,而其余的则接近于零,从而对原要素场进行分类。由于上述方法是气象学上的常用方法之一,许多教科书上都有介绍,这里不再赘述。下面仅介绍与之相关的改进方法——CAST 聚类与主分量分析(REOF/RPCA)相结合的方法。

该方法是将 CAST 与 RPCA 两者相结合的一种分型区划方法,可用仿真随机模拟资料进行实例计算和理论证明。么枕生提出的具有统计检验的 CAST 方法可作为 PCA/EOF 或 RPCA/REOF 对气象变量场分型区划的理论基础。其计算的关键步骤为:先运用 PCA/EOF 或 RPCA/REOF 作分类区划;再以各主分量为聚类中心,通过荷载相关矩阵采用 CAST 方法聚类;最后,对各高荷载区(或 CAST 聚类)再作新一轮 PCA/EOF,以便最终验证分区的合理性

①理论证明

所谓 CAST 聚类,就是具有显著性检验标准的聚类分析。一般可有两种计算方案:均匀聚类和中心聚类。对于地理空间上的气候区划来说,用中心聚类方案更适合。

假设样本容量为 $n$ 的具有 $p$ 个网格点（或测站）所构成的某一气象变量场 $X$（约定序列已标准化），可以证明，其两两格点或测站之间的欧氏距离为：

$$d_{ij} = \left\{ \sum_{k=1}^{n} (x_{ki} - x_{kj})^2 \right\}^{1/2} = \{2n(1 - r_{ij})\}^{1/2} \tag{3.2-1}$$

式中 $x_i$ 和 $x_j$ 分别为气象场中不同序号 $i = 1, 2, \cdots p-1$ 和 $j = 1, 2, \cdots p$ 的各变量。而 $r_{ij}$ 为两者的线性相关系数，$n$ 为其样本容量。文献（么枕生等，1990）已证明，属于各个同类样品的欧氏距离 $d_{ij}$ 为随机变量，其抽样分布具有统计特征量

$$E(d_{ij}) = \sqrt{2n(1 - \rho_{ij})} \tag{3.2-2}$$

$$\text{Var}(d_{ij}) = 1 - \rho_{ij} \tag{3.2-3}$$

这里，$\rho_{ij}$ 为理论相关系数（总体相关系数），在同类样品中，由于欧氏距离 $d_{ij}$ 符合正态分布，其极大似然估计值可写为

$$d = \sum_{i<j} w_{ij} d_{ij} / \sum_{i<j} w_{ij}, (i = 1, 2, \cdots, q-1; \quad j = 1, 2, \cdots, q)), (q \leqslant p) \tag{3.2-4}$$

其中

$$w_{ij} = \frac{1}{\text{var}(d_{ij})} = \frac{1}{1 - r_{ij}} \tag{3.2-5}$$

由此构造服从自由度为 $\eta - 1$ 的 $\chi^2$ 分布统计量

$$\chi^2 = 2n \sum_{i<j} w_{ij} (c_{ij} - \hat{c})^2 \tag{3.2-6}$$

其中

$$c_{ij} = d_{ij} / \sqrt{2n} = \sqrt{1 - r_{ij}} \tag{3.2-7}$$

$$\eta = \frac{1}{2} q(q-1) \tag{3.2-8}$$

于是有

$$w_{ij} c_{ij} = \frac{1}{\sqrt{1 - r_{ij}}}; \quad \hat{c} = \sum_{i<j} w_{ij} c_{ij} / \sum_{i<j} w_{ij} \tag{3.2-9}$$

在式（3.2-4—8）中，$q$ 为同类样品中变量的个数，对于气象变量场 $X$ 而言，$q$ 即为变量场中同一区（型）的网格点数（或站点数）。$\eta$ 是式（3.2-6）中与自由度有关的求和项数。聚类统计检验（CAST）方法，就是依据式（3.2-6）逐一计算出拟并入该区域的相应站点的 $\chi^2$ 统计量，并检验零假设 $H_0: d_{ij} = \hat{d}$ 和备择假设 $H_1: d_{ij} \neq \hat{d}$。在给定信度 $\alpha$ 下，可寻求临界区间

$$\chi^2 \geqslant \chi^2_{1-\alpha}(\eta - 1) \tag{3.2-10}$$

如若

$$\chi^2 < \chi^2_{1-\alpha}(\eta - 1) \tag{3.2-11}$$

则表明该测站可归于同类区域，否则，可在一定信度下判定其不属于该类区域。根据式（3.2-1），可直接计算出每两两测站间的相关系数，从而构成相关系数矩阵。在此基础上，选择中心站点，依据式（3.2-1—11），就可编制计算程序进行分类。显然，为了并入某一区类，希望加入的站点满足 $\chi^2 < \chi^2_{1-\alpha}(\eta - 1)$，即 $\chi^2$ 值愈小愈好。但 CAST 存在着一个不确定性的问题：即如何选取聚类中心站点并无客观标准。在同一气候区内，如果选择不同的中心站点，其分区结果可能并不完全一致。那么，怎样才能使选出的中心站点更能代表该气候区的典型特征？

研究表明，EOF 能客观地识别出同类振荡型的空间分布，即旋转前或旋转后的载荷场上，每一个空间点所对应的变量只与一个主分量存在高相关，那么该向量场的高值区就代表了该

区域的典型特征。因此,可认为具有高荷载的站点就是该气候区的中心,选取其作为聚类分析的中心站点最具代表性。

根据 REOF 理论,可以证明,各主分量的最高荷载中心实际上可作为聚类分区的中心站点。因为上述具有 $p$ 个网格点(或站点)的气象变量场序列 $X = (x_1, x_2, \cdots, x_p)'$,实质上就是具有某种学科意义的多元正态变量。假定对资料已作标准化预处理,即有 $E(X) = (\mu_1, \mu_2, \cdots, \mu_p)' = 0$ 或者 $X \sim N(0, \Sigma)$。显然,其各变量间相关系数矩阵应为

$$\boldsymbol{R} = \begin{bmatrix} r_{11} & r_{12} & \dots & r_{1p} \\ r_{21} & r_{22} & \dots & r_{2p} \\ \dots & \dots & \dots & \dots \\ r_{p1} & r_{p2} & \dots & r_{pp} \end{bmatrix} \tag{3.2-12}$$

由于 $\boldsymbol{R} = \boldsymbol{R}'$ 为实对称矩阵,根据对称阵的对角化和正交变换理论则有

$$L'RL = \Lambda \tag{3.2-13}$$

定义主分量

$$\widetilde{Y} = L'\widetilde{X} \tag{3.2-14}$$

则有

$$\widetilde{Y}\widetilde{Y}' = L'\widetilde{X}\widetilde{X}'L = LRL' = \Lambda \tag{3.2-15}$$

其中 $\widetilde{X}, \widetilde{Y}$ 均为标准化变量。根据式(3.2-1)和(3.2-7)可得

$$r_{ij} = 1 - \frac{d_{ij}^2}{2n} = 1 - c_{ij}^2 \tag{3.2-16}$$

考虑式(3.2-16)的关系,式(3.2-15)又可等价地写为

$$\widetilde{Y}\widetilde{Y}' = L'\widetilde{X}\widetilde{X}'L = L'RL = L'(J - C)L = \Lambda \tag{3.2-17}$$

式(3.2-17)中,$J$ 代表了元素全为 1 的方阵,$C$ 代表了元素为 $c_{ij}^2$,($i, j = 1, \cdots, p$)的矩阵,显然,相关系数矩阵 $\boldsymbol{R}$ 是距离系数 $c_{ij}$ 平方的函数矩阵。$\widetilde{Y}$ 为标准化主分量,式(3.2-17)中相应的特征值就是标准化主分量方差

$$\mathrm{Var}(\widetilde{Y}) = L'\widetilde{X}\widetilde{X}'L = \widetilde{\Lambda} = \mathrm{diag}(\widetilde{\lambda}_1, \widetilde{\lambda}_2, \cdots, \widetilde{\lambda}_p) \tag{3.2-18}$$

由此可见,对气象变量场相关系数矩阵的主分量正交变换即 PCA 的运算过程就等价于对场内各变量所构成的距离系数矩阵的某种函数的正交变换过程。在标准化变量条件下,任一主分量的载荷值 $l_{hj}$ 实质上就是主分量与原变量的相关指标,可以证明 $l_{hj} \sqrt{\lambda_h}$ 代表了主分量振型与原序列振型的相关系数,PCA 实际上是从原变量场序列中逐一提取代表原气象变量场的各种主要振荡信号型。气候型的分类区划,实质上就是按载荷值的高低,将与某一主分量最为相似的高相关(或高载荷区)振荡型聚为同一类型;反之则属于其他类型。研究表明,载荷场经过正交旋转变换,可使载荷场方差加大,即载荷值分异性更明显,这就使原来与某一主分量最为相似的高载荷区更加突出。研究表明,采用 CAST 作气候分类,以中心聚类为最优。同一气候区内各站点间彼此相似,其中任何站点的气候特征都可认为是与某一个所谓中心站点的气候特征最为相似。在理论上,总可假定存在某一中心站点的变量序列,其在时间域上的振荡型就是相应的主分量振荡型。如前所述,既然高载荷值 $l_{hj}$ 实际上代表了主分量与原变量振型的相似程度(以相关系数为度量)。而根据式(3.2-5)—(3.2-8)可见,站间距离可以直接转化为站间的相关系数。因此,利用 $\chi^2$ 统计检验对距离系数的检验等价于对相关系数的检验。其聚类判据也等价。

此外,任一个气象变量场的 PCA 收敛性都与场的相关结构有关,一般地说,场内各站均有高相关,即两两相关密切且均匀,则收敛必然较快(其前 1 或 2 个主分量即可占有相当大的方差百分比),即整个场的随机性减小,反之,如场内各站相关较差,必然使整个场的随机性增大,必然收敛慢。在特殊情况下,假定场内有 $p$ 个变量,其相关矩阵中各变量间的相关系数都很大,接近为 1,则可证明其特征方程近似为

$$\lambda^{p-1}(\lambda - p) = 0 \tag{3.2-19}$$

由此得到

$$\lambda_1 = p, \quad \lambda_2 = \lambda_3 = \cdots \lambda_p = 0 \tag{3.2-20}$$

即相应的最大特征值已接近或等于其总方差,而其余特征值则接近为 0;相反,假定场内 $p$ 个变量,其各变量间的相关系数都很小,接近为 0,则其特征方程近似为

$$(1 - \lambda)^p = 0 \tag{3.2-21}$$

由此得到

$$\lambda_1 = \lambda_2 = \cdots = \lambda_p = 1 \tag{3.2-22}$$

即表明该场序列无中心站点可言,区域各站不能聚为一类.。由此可见,将已经用 CAST 或 PCA 聚类出的各区域再分别用 PCA 展开,其第 1 主分量特征值(即方差值)必然有上述式 (3.2-20)与(3.2-22)的结果。因此,利用 $\chi^2$ 统计检验对距离系数的检验恰好等价于对相关系数的检验,其聚类判据也必然等价。因此,由 CAST 或 PCA 聚类所得高相关或高载荷的变量子集,必然满足式(3.2-20)与(3.2-22)的结果。根据上述理论,针对各主分量所对应的高载荷变量子集(或子场)重新再做二次 PCA 展开,就成为一种对 PCA 与 CAST 聚类结果一致性的验证方法。

当然,根据式(3.2-14),对任一主分量而言,也可将其线性组合式写为下列形式

$$y_{jt} = \sum_1^q l_{hj} x_{ht} + \sum_{q+1}^p l_{sj} x_{st} \tag{3.2-23}$$

其中 $h = 1, \cdots, q$ 为高载荷子集序号, $s = q+1, \cdots, p$ 为低载荷子集序号。这样,主分量与各变量的相关密切程度可按其高低载荷区分为两部分。从理论上,利用线性回归分析,就可建立相应的线性回归方程,以便客观地验证和确定 PCA 与 CAST 聚类结果的一致性,这就是另一种验证方法。基于 PCA 与 CAST 相结合用于气候分型区划的新聚类方法,其步骤可归纳为:

a)对气象变量场作 PCA 或 RPCA/REOF,并以各主分量作为气候区划聚类的中心变量;

b)根据与其相应的荷载场的荷载值大小,采用 $\chi^2$ 统计检验,按给定信度确定接受或拒绝的变量逐步引入属于各自的区域;

c)为了对各拟分区域已引入变量子集是否符合 CAST 检验标准作验证或鉴别,再次重新对各拟分区的变量作新一轮的 PCA,由此最终确定各个分区或聚类的结果。

②仿真模拟试验

假设有气象场 $X = (x_1, x_2, \cdots, x_n)$ 的仿真随机模拟数据序列,其序列长度为 $n = 50$。表 3.2-4 列出了按给定准周期加白噪声而产生的仿真随机数据序列所求得的相关系数矩阵。首先,对其做 PCA 展开,并将各主分量作为聚类中心,根据 CAST 方法,分别按式(3.2-7~9)计算统计量 $c_{ij}$ 和 $w_{ij} c_{ij}$,以及 $\hat{c}$ 和 $\eta$。由表 3.2-4 可见,变量 6、7、8、9 大致可聚为一类。根据式 (3.2-6)和(3.2-10~12)计算得到 PC1 对变量 6、7、8、9 的 $\chi^2$ 统计量。结果表明,由于

$$\chi_a^2(\eta - 1 = 4) = 7.815 \tag{3.2-24}$$

而 $$\chi^2(PC1+6+7+8+9) = 2n\sum_{i<j}w_{ij}(c_{ij}-\hat{c})^2 = 0.5918 < \chi_a^2 \tag{3.2-25}$$

可见，第一主分量 PC1 可作为变量 6、7、8、9 的聚类中心。但如果再加入其他变量，则不能进入。例如，加入变量 12，由表 3.2-4，根据式(3.2-1～6)计算得到

$$\chi^2(PC1+6+7+8+9+12) = 2n\sum_{i<j}w_{ij}(c_{ij}-\hat{c})^2 = 66.01 \tag{3.2-26}$$

因为

$$\hat{c} = 18.3207/77.3423 = 0.2369 \tag{3.2-27}$$

$$w_{1,12} = \frac{1}{1-r_{1,12}} = 0.6756 \tag{3.2-28}$$

$$w_{1,12}c_{1,12} = \frac{1}{\sqrt{1-r_{1,12}}} = \frac{1}{\sqrt{1.48}} = 0.8220 \tag{3.2-29}$$

$$\chi_a^2(\eta-1=5) = 11.070 \tag{3.2-30}$$

$$\chi^2 = 66.01 > \chi_a^2 \tag{3.2-31}$$

表 3.2-4　初始相关矩阵

| 变量序号 | 1 | 2 | 3 | 4 | 5 | 6 | 7 | 8 | 9 | 10 | 11 | 12 |
|---|---|---|---|---|---|---|---|---|---|---|---|---|
| 1 | 1.00 | 0.99 | -0.02 | 0.0 | -0.01 | 0.01 | 0.00 | 0.00 | 0.01 | 0.00 | 0.00 | 0.01 |
| 2 | | 1.00 | -0.03 | -0.02 | -0.02 | -0.02 | -0.02 | -0.01 | -0.02 | -0.02 | -0.02 | -0.01 |
| 3 | | | 1.00 | 0.99 | 0.75 | -0.02 | -0.04 | -0.03 | -0.03 | -0.03 | -0.04 | -0.02 |
| 4 | | | | 1.00 | 0.75 | -0.01 | -0.03 | -0.02 | -0.03 | -0.02 | -0.02 | 0.00 |
| 5 | | | | | 1.00 | 0.00 | -0.02 | -0.02 | -0.04 | -0.03 | -0.03 | -0.02 |
| 6 | | | | | | 1.00 | 0.98 | 0.94 | 0.89 | 0.12 | 0.06 | 0.02 |
| 7 | | | | | | | 1.00 | 0.99 | 0.95 | 0.12 | 0.04 | 0.06 |
| 8 | | | | | | | | 1.00 | 0.99 | 0.10 | -0.01 | 0.07 |
| 9 | | | | | | | | | 1.00 | 0.07 | -0.05 | 0.09 |
| 10 | | | | | | | | | | 1.00 | 0.85 | 0.74 |
| 11 | | | | | | | | | | | 1.00 | 0.34 |
| 12 | | | | | | | | | | | | 1.00 |

所以，上述结果证明，不能引进变量 12。显然，更不能引进其他变量。

另一方面，由各主分量及其荷载向量可见(表 3.2-5)，前 4 个载荷场的高值中心(表 3.2-5 中下划线的值)十分明显，其载荷基本上都在 0.50 左右，并与其他载荷分量有明显分异。计算表明，前 5 个主分量的方差百分比总和已达 96.0% 以上，其中第 1～4 主分量分别为 32.73%，22.26%，18.99%，16.64%，总计为 90% 左右。这就表明，按前 4 个主分量的荷载值聚类完全合理。为此，分别将其列于表 3.2-5 和表 3.2-6 中。显然，对主分量荷载场旋转后(表 3.2-6)，每一主分量高荷载值具有更大的分异。这样，再对其所构成的 4 个子场作新一轮的 PCA 展开，结果表明，它们各自的第 1 主分量方差都达到相当大的百分比，其中变量 6～9 的 PC1 方差为 97.04%；变量 3～5 的 PC1 方差为 89.04%；变量 10～12 的 PC1 方差为 77.23%；变量 1～2 的 PC1 方差为 100%。这正是式(3.2-28)和式(3.2-31)所表明的一致性结果。如将变量 3～4 作为子场展开，其 PC1 的方差恰好为 100.0%。这就意味着，用 CAST 或 PCA 聚

类出的各个区域(高载荷站点)再分别用 PCA 展开,必然得到式(3.2-28)与式(3.2-31)的结果。而上述计算结果中,绝大部分特征值已接近 1.0,但也有较小的 PC1 方差,如变量 3~5,一旦去掉第 5 变量,则 3、4 变量的 PC1 方差即达 1.0,可见第 5 变量处于区域边界过渡带。同理,其他类似情况则相仿。

**表 3.2-5　PCA(未旋转)的前 4 个主分量荷载值分布(PC:主分量,L:载荷值)**

| PC＼L | 1 | 2 | 3 | 4 | 5 | 6 | 7 | 8 | 9 | 10 | 11 | 12 |
|---|---|---|---|---|---|---|---|---|---|---|---|---|
| 1 | 0.01 | 0.00 | −0.07 | −0.07 | −0.07 | <u>0.46</u> | <u>0.47</u> | <u>0.46</u> | <u>0.46</u> | −0.22 | −0.14 | −0.24 |
| 2 | −0.08 | −0.09 | <u>0.55</u> | <u>0.54</u> | <u>0.54</u> | 0.02 | 0.00 | 0.00 | 0.00 | −0.18 | −0.17 | −0.20 |
| 3 | −0.06 | −0.10 | 0.15 | 0.17 | 0.15 | 0.15 | 0.18 | 0.19 | 0.20 | <u>0.52</u> | <u>0.54</u> | <u>0.46</u> |
| 4 | <u>0.70</u> | <u>0.69</u> | 0.08 | 0.10 | 0.08 | 0.03 | 0.02 | 0.02 | 0.01 | 0.03 | 0.03 | 0.04 |

\* 表中有双下划线的数值为显著载荷值

**表 3.2-6　旋转后 PCA 的前 4 个主分量载荷值分布( PC:主分量,L:载荷值 )**

| PC＼L | 1 | 2 | 3 | 4 | 5 | 6 | 7 | 8 | 9 | 10 | 11 | 12 |
|---|---|---|---|---|---|---|---|---|---|---|---|---|
| 1 | 0.01 | 0.00 | −0.15 | −0.13 | −0.15 | 0.95 | 0.95 | 0.95 | 0.94 | −0.44 | −0.29 | −0.49 |
| 2 | −0.14 | −0.16 | 0.94 | 0.93 | 0.92 | 0.03 | −0.01 | 0.01 | −0.01 | −0.31 | −0.28 | −0.34 |
| 3 | −0.10 | −0.16 | 0.24 | 0.28 | 0.25 | 0.24 | 0.29 | 0.30 | 0.33 | 0.84 | 0.87 | 0.74 |
| 4 | 0.98 | 0.97 | 0.11 | 0.14 | 0.11 | 0.03 | 0.03 | 0.03 | 0.02 | 0.05 | 0.04 | 0.06 |

③实例验证

对我国境内夏季极端高温和冬季极端低温的年际振荡类型采用 CAST 与 RPCA 相结合的方法分型区划。现以前者为例,其步骤大致可归结为:

a)取 $n = 45$(年),$p = 203$(站),首先建立各站夏季极端高温年际记录的相关矩阵;

b)然后对其相关矩阵做 REOF/RPCA,将各主分量及所对应的高荷载区视为选取的聚类中心,根据式(3.2-1~8)计算相应的 $\chi^2$ 统计量,并给出一定信度 $\alpha$ 下分区的检验判据;

c)为了更准确合理地分区,对已分的各区边界(尤其是那些边界过渡区或交叉混合区)加以鉴定,检测分区的合理性。从给出的前 12 个主因子旋转后的荷载场空间分布可见,第 1 主分量高荷载区位于我国东北地区,荷载值大部分在 0.6 以上,最大可达 0.954。其余地区的荷载值均比较小。第 2 主分量高荷载区主要以四川盆地为中心,荷载绝对值达 0.91,其余各区荷载值都在 −0.2~0.2 之间。第 3 主分量高荷载区则主要集中在我国的滇南地区,其余各区荷载值更小,大都在 −0.1~0.1 之间,显示出这一地区极端温度变化的独特性。第 4—11 主因子的高荷载区则分别位于我国西北,南疆,东南部及华南沿海、天山及其以北的新疆地区、青藏高原的东南缘和西北地区中部,黄淮流域等地区。

d)对各个分区再作旋转主分量分析(REOF),就可更准确合理地鉴定出分区的合理性。

表 3.2-7 列出了夏(冬)季极端高(低)温各分区第一主分量的方差贡献(%)。不难看出,它们基本上符合式(3.2-20)与式(3.2-22)的类似结果。当然,由于实测资料场多频振荡的复杂性,并不一定都能达到那么高的方差比率(图略)。这就从实际应用中证实了 CAST 与 RE-OF 相结合的方法用于气候分类区划的可行性。

表 3.2-7　夏(冬)季极端高(低)温区第一主分量方差贡献百分比

| 高温区号 | 地理位置 | 方差(%) | 低温区号 | 地理位置 | 方差(%) |
|---|---|---|---|---|---|
| 1 | 东北区 | 58 | 1 | 华南及东南沿海 | 68 |
| 2 | 四川、重庆 | 62 | 2 | 东北及华北东部 | 72 |
| 3 | 西南地区 | 51 | 3 | 北疆地区 | 69 |
| 4 | 西北地区中部 | 54 | 4 | 淮河和长江中下游 | 71 |
| 5 | 新疆南部 | 72 | 5 | 华中区 | 65 |
| 6 | 华东区 | 60 | 6 | 内蒙古西部及华中北部 | 70 |
| 7 | 华南沿海区 | 56 | 7 | 青海及藏东区 | 68 |
| 8 | 天山及其以北的新疆 | 61 | 8 | 南疆地区 | 69 |
| 9 | 藏东南 | 56 | 9 | 西南地区 | 67 |
| 10 | 华北北部及内蒙古中部 | 69 | 10 | 华北西部和内蒙古中部 | 72 |
| 11 | 黄淮流域 | 73 | 11 | 青藏高原区 | 72 |
| 12 | 青藏高原区 | 72 | | | |

### 3.2.3　GIS 技术在农业气候区划中的应用

基于 GIS 的农业气候资源区划信息系统是以"GIS"技术为主体,以 Windows 为平台,以 C++、Visual Basic、Visual Foxpro、Access 等为基础开发工具,建立起面对专业技术人员的区划专用工具,适用于气候资源监测评价、气候资源管理与分析、资源信息空间查询、省、地(市)、县三级区划产品制作等,其技术方法、手段、现代化程度较以前的区划有明显提高。

(1)GIS 在农业气候区划中的作用

地理信息系统(Geographical Information System,简称 GIS)是一种多技术交叉的空间信息科学,它是在计算机软、硬件和空间地理数据的支持下,运用系统工程和信息科学的理论及科学管理与综合分析技术,以提供对规划、管理、决策和研究所需信息的空间信息系统。GIS 为农业气候区划的进一步深入提供了有效的技术方法,将 GIS 的空间分析功能和传统的区划方法结合,分析农业气候资源和空间地理条件对农作物布局的综合影响,可以得到更加客观精细的农业气候区划成果,使区划结果由基于行政基本单元发展为基于相对均质的地理网格单元,大大提高了区划成果的精度和准确度。

(2)运用 GIS 技术进行区划的步骤

1)考察调研、搜集资料、确定区划对象

这是农业气候区划的基础,通过考察调研,专家座谈,了解当地的农业生产的历史、现状和农业结构调整规划。针对当地农业生产中迫切需要解决的问题,确定区划对象,制定区划方案。

2)通过农业气候资源分析确定区划指标

用气候资料与农作物产量、面积、灾情等数据运用统计学、生物学等方法,结合田间试验确定农作物生长发育的最适宜、基本适宜、不适宜的气候条件作为农业区划指标。在山区还可利用海拔高度、坡度等地理因子作为区划指标。也可根据长期实践和已有的经验作为区划指标。

3)数据库的建立

①常规数据库：包括气象数据库和农业数据库。气象数据库为历史气象要素，含常规气象观测资料及气象哨和短期气候考察资料。农业数据库含农作物面积和产量、受灾面积、损失程度、土壤类型、土地利用现状、水利设施分布等资料。

②GIS空间数据库：建立区划目标区内的地理信息数据库，包括矢量数据库和栅格数据库。矢量数据主要有行政边界、水系、道路、居民点分布等，栅格数据主要是DEM（高程）数据，生成的经纬度数据也是栅格数据。

4）数据的空间处理和分析

依据常规气象站的资料将气象哨或野外考察的短期气候考察资料进行订正，插补延长。其订正方法因温度和降水随时空变化的特征不同，分别采用相关回归和随山体高度变化规律内插而得。气温的相关回归方程均通过0.01显著性检验。

在此基础上，按照一定的原则，将目标区划分为若干分区（若目标区范围小，气候、地理特征差异不大，也可不分区），进行空间统计分析，建立分区气候要素与经纬度、高程、坡度、坡向等地理信息数据的关系模型。依据气象—地理信息关系模型，将气象站资料内插到地理网格点上。一般采用距离加权平均法进行内插，计算公式为：

$$T_{i,j} = \Big( \sum_{k=1}^{n} (T_k d_k^{-2}) \Big) \Big/ \sum_{k=1}^{n} d_k^{-2}$$

式中 $T_k$ 为网格点邻近第 $k$ 个气象台站的气候要素值，$d_k^{-2}$ 是网格点到邻近第 $k$ 个气象台站距离的平方倒数值，即距离权重，$n$ 为网格点邻近气象站的个数，一般取 3～5 个。由上式可知，网格点与某个气象台站的相互位置越接近，其数据的相似性越强，符合天气气候规律，故距离内插考虑了经纬度对气候要素的影响。最终形成具有经度、纬度（含高度因子）和年代（时间维）的四维空间气候要素数据集。

5）数据图件的空间叠置分析

空间叠置分析主要用于两层或两层以上数据生成新的数据层。空间叠置分析大致分为"栅格叠置"和"矢量叠置"，从叠置的条件上分为有条件叠置和无条件叠置。农业气候区划中应用的是条件栅格叠置分析。条件叠置以特定的逻辑、算术表达式为条件，对两组或两组以上图件中相关要素进行叠置，生成新的、符合条件的图件。农业气候区划中的条件就是农业气候区划指标，包括农业气候指标和地理信息指标。

在叠置过程中，可以应用传统的气候相似分析、综合评判分析、主导因子分析等多种方法确定叠置的优先级，进行多重叠置，达到满意的区划结果，最终形成农业气候区划成果图件。

（3）应用实例

霍山县位于安徽省西部、大别山北坡，气候条件有利于农作物和多种经济林木的栽培，其中板栗种植较普遍。当初，在市场经济的诱惑下，有些地区单纯扩大种植面积，在一些高海拔、高坡度的地方种植板栗，结果导致水土流失、产量较低，生态环境恶化。为此，该县进行了板栗适宜性种植区划。

1）区划指标

由于该县板栗很多种植在山坡上，因此区划指标要兼顾气候条件和地理因素。确定的区划指标有10℃初日～20℃终日天数、10～20℃活动积温、4—9月降水、高程、坡度，其中，地理信息数据来源于中国气象局提供的1∶25万地理数据，区划的小网格经纬精度为0.00083°×0.00083°，空间分辨率约90×90 m，气候区划指标见表3.2-8。

表 3.2-8 板栗气候区划指标

| 要素 | 适宜 | 较适宜 | 不适宜 |
|---|---|---|---|
| 10~20℃初终日天数(d) | ≥180 | 160~180 | <160 |
| 10~20℃活动积温(℃·d) | ≥4100 | 3700~4100 | <3700 |
| 4—9月降水(mm) | <1000 | 1000~1200 | ≥1200 |
| 高程(m) | <500 | 500~1000 | ≥1000 |
| 坡度(°) | <10 | 10~30 | ≥30 |

2)区划方法和步骤

板栗区划采用主导因子和辅助因子相结合的方法,分层叠置。将农业气候条件作为主导指标,地理条件作为辅助指标。首先分别进行农业气候条件和地理条件的叠置分析,生成气候条件区划图和地理条件区划图。在此基础上,综合气候条件和地理条件生成板栗种植区划图。

①生成气候因子区划图

依据 10℃初日—20℃终日天数图、10~20℃活动积温图、4—9 月降水图,用这三个要素区划指标进行逻辑交集运算,例如适宜区的关系表达式为:

$$E=（天数≥180\ d）\bigcap（积温≥4100℃·d）\bigcap（降水<1000\ mm）$$

较适宜区和不适宜区的形成与之类似,最终形成最适宜、适宜、不适宜三种种植类型的区域,生成气候因子区划图。

②生成地理因子区划图

与气候因子区划图类似,依据高程图、坡度图,利用两个地理因子划区指标进行逻辑交集运算,依据地理因子形成最适宜、适宜、不适宜种植的区域,形成地理因子区划图。

③生成板栗种植区划图

表 3.2-8 为该县板栗种植区划的判别规则,以气候因子为基准,将板栗种植划分为最适宜、适宜、不适宜三区。在此基础上,结合地理因子的三个区共 9 种组合,综合考虑气候因子和地理因子,确定适宜种植区域。比如坡度>30°,无论气候条件如何适宜也不宜种植板栗。因此,凡地理因子为 3 的组合,都属不适宜区。在 9 种组合中,将 1、2 类合并为最适宜区。4、5 类合并为适宜区,7、8 类合并为次适宜区。这样,就将气候条件好,但地理条件不适宜种板栗的区域从适宜区中划分出来,同时,又将气候条件不好,但地理条件较好的地区从不适宜区中区别开来。区划结果更加客观、细致。

以气候因子区划图为主导,叠加地理因子区划图,依据表 3.2-9 进行逻辑交集运算,生成板栗种植区划图。

表 3.2-9 板栗种植区划判别规则

| 主导因子 | 辅助因子 | 综合类型 | 区划等级 |
|---|---|---|---|
| | 1 | 1 | 最适宜 |
| 1 | 2 | 2 | |
| | 3 | 3 | 不适宜 |
| | 1 | 4 | 适宜 |
| 2 | 2 | 5 | |
| | 3 | 6 | 不适宜 |

续表

| 主导因子 | 辅助因子 | 综合类型 | 区划等级 |
|---|---|---|---|
| | 1 | 7 | 次适宜 |
| 3 | 2 | 8 | |
| | 3 | 9 | 不适宜 |

3)区划结果

最适宜区:位于该县北部,沿大塘埂、落儿岭镇、牛角冲、樊冲、石河一线以北以及佛子岭、磨子潭水库一线,约 711 km² ,占全县面积的 34.7%。分布在海拔 300 m 以下的丘陵地区,此区坡度平缓,一般在 10°以下。年平均气温 15℃ 左右,≥10℃ 积温在 5000～5200℃·d 之间,年降水量 1200～1400 mm,年日照时数 1900～2000 h。10～20℃ 初终日天数≥180 d,10～20℃ 活动积温≥4100℃·d,4—9 月降水<1000 mm,光、热、水条件非常适合板栗生长。从地理条件上看,海拔较低,坡度平缓,板栗的立地条件很好,为板栗种植的最适宜区。

适宜区:位于该县中部,除去西部海拔>500 m 的中山区以及佛子岭、磨子潭水库沿线区域以外的地区,约 642 km² ,占全县面积的 31.4%,坡度一般在 10°～30° 之间。年平均气温 13～14℃ ,≥10℃ 积温在 4000～5000℃·d 之间,年降水量 1200～1800 mm,年日照时数>1800 h。10～20℃ 初终日天数 160～180 d,10～20℃ 活动积温 3700～4100℃·d,4—9 月降水 1000～1200 mm,光、热、水条件适合板栗生长。从地理条件上看,海拔不高,有一定坡度,但仍适于板栗种植,为板栗种植的适宜区。

次适宜区:位于该县东南部及中西部海拔 500～1000 m 的地区,约 559 km² ,占全县面积的 27.3%。年平均气温 11～13℃ ,≥10℃ 积温在 3500～4500℃·d 之间,年降水量 1400～2000 mm,年日照时数 1600～1900h。10～20℃ 初终日天数<160 d,10～20℃ 活动积温<3700℃·d,4—9 月降水>1200 mm。从气候条件上看,光、热、水条件不太适宜板栗生长,但地理条件与适宜区相同,板栗的立地条件尚可,为板栗种植的次适宜区。

不适宜区:包括该县东南部和中西部海拔高度≥1000 m 的地区和适宜区、次适宜区内坡度≥30° 的零星地块,约 135 km² ,占全县面积的 6.6%。该区绝大部分地区气候条件和地理条件均不适宜板栗种植,零星地区为地理不适宜。因此,该区为板栗种植的不适宜区。

上述区划结果表明,对于具有多样生态环境的山区,农业气候相当丰富,但发展农业生产时,一定要兼顾气候条件、地理状况和其他要素,统筹规划,因地制宜,顺应自然规律,宜农则农,宜林则林,宜养则养,发展和保护并举,促进本地农业经济的可持续发展。

该例表明,将 GIS 的空间分析功能和传统的区划方法结合,可获得客观精细的农业气候区划成果,尤其是借助于 GIS 分析工具,获得分布在适宜和次适宜地区的零星不适宜区,是传统区划方法所无法完成的。因此 GIS 与传统方法相结合是农业气候资源分析利用和农业气候区划的发展方向。此外,在区划图上还可叠置水系、道路等地理信息图件,从水资源的充足与否、运输的便利程度等条件进一步分析板栗种植的适宜性。

## 3.3　农业气候区划业务流程

### 3.3.1　农业气候区划总流程

1964 年全国农业气候区划会议上提出了农业气候区划的八个步骤："搞调查、找问题、抓资料、选指标、做分析、划界限、加评述、提建议"（丌来福，1980）。这些步骤至今仍有实用意义。本次农业气候区划的总流程在宏观层面上参考了上述步骤，但更体现了精细化特点，总体流程见图 3.3-1（郭文利 等，2010）。

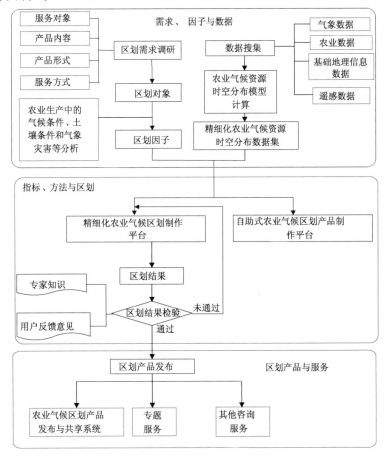

图 3.3-1　精细化农业气候区划业务总流程

由图 3.3-1 可见，精细化农业气候区划的总流程分"需求调研、因子分析和数据准备"、"确定指标、选择方法与区划制作"和"区划产品与服务"三个层次。具体分以下 9 个步骤：

①进行区划需求调研，主要包括区划服务对象、产品内容、产品形式和服务方式等的调研。

②在广泛调研的基础上，确定区划对象。

③具体分析可能影响区划对象的最基本的气候条件因子、土壤条件因子和灾害因子等，初步确定参与区划的因子。

④各种数据的收集及整理，主要包括气象数据、农业数据、基础地理信息数据和遥感数据。

通过基于多源信息耦合技术的农业气候资源时空分布模型，获得精细化的格点农业气候资源时空分布数据集。

⑤根据区划关键因子和作物生长发育的气候条件，确定精细化农业气候区划指标体系。

⑥根据区划对象及相应的指标体系，调用"精细化农业气候区划产品制作系统"软件，并选用合适的区划方法，对区划对象进行农业气候区划；对区划结果进行 GIS 空间分析和制图输出。

⑦对区划成果结合专家知识、用户反馈意见以及实地考察等方式进行检验和修改，以确保区划结果正确。

⑧对区划结果进行说明和评述，撰写区划结果分析报告并给出相应的建议等。

⑨通过"精细化农业气候区划产品发布与共享系统"、专题服务和其他咨询服务等方式进行服务。

### 3.3.2　农业气候区划对象的确定

（1）区划需求调查原则与方法

农业气候区划业务服务流程的首要任务是进行区划需求的调研。主要通过文献查阅、专家咨询、实地考察和问卷调查等方式对所需的区划类别、服务对象、区划作物和产品要求等内容进行调研。针对需求调研结果，确定区划对象，制定区划方案。

为了方便用户进行农业气候区划需求调研，设计了农业气候区划需求调研表，见表 3.3-1。

表 3.3-1　农业气候区划需求调研表

| 调研内容 | | 需要 | 较需要 | 不需要 | 其他 |
|---|---|---|---|---|---|
| 区划类别 | 综合农业气候区划 | | | | |
| | 单项作物区划 | | | | |
| | 农业气象灾害区划 | | | | |
| 服务对象 | 农业生产管理部门（如，省、市农业局） | | | | |
| | 政府决策部门（如，省（市、区）各级政府，农委） | | | | |
| | 种植业者（规模经营者、种植大户和小户种植的农民） | | | | |
| | 农业科研单位（农业科学院、林业科学院和高校等） | | | | |
| | 规模经营公司（种子公司、蔬菜公司、奶牛养殖公司等） | | | | |
| 区划作物 | 大田粮食作物 | 水稻 | | | | |
| | | 玉米（春玉米、夏玉米） | | | | |
| | | 小麦（冬小麦、春小麦） | | | | |
| | | 大豆 | | | | |
| | 大田经济作物 | 花生 | | | | |
| | | 棉花 | | | | |
| | 中草药 | 黄芩 | | | | |
| | | 西洋参（人参） | | | | |
| | | 板蓝根 | | | | |
| | | 柴胡 | | | | |

续表

| 调研内容 | | | 需要 | 较需要 | 不需要 | 其他 |
|---|---|---|---|---|---|---|
| 区划作物 | 果树 | 桃 | | | | |
| | | 梨 | | | | |
| | | 苹果 | | | | |
| | | 葡萄 | | | | |
| | | 板栗 | | | | |
| | 蔬菜 | 大白菜 | | | | |
| | | 一些特菜 | | | | |
| | 特色作物 | 经济价值高的特色作物 | | | | |
| 产品要求 | 产品分辨率 | 1 km×1 km | | | | |
| | | 500 m×500 m | | | | |
| | 产品及服务方式 | 提供含图表、数据和文字的区划报告 | | | | |
| | | 提供区划系统,用户自定义完成区划 | | | | |
| 调研方式 | 专家、用户调研 | 通过走访专家和农业生产者进行调研 | | | | |
| | 会议调研 | 通过与农业、林业等部门进行会议调研 | | | | |
| | 文献调研 | 通过查找国内外相关文献进行调研 | | | | |

在表 3.3-1 中,调研者可以直接在相应的调研项目栏的"需要"、"较需要"和"不需要"内标注,如果调研表未列出用户需要的内容,可以在"其他"栏内自行标注。

(2)区划目标的关键性气候问题分析

经过区划需求调研,用户确立了区划对象,确定了区划目标区域(地理位置、基本气候类型、地形高度、土壤类型等),下一步任务是分析影响区划对象的主要气候问题和主要灾害类型等,以确定参与区划的因子。

现在进行农业气候区划时,考虑的因子要素越来越多,但主要还是以下几方面(亓来福,1979):

①热量因子

热量因子代表的是热量资源,通常以温度表示。表示地区热量多少的指标有:各种界限温度(0℃、5℃、10℃、15℃等)的初、终日期、持续日数及期间积温值;年、月平均温度,最热月、最冷月平均温度,无霜期或作物生长期等。反映地区热量资源特点应着眼于生长期内热量条件的总量、强度、时空变化规律,特别要着重分析春秋季节的热量变化特点,越冬期间的热量条件等。

②水分因子

水分因子代表的是水分资源,降水是水资源的主要来源,对于农业生产尤为重要。表示地区水资源的农业气候指标有:降水量、湿润指数(或干燥指数)、农田水分平衡及土壤水分含量等。另外,还可以考虑季降水量和湿润指数,雨季初终日期,干旱期长短等。我国年降水量自东南向西北减少。一般情况下,250 mm 等雨量线为旱地农业的最西界线;400 mm 等雨量线为我国农牧界线;1100 mm 等雨量线为双季稻栽培的北界。

③光照因子

光照因子代表的是光能资源,是农业生产可能利用的太阳辐射能,包括光合作用直接利用的可见光部分以及具有农业意义的红外线和紫外线部分。表示光能资源的单位为太阳辐射量($J/cm^2 \cdot d$ 或 $J/cm^2 \cdot a$)及日照时数。在以往的农业气候区划中一般都不考虑光照条件,有的仅在描述过程中提一下。原因之一是,各地光照相对比较充分,在现有农业技术和产量水平下并不是主要限制性因子。二是从农业气象角度出发,对光与作物生长发育和产量形成之间的关系研究相对较少。但随着农业技术的提高和光与作物关系研究的进展,未来的农业气候区划将会逐步突显光照条件的重要性。

④灾害性(限制性)因子

低温冷害和高温热害是影响作物生长的两个灾害性因子,前者主要影响冬作物的安全越冬,后者主要多发生在我国南方早稻和中稻抽穗、开花到成熟期之间,温度过高使水稻灌浆期缩短,千粒重降低。常见的越冬条件主要有最冷月的平均气温、历年极端最低气温平均值和极端最低气温,常用的热害条件主要有极端最高气温和平均高温日数等。干旱是世界性的农业灾害,也是我国农业的主要灾害,本次区划增加了卫星遥感干旱指数等新的区划因子。

⑤土壤因子

这是近年来在农业气候区划中新增加的一个因子,它包括土壤气候和土壤肥力两个方面,前者指土壤水分和温度,后者指土壤容重等特性。

除上所述,精细化农业气候区划中还可以考虑地形因子,如海拔高度、坡度和坡向等,亦已列入区划因子库。

### 3.3.3 农业气候区划数据收集与处理

(1)精细化农业气候要素数据类型

本次"精细化农业气候区划及其应用系统研究"的一个主要的特点是生成了基于多源数据的千米网格的精细化农业气候资源数据库,这些数据的来源既包括长时间序列的台站气候观测资料,还包括多年 NOAA 极轨气象卫星资料以及地形、地貌、土壤、植被和土地利用等基础地理信息数据。

这些数据集的格式为 SuperMap 的 SDB 数据格式,存放于"精细化农业气候区划产品制作系统"的"本地数据/区划因子"节点下(表3.3-2)。

表 3.3-2 精细化农业气候区划气候要素数据集

| | 热 量 | 水 分 | 光 照 | 灾 害 | 地 形 |
|---|---|---|---|---|---|
| 1 | 旬、月、季、年平均气温 | 旬、月、季、年平均降雨量 | 旬、月、季、年平均日照时数 | 旬、月、季、年≤0℃低温日数 | 数字高程 DEM |
| 2 | 旬、月、季、年平均最低气温 | 旬、月、季、年平均降雨日数 | 0、5、10、12、15℃界限温度下的日照时数 | 旬、月、季、年极端最低气温 | |
| 3 | 旬、月、季、年平均最高气温 | 0、5、10、15℃界限温度下的降雨量 | | 旬、月、季、年≥35℃低温日数 | |
| 4 | 0、5、10、12、15℃界限温度下的积温 | | | 旬、月、季、年极端最高气温 | |

续表

|  | 热量 | 水分 | 光照 | 灾害 | 地形 |
|---|---|---|---|---|---|
| 5 | 0、5、10、12、15℃ 界限温度的起始日序 | | | | |
| 6 | 0、5、10、12、15℃ 界限温度的终止日序 | | | | |
| 7 | 0、5、10、12、15℃ 界限温度下的天数 | | | | |

（2）精细化农业气候要素数据的处理

除了表 3.3-2 所列的系统自带的精细化农业气候要素数据集外,用户还可以利用"精细化农业气候区划产品制作系统"自定制农业气候区划因子数据。主要可以通过以下 3 种方式进行：

1）导入因子数据

对于已经存在的其他格式的因子数据,需要导入到 Super Map 数据中,可以通过以下步骤进行：

①在区划因子中新建一个 SDB 文件,然后重命名该文件；

②在该 SDB 文件节点上点击右键,弹出菜单,左键点击"打开"菜单,则 SDB 文件节点会修改为 SDB 数据源节点；

③在 SDB 数据源节点上点击右键,弹出菜单,左键点击"导入数据集"菜单,弹出导入数据集对话框,添加要导入的数据文件,然后设置相关参数,点击"导入"即可。有关导入数据集的具体操作及详细信息,请参考《精细化农业气候区划产品制作系统（通用功能）》帮助文档中"导入数据集"的相关内容。

说明：

系统支持导入的数据格式类型有很多种,常用的有 Erdas Image（ ＊ . img）格式、ArcInfo Grid 交换格式等,具体请参考《精细化农业气候区划产品制作系统（通用功能）》帮助中"导入数据集"的详细说明。

2）空间分析模型推算

通过空间分析模型推算功能,生成一个空间分析模型,然后利用空间分析模型及气象要素插值方法生成相应的因子数据,具体步骤如下：

Ⅰ 查询样本数据

①在农业气候区划窗口的"外部数据"节点的"连接数据库"子节点上点击右键,弹出菜单,点击"添加连接",连接气象资料数据；

②在连接上的数据库或数据表节点上点击右键,弹出菜单,左键点击"SQL 查询"菜单,弹出 SQL 查询对话框,设置查询的参数,并将查询结果保存为 ＊ . csv 文件。

说明：对样本数据的要求是,查询结果中必须包含站点字段。

Ⅱ 根据样本数据建立空间分析模型

①点击"农业气候区划""空间分析模型推算"菜单,弹出空间分析模型推算对话框,点击"读取文件"按钮,弹出选择文件对话框,然后选择查询的样本数据文件；

②切换到"参数设置"页面,设置因变量、自变量及回归分析方法。主要的回归方法有:线性回归分析、逐步回归分析、指数函数法和对数函数法等;

③设置好参数后,点击"运算"按钮,则会生成相应的模型,运算的结果为输出一个空间分析模型及其相关参数,根据输出的参数,用户可以判断推算的结果是否满足要求。

Ⅲ 生成因子数据

在"输出数据"页面上点击"生成"按钮,输入模型名称,会自动在可视化视图中显示模型,通过设置输入模块的对应数据、插值模块的参数,再执行模型就可以生成区划所需的栅格因子数据。

3)梯度距离反比法推算

Ⅰ 查询站点数据

这一步与"空间分析模型推算"中的步骤相同。

Ⅱ 使用梯度距离反比方法

①点击"农业气候区划"—→"梯度距离反比法推算"菜单,在弹出的对话框中设置站点数据,即通过查询气象资料数据库得到的样本数据;

②设置 DEM 数据,DEM 数据保存在基础地理数据源中;

③设置系数,该系数可以从空间模型推算的输出数据中获得;

④设置搜索半径及最近站点数参数;

⑤设置数据源及数据集名称及分辨率;

⑥点击"推算"按钮即可执行梯度距离反比法推算。

### 3.3.4　农业气候区划指标确定

(1) 精细化农业气候区划指标选取的基本原则

①简单化原则,要素不宜太多;主要考虑气候要素,非气候要素基本不予考虑。

②否决性原则,确定越冬作物、多年生作物以及其他作物的关键制约要素,以此作为否决要素指标。如越冬大田作物可以极端最低气温作为否决要素指标,在干旱区可以降水量作为否决要素指标。符合否决条件的地区,不再进行其他因素的分析评价,而直接作为不适宜气候区。

③综合性原则,主要考虑光、温、水三个方面的综合作用。

④层次化原则,首先根据否决要素指标,分为适宜区和不适宜区。然后,根据光、温、水条件,对适宜区进行适宜度指数测算,并归并为最适宜区、适宜区和次适宜区等。

⑤时空差异性原则,中国地域广大,农业气候指标应该而且必需反映出因时、因地的差别。例如,新疆的干旱风标准应该比河北、江苏高一些,而南方的洪涝标准则应该比北方高一些,这种差别是由于作物在一个地方长期栽培对当地气候具有一定适应性反映的结果。

⑥可操作性原则,在众多的指标选取中,必须考虑现有的精细化农业气候要素数据是否支持所选的指标,即考虑指标必须要有数据的支持。

(2)精细化农业气候区划指标的提取及方法

农业气候区划指标可以分为两类:

一类是决定农作物生长、发育及其产量和质量的生物气候因子,其中包括:

①决定生物发育的生物气候因子,如年和日的温度周期和光周期;

②决定作物生长和产量的生物气候因子,如有效水分及其年度分布、总热量等。

另一类是灾害性气候因子如霜冻、低温冷害、干旱和干热风、冰雹、大风、超高温、洪水、强烈辐射等。

根据亓来福(1979)提出的方法,区划指标确定的具体步骤如下:

①正确鉴定区划农作物对气候条件的要求,找出生物学指标

要精确地确定生物学指标是很困难的,因为植物的生长和发育是各种环境因子综合作用的结果。在甲地确定的生物学指标(如温度指标)到了乙地,或因光照、水分条件不同,或因农业技术水平不同,这些指标会有所变化,即使在同一地区,不同年份之间也有相当大的变化。这就需要根据大田条件下的试验资料或控制条件下的实验资料进行分析,找出当地条件下的生物学指标。由于试验点少、资料年代短,故应根据生物学和气候学规律找出农业气象指标的纬度或高度订正值。一般说来,长日照作物如小麦在可能种植的范围内,需要的总热量随纬度的增加而减小,越向高纬地区,这种减小趋势越明显,在 40°−60°N 纬度范围内,每增加一个纬度,从播种至成熟所要求的积温约减少 20～30℃左右。相反,短日照作物如玉米,随着纬度的增加,其所要求的积温是逐渐增加的,每增加 5 个纬度,积温约增加 50～100℃。此外,在作物生长期温度高于作物所要求适宜温度的地区,作物的生物学指标也偏高。

②正确确定生物气候指标

由于生物学指标是按作物实际生育期统计的指标,在地区间变化较大,且作物品种不同,指标也不一样,同时年与年之间的气候条件也有较大的变化,所以生物学指标不能作为区划的指标,因此必须确定生物气候指标。为此,需要把各种作物各种品种的生物学指标收集起来进行综合分析,找出年际间和地区间的差异,按早、中、晚熟品种依次排列,分别确定其指标范围。

应该指出,生物气候指标不宜分得过细,若分得过细,在做生物气候区划或综合农业气候区划时就不好用,各小区就容易出现自然气候(逐年气象条件)的越区现象,从而失去区划的意义。

③根据生物气候指标正确鉴定地区的农业气候资源及其时、空(包括高度)分布,找出农业气候区划指标

生物气候指标包括界限温度指标和各种不同适宜程度指标,是衡量地区农业气候资源和条件的标准或尺度。也就是说要进行气候的农业鉴定。因为作物种类多,品种更多,所以可用的标准或尺度也很多,统计工作量也很大。为了减少工作量,同时又能达到预期的目的,可以把各种作物进行适当的分类。例如,从热量指标看,可以分为热带作物和亚热带作物,喜温作物和喜凉作物。限制热带作物(如橡胶)、喜凉作物(如冬小麦)等分布的气候因子主要是冬季低温,对喜温作物(如水稻、玉米、棉花等)来说,主要是生长季的热量、生长期和关键生长期的温度强度。就水分条件而言,除水稻外,各种作物要求的适宜土壤水分基本上大同小异,关键问题是各种作物的生育期有很大的差异。考虑到这一点,又考虑到各种作物各个发育期对水分条件要求的差异,所以可以按月乃至按旬鉴定地区的水分条件,这样鉴定的结果可以适用于各种不同的作物。

综合农业气候区划指标的确定是一个很复杂的问题,因为它不仅要考虑农业气候资源和农业气候条件,而且要考虑农业生产和耕作制度特别是各种作物和品种的合理搭配问题。例如熟制问题,包括终年都能生长,一年三熟、二熟、一熟,两年五熟、两年三熟指标的确定;旱作农业和灌溉农业以及各种作物各种不同稳产程度指标的确定等,都是在确定农业气候区划指

标时必须考虑的问题。至于间作套种(如北京地区的三种三收)和局部地区在没有充分农业气候资源保证情况下通过各种农业技术措施进行的多熟制都不适于作为选定农业气候区划指标的依据。熟制热量指标必须严格地按生物气候指标确定,并考虑一定的接茬农耗。此外,还应该计算出保证率。如果有可能,可以适当考虑各种栽培制度和作物搭配下的经济效益,但当资料不充分时就不必考虑,因为这不完全是一个农业气候问题,它是由各种条件决定的。也就是说,农业气候区划只能根据作物与气象(候)条件的关系回答能种什么,种什么最适宜的问题,不能直接回答经济效益问题,农业气候区划不能代替农业区划。

关于农业气候区划的水分指标问题,不能用气候学上的平均值作为依据,而必须考虑需水规律(蒸散规律)和供水规律(降水规律)及其配合程度,找出水分供应充足时期和缺水时期,并且要计算缺水量和灌溉量。

### 3.3.5 农业气候区划方法的选择及其注意问题

农业气候区划方法大致可以分为两大类:一类是传统的经典区划方法,另一类是近年来出现的一些新的区划方法,用户应根据实际需求和情况选择相应的区划方法。

(1)经典区划方法

传统的区划方法是在分析了区划目标作物生长发育的气候条件的基础上,选择了主导区划因子(例如热量、水分)和辅助区划因子(例如光照)以及相对应的区划指标;按照"主导因子"和"逐级分区"原则进行区划;对区划结果进行分析、检验,分析合理性,如果区划结果不合理,分析产生不合理的原因,修改因子和指标重新区划,直到结果合理为止。

(2)统计学区划方法

随着省、地两级农业气候区划的普遍展开,单项作物气候区划和单项农业气象灾害区划也逐步走向深入。诸如专家打分法、权重法、模糊综合评判法、模糊C均值聚类算法以及决策树法等统计学方法在农业气候区划中得到了广泛应用,从而克服了传统区划工作中找因子、求指标依赖经验方法的缺陷,使农业气候区划工作向客观化方向前进了一大步。这些方法的主要特征如下:

专家打分法:是指通过匿名方式征询有关专家的意见,对专家意见进行统计、处理、分析和归纳,客观地综合多数专家经验与主观判断对大量难以采用技术方法进行定量分析的因素做出合理估算,经过多轮意见征询、反馈和调整后最终确定农业气候区划方案的方法。

专家打分法的程序为:

①选择专家;

②向专家提供背景信息,设计征询意见表,以匿名方式征询专家意见;

③对专家意见进行分析汇总,将统计结果反馈给专家;

④专家根据反馈结果修正自己的意见;

⑤经过多轮匿名征询和意见反馈,形成最终分析结论。

使用专家打分法应当注意的问题是:

①选取的专家应当熟悉农业及相关领域的情况,有较高权威性和代表性,人数应当适当;

②对每项农业气候区划因子的权重及分值均应当向专家征询意见;

③多轮打分后统计方差不能趋于合理,应当慎重使用专家打分法结论。

权重法:在农业气候区划过程中,对不同的作物、不同的区划区域,农业气象要素因子(热量、水分、光照、灾害和土壤等)的重要性是不同的。权重法就是根据这些因子在区划中的重要程度,分别赋予不同的比例系数(即权重)来进行农业气候区划的方法。常见的权重确定方法主要是:"ABC 分类权重法",该方法是根据"重要的少数和次要的多数"的原理确定各因子权重的简便方法,也是统计分析中常用的主次因素分析法。具体步骤如下:

①排队阶段,首先对各因子进行分析,然后按对作物生长发育的影响程度,将全部因子按重要性依次排列。

②分类阶段,将全部因子划分为三类,即:A 类:主要因子,占全部因子的 10%左右;B 类:次要因子,占全部因子的 20%左右;C 类:一般因子,占全部因子的 70%左右。

③权重设定阶段,根据因子分类结果,即可对 A、B、C 三类因子赋予 3、2、1 的不同权数。

模糊综合评判法:综合评判是对多种属性的事物,或者说其总体优劣受多种因素影响的事物,做出一个能合理地综合这些属性或因素的总体评判。例如,教学质量的评估就是一个多因素、多指标的复杂的评估过程,不能单纯地用好与坏来区分。而模糊逻辑是通过使用模糊集合来工作的,是一种精确解决不精确不完全信息的方法,其最大特点就是用它可以比较自然地处理人类思维的主动性和模糊性。因此对这些诸多因素进行综合,才能做出合理的评价,在多数情况下,评判涉及模糊因素,用模糊数学的方法进行评判是一条可行的也是一条较好的途径。

模糊 C 均值聚类法:聚类分析法是一种多元、客观分类方法,在农业气候区划中引进此法,可使农业气候区划客观化、定量化(刘蕴薰等,1981)。聚类分析方法的基本原理是依样品的属性或特征,用数学方法定量地确定样品间的亲疏关系,再按其亲疏程度分型划类,得出能反映个体间亲疏关系的分类系统。此系统中,每一小类所有个体之间,均具有相似性,各类之间存在明显的差异。应用聚类分析方法进行农业气候分类,然后按其分类系统划分农业气候区,其效果取决于统计指标选择的正确合理与否。

决策树法:每个决策或事件(即自然状态)都可能引出两个或多个事件,导致不同的结果,把这种决策分支画成图形很像一棵树的枝干,故称决策树。选择分割的方法可能有好几种,但目的都是能对目标进行最佳的分割。从根到叶子节点都有一条路径,这条路径就是一条"规则";决策树可以二叉,也可以多叉,可以通过对叶节点的分类路径,通过叶节点的记录数,和对叶节点正确分类的比例三个方面来衡量叶节点的优劣。

决策树方法相对于常规的统计方法的优点是:

①可以生成容易理解的规则;

②计算量相对较小;

③可以处理连续字段和种类字段;

④决策树可以清晰地显示哪些字段重要。

其缺点是:

①对连续性的字段比较难预测;

②当类别很多时,错误可能就会增加较快。

## 3.3.6　农业气候区划产品制作

在区划产品制作过程中,首先需要选择区划因子及其对应的数据,然后确定区划方法,最后利用"精细化农业气候区划产品制作系统"或其他的诸如 GIS 系统或遥感分类系统等进行区划。区划结果一般按三级分类法(即"适宜"、"次适宜"和"不适宜")或四级分类法(即"最适宜"、"适宜"、"次适宜"和"不适宜")进行分级。

在完成一次区划制作后,需要对区划结果进行检验,可以利用专家知识或实地考察等方式,判断区划结果的正确性,如果不正确,需要重新进行区划,直到结果正确为止。

(1)基于"精细化农业气候区划产品制作系统"的区划产品制作

在"精细化农业气候区划产品制作系统"中可以通过农业气候区划产品制作向导进行区划产品的制作,其制作流程见图3.3-2。

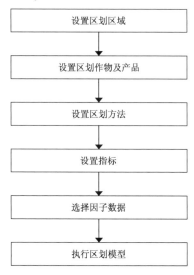

图 3.3-2　精细化农业气候区划产品制作流程

区划产品的制作可根据系统提供的向导完成:

①设置区划区域,可以以"点选"或"框选"方式在中国行政区划图上勾选出需要进行农业气候区划的区域;

②设置区划作物及产品,在"设置产品"对话框中选择待区划的作物名称和产品名称,列表框中的作物名称及产品名称是从区划指标中获取的;

③设置区划方法,完成第二步后,从"选择方法"对话框中选择相应的区划方法来进行区划;

④设置指标,根据选择的方法,在"设置指标"对话框中设置好有关的指标,注意不同的区划方法对指标的要求不同;

⑤选择因子数据,在选择好区划方法及设置好区划指标后,系统会自动在区划因子中搜索相关的因子数据,如果没有搜索到可手动添加;

⑥完成上述操作后,系统会自动生成一个区划模型,并在可视化建模视图中显示出来,然后可以执行自动或单步执行,在执行过程中,用户可以根据需要对模块参数进行调整。

(2)精细化农业气候区划制图

农业气候区划图是一种专题图,在制图过程中应遵守专题制图的流程和规则,即地图设计、地图编绘和出版准备三个阶段(蔡孟裔等,2006)。在地图设计阶段主要包括了资料的收集、分析评价及确定专题地图所需要的编图材料。在地图编绘阶段,由专业人员根据编辑任务书的要求,利用计算机等工具完成各类数据的输入、处理、编辑,生成所编地图中需要的各种地图、图标文本。出版准备阶段主要对待编地图进行整体拼装,经检查无误后,将地图以底片形式生成,即可转入制印阶段。专题图制作流程见图 3.3-3。

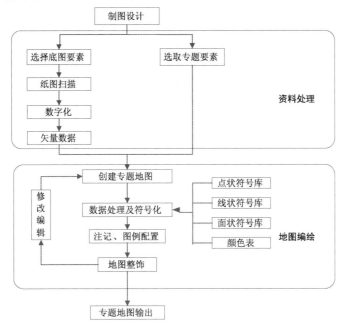

图 3.3-3　专题图制图流程

农业气候区划制图是在参考上述专题图制图的流程、规则的基础上进行的农作物适宜性区划制作。要求能提供各种类型的单要素专题图、多要素任意组合专题图制作以及专题图中的图例、标题、制作单位、制作时间等功能,能根据用户需要选择生成 BMP 图和其他常用格式图件等。

1)制图设计

在具体进行农业气候区划图设计之前,应先了解区划图的类型、目的及用图对象,因为这与选取地理底图及专题要素的内容、表示方法及色彩,考虑图面配置的方案等都是直接相关的。在此基础上,可酝酿拟定一个初步设计方案,并将主要内容、表示方法、图面安排、色彩等绘成一副概略的草图,经征求意见修改后,即可着手收集编图所需要的资料,进行资料的处理、分析与评价,然后正式开始地图设计。

地图设计主要包括:

①确定制图区域的范围和基本参数,例如制图区域、地图的开本、实际尺寸、以及合适的地图投影等;

②确定农业气候区划专题图需反映的主题,主要包括数据分级图示、质量图示(饼图/直方图)、比例尺渲染、符号渲染等;区划中常见的数据分级一般按最适宜区、适宜区、次适宜区和不适宜区四级分类或按适宜区、基本适宜区和不适宜区三级分类;

③图例,参考专题图图例设计原则,提供农业气候区划图中各种数据类型相应图例的绘制;

④比例尺,比例尺有文字标注和线段标注两种表示方法,在农业气候区划图制作中一般推荐使用线段比例尺,因为这种比例尺能随地图的缩放、旋转相应变化。

⑤标题、注记和图框绘制，根据需要插入标题、注记（制图单位、制图人、制图时间等）或图框等图形，一般原则是尽量简单、明了。

2）制图资料处理

制图资料是编制专题地图的根本依据，资料内容的完备性、现实性、科学性将直接影响编图的质量。编制专题图的资料主要有：

①地图资料，包括地形图、地理图及与所编地图有关的其他专题地图；

②数据资料，主要包括细网格农业气候要素数据、长序列卫星遥感数据、基础地理信息数据以及统计资料等，在"精细化农业气候区划制作系统"中，这些数据已经以统一的数据格式（*.sdb）存放于"本地数据\区划因子\"节点下；

③文字资料，包括专题研究的阶段或终结成果，有关的论著、文件、地理考察或调研资料等。

3）地图编绘

在农业气候区划专题地图编绘过程中，需要考虑地理底图与专题图的配置。地理底图是专题地图的"骨架"，底图内容选取的详略由拟编专题地图的内容、用途、比例尺以及区域地理特征确定，如反映农业气候区划的分布，一般应该选取行政边界线等底图。专题地图是反映某专题信息的空间特征及分布规律的图形表示，有些专题信息本身并不具有空间特征，只有将它们以地图符号的形式落实到具有地图基本特征的地理底图上时，才显示了专题信息的空间特征。

4）生成图像或打印输出。

可按 BMP 等图像格式生成农业气候区划图；根据不同等级适宜区面积所占不同比例而绘制的统计图表输出：包括散点图、柱状图、饼图、折线图等不同表现形式。

图 3.3-4 给出了一个农业气候区划图示例。

### 3.3.7　农业气候区划报告的撰写

农业气候区划报告的撰写，主要涉及作物生长发育对气候条件的分析、区划指标的提出、区划数据准备的说明、区划方法及区划方案的说明、区划结果的分析以及给出农业生产建议等内容。其撰写步骤如下。

（1）作物生长发育的农业气候条件分析

主要分析作物基本生长发育的气候条件和影响作物品质的气候影响因子，例如：生长期的平均气温、休眠期的平均气温、年降水量、年日照时数、生长期的气温日较差以及地形、坡度和坡向等。并给出相应的表格，如表 3.3-3。

表 3.3-3　京白梨农业气候区划指标

| 类别 | 气候因子 | | | | | 地形因子 |
|---|---|---|---|---|---|---|
| | 生长季平均气温（℃） | 休眠期平均气温（℃） | 年降水量（mm） | 年日照时数（h） | 夏秋季气温日较差（℃） | 坡度（°） |
| 不适宜区 | <14.7 或 >18 | <-13.3 | <500 或 >900 | <1600 | | |
| 基本适宜区 | 14.7～18 | -4.9～-13.3 | 500～900 | >1600 | 10～13 | |
| 适宜区 | 14.7～18 | -4.9～-13.3 | 500～900 | >1600 | >11 | <10° |

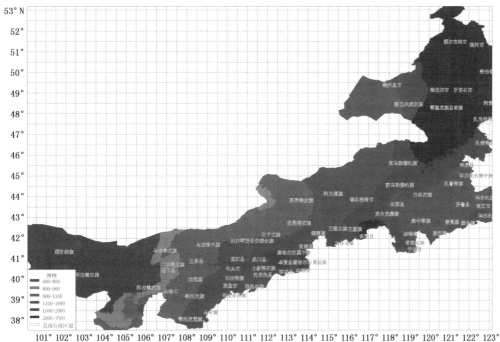

制作单位：LH；制作日期：2009年07月17日

图 3.3-4　内蒙古草地产草量气候区划图

（2）区划指标的说明

在对作物生长发育的农业气候条件分析基础上，说明参与农业气候区划的区划因子及相应的指标。在此过程中，需要分析哪些因子是主导因子（否定要素的考虑），哪些因子是辅助因子以及各因子影响作物生长发育和品质的哪些方面等（整体要素的考虑）。

（3）区划数据来源的说明

主要说明参与农业气候区划的数据来源、获取的原理与方法、资料分辨率、数据的地理定位方法和精度等。

（4）区划方法与区划方案的说明

主要说明选择了哪种区划方法并简要描述该方法的基本机理，同时给出选择该方法的理由。设计区划方案并给出区划方案的设计流程图。图 3.3-5 给出了利用决策树法进行京白梨农业气候区划的流程示例。

（5）区划结果的分析

在按照区划设计方案进行区划，得到初步结果后，要进行对区划结果的分析，确认区划结果的合理性，并找出现区划结果不合理的原因及对应的区划因子及指标。同时，也可以请教相关的专家或实地考察区划结果的合理性和准确性等。图 3.3-6 给出了区划结果示例图。

（6）区划结果检验

对第（5）步得出的区划结果要进行检验，包括专家咨询、实地考察等方式进行检验，如果区划结果与实际情况不符，应考虑调整参数或者区划方法并重新进行区划，直至区划结果通过检验。

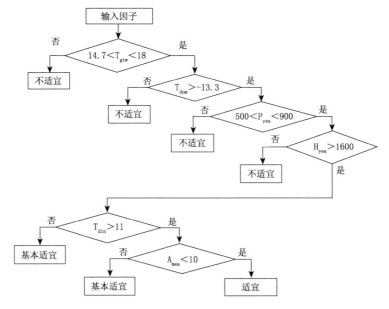

图 3.3-5    决策树法

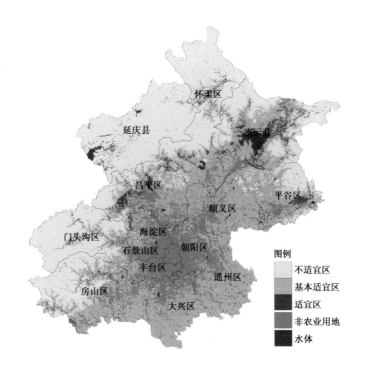

图 3.3-6    区划结果的显示

(7)给出农业生产建议

区划的最终目的是要指导农业生产或为政府决策部门和农业生产经营者提供有用的参考意见。建议要客观实用,要充分体现区划成果的作用和意义。

### 3.3.8 农业气候区划产品服务

（1）精细化农业气候区划产品服务方式

精细化农业气候区划产品的服务主要通过以下方式进行：

①通过"精细化农业气候区划产品网络发布系统"发布

该系统以"精细化农业气候区划产品制作系统"生成的区划产品库为基础，服务器端设在国家和省两级。用户主要有两大社会公众群体：一是普通社会大众，他们通过家用电脑联网，即可获取区划产品库中的各类已有静态信息；二是农业科技工作者、农业生产管理者、农产品经营者、农户以及其他涉农部门的相关科研与技术人员，他们可以通过本系统的引导，自己给定气候要素指标，了解不同类别的农业气候资源空间分布以及特色农业区划的气候分布状况。

②特殊服务方式

对有特殊要求的用户，可以提出他们感兴趣的服务方式，例如专题服务方式、或通过自助式农业气候区划平台服务等方式进行服务。例如，做一些园林绿化树木以及特色果树和花卉等的气候区划工作；在引种及气候可行性论证方面的工作，为引进新的品种以及为现有品种进行科学管理提供依据；以及为农业保险提供气候风险区划等。

③其他咨询服务

利用精细化农业气候区划成果做好其他咨询服务。例如，根据精细化农业气候区划成果提供对包括中草药、新品种的大田作物以及蔬菜等的引种方面的咨询服务等。

（2）精细化农业气候区划产品的应用

精细化农业气候区划产品可应用于以下方面：

①应用于农业资源开发项目论证

发展特色农业，首先要选准项目。发展特色农业的思路可以归纳为：以市场为导向，立足资源优势，利用区位优势，开发特色产品，发展支柱产业，实现产业化经营，挤进国内外两个市场。随着交通、通讯越来越便利，经济全球化趋势越来越明显，农产品的生产将越来越集中到具有比较优势的区域。例如，新疆棉区由于具有日照充足、温度适宜、气温日较差大的气候条件，因此棉花的品质优良，棉花的生产发展快，效益高，已成为该地区的主导产品。而长江中下游棉区，由于雨水多，湿度大，旱涝频繁，棉花品质难以提高，棉花生产不断压缩。又如，我国南方亚热带地区有不少 25°以上的坡地被开垦成稻田，田块很小，耕作不便，产量又低，还不利于水土保持，但这些地区云雾多、湿度大、温度适中，十分适宜茶树的生长，若发展名茶生产，将有显著的经济效益和生态效益。因此，发展特色农业，应根据当地的气候条件对其展开气候可行性论证。如果气候条件不允许，即使其他所有条件都具备，也无法有效开发。总之，进行特色农业气候可行性论证是精细化农业气候区划为发展特色农业服务的首要任务。

②应用于农业生产基地选择

发展特色农业必须实行规模化生产，建设生产基地。由于受地形影响，一个县（市）内，甚至一个乡（镇）内不同地点的气候差异明显。尤其是丘陵山区气候差异更大。精细化农业气候区划中提供的 $0.01°×0.01°$ 分辨率的气候资源数据能为这些地区提供精确的各类气候数据，并辅以高分辨率的地理信息数据，从而为特色农业生产基地的选址提供重要的科学依据和理论支持。例如，油茶是我国亚热带特有的木本油料植物，茶油是优良的保健食品。我国中亚热带地区最适宜油茶的生产，由于油茶怕冻、怕高温干旱，因此油茶生产基地应选在低山丘陵。

由此可见,根据特色农业对气候的要求,进行气候考察,开展精细化农业气候区划,并将区划结果用于指导特色农业基地建设,对于提高特色农业的经济效益具有重要意义。

③应用于作物良种引进

发展特色农业,积极引进优质、高产、高效的品种是重要途径之一。引种必须首先了解品种的气候适应性。无论是农作物、林、果,还是畜、禽、水产,不同的品种都有不同的气候适应性。"精细化农业气候区划制作系统"中提供的区划指标主要有:大苹果、柑橘、荔枝、龙眼、沙田柚和香蕉等特色水果的指标,还有棉花、水稻、小麦和玉米等大田作物的区划指标,以及气候带和气候区的一些区划指标。引进新品种,只有能适应当地的气候条件才能成功,盲目引种危害很大。"精细化农业气候区划制作系统"提供的这些指标以及相关的气候数据和利用这些数据、指标生成的区划产品能够在发展特色农业科学引种中发挥重要的作用。

④应用于风险评估与防灾减灾

在农业生产过程中,气象灾害造成的损失往往巨大,必须在生产中注意和防范气象灾害。"精细化农业气候区划制作系统"的区划因子中的最冷月的平均气温、历年极端最低气温平均值和极端最低气温是低温冷害的典型因子,而极端最高气温和平均高温日数等通常用于判断高温热害。低温冷害主要影响冬作物的安全越冬,而高温热害主要多发生在我国南方早稻和中稻抽穗、开花到成熟期之间,温度过高使水稻灌浆期缩短,千粒重降低。这两种灾害除了对大田农作物的生产造成很大的影响外,还会对特色蔬菜、水果和养殖造成很大影响,有时甚至是致命性的影响。

因此,根据天气预报,结合"精细化农业气候区划制作系统"进行动态的精细化农业气候区划,可以为防灾减灾提供更有针对性也更为及时有效的服务。

# 第 4 章　精细化农业气候区划案例

　　本章 4.1 节以河南省优质小麦、玉米、棉花为例,介绍大宗农作物的精细化农业气候区划,并对精细化区划结果与传统区划结果进行比较与验证。4.2 节以广西的荔枝、香蕉、沙田柚为例,介绍特色农产品的精细化农业气候区划,并采用区划结果与前人研究成果比较分析、实地调查验证、农业种植面积与产量统计三种方法对区划结果进行可靠性分析与验证。4.3 节以内蒙古草地类型和产草量区划为例,介绍北方草地的精细化农业气候区划,给出不同畜种的气候区划结果和畜牧气候分区

## 4.1　大宗农作物的精细化农业气候区划

### 4.1.1　河南省优质小麦精细化农业气候区划

　　河南省是全国小麦主产区和商品粮产区之一。小麦播种面积、总产量均居全国之首。全省常年小麦播种面积在 4600 多千 hm²,约占全国小麦播种面积的 20%,总产约占全国小麦总产量的 20% 以上。随着以优质小麦为主的农业种植业结构调整,河南省的小麦生产由以追求数量增长为主转到以提高质量和效益为主的轨道上,达到优质与高产并重,质量与效益并举,生产与加工结合,逐步形成不同区域、各具特色的优质小麦生产和加工格局。1998 年之前,河南省优质小麦面积以零星种植为主。2007 年,优质小麦播种面积迅速发展到 2800 多千 hm²,占麦播总面积的 50% 以上,优质专用小麦种植面积居全国第一位,这充分说明河南在全国小麦特别是优质小麦生产中的重要地位和发展潜力。

　　(1)河南省气候资源及优质小麦区划指标

　　1)河南省气候资源与优质小麦生产

　　河南省属于北亚热带到暖温带过渡地区,以伏牛山主脉和淮河干流为界,其北部为暖温带半湿润气候,属于黄淮平原冬麦区,占全省麦田面积的 80% 左右;以南为北亚热带湿润气候,属于长江中下游冬麦区。小麦播种期,一般在 10 月上旬至 10 月下旬,5 月底至 6 月初收获,全生育期 220～240 d。

　　河南省小麦生育期间总的气候特点是:秋季温度适宜;中部和南部多数年份秋雨较多,麦田底墒充足,西部和北部播种期间降雨量年际间变幅较大;冬季少严寒,雨雪稀少;春季气温回升快,光照充足,常遇春旱;入夏气温偏高,易受干热风危害。这样的气候条件形成了河南小麦的生长发育具有“两长一短”的特点,即分蘖期长,幼穗分化期长,籽粒灌浆期短。

　　优质专用小麦是指营养品质好、精粉率高、食品烘烤品质好和蒸煮品质好的小麦。1998 年,国家质量技术监督局实施了中国优质专用小麦品种品质国家标准,1999 年又制定和发布了强筋小麦和弱筋小麦品质指标。一般以籽粒容重、硬度、出粉率、降落值、蛋白质含量、面筋

含量、面团稳定时间等指标把小麦分为强筋小麦、中筋小麦和弱筋小麦。

大量研究证明,小麦籽粒品质不仅由品种本身的遗传特性所决定,而且受气候、土壤、耕作制度、栽培措施等环境条件以及品种与环境的相互作用的影响。在影响小麦品质的诸多生态因素中,气候因素是主导因素,对品质性状的作用更重要、更敏感。同一小麦品种在不同地区种植所表现出的品质差异,在很大程度上因气候条件变化而转移。在影响小麦品质的主要气候因子中,以小麦生育期间的温度、光照和水分最为重要,尤其是小麦抽穗至成熟期间的温度、光照和水分变化更为重要。

①温度

温度是小麦的重要生态因子,它不仅左右着小麦的生长发育,而且也影响光合产物的形成、积累和分配转移及呼吸作用等重要生理过程,并对小麦品质有重要影响。

许多试验表明,气温比土壤温度对小麦品质的影响作用更大,尤其是小麦开花至成熟期间,是小麦子粒产量和品质形成的关键时期,也是温度对小麦品质影响的最重要阶段。Leclerc和Yoder早在1914年就发现,气候比土壤肥力对小麦的蛋白质含量有更大的影响(王向东,2003)。Campbell和Read(1968)发现增加昼温(21～27℃)或夜温(13～27℃),能提高小麦籽粒的蛋白质含量。小麦灌浆期间昼/夜温度从25℃/15℃上升到35℃/25℃时,灌浆期明显缩短,灌浆速率显著下降,籽粒蛋白质含量降低。

Pokrovskaya(1982)、刘淑贞与曹广才等(1989)、Fowler(1990)、Randall(1990)的研究都证明(孙彦坤,1991;赵秀兰,2003),小麦开花至成熟期间是气温影响蛋白质含量的关键时刻,尤其是成熟前的15～20 d,若气温在15～32℃的范围内,随温度升高,籽粒干物质积累和氮、磷的累积速度加快,粒重增加,蛋白质含量随温度的升高而增加;若温度>32℃,则灌浆期明显缩短,籽粒重和蛋白质含量下降。因此,成熟前2～3周内最高气温>32℃对提高籽粒蛋白质含量不利。崔读昌(1987)认为,抽穗－成熟日平均气温每升高1℃,蛋白质含量增加0.4362%。尚勋武等(2003)也认为,灌浆期间适宜的高温有利于面粉筋力的改善,但当日平均气温>30℃时,蛋白质积累受到限制,面粉筋力也随之下降。

曹广才、吴东兵(2004)研究结果认为,抽穗－成熟期间的温度日较差与蛋白质含量、日均温与湿面筋含量皆表现为正相关,日均温与反映面粉中"α-淀粉酶"活性大小的降落值呈显著负相关。

高温对碳水化合物积累的影响大于对蛋白质积累的影响。研究表明,在日均温度<30℃时,随温度升高,蛋白质含量逐步提高,但>30℃时反而影响品质(曹广才等,1994;宋建民等,1999)。而有些研究则认为,籽粒充实期间较高的温度一般提高蛋白质含量,但相同的气候变异在所有试点和年份间没有相同的影响(Rao,1993)。Panozzo等(2000)研究结果表明(韩巧霞,2004;蔺青,2004),醇溶蛋白比例提高,麦谷蛋白有较小范围的减少,面团最大阻力、形成时间的提高等均与开花前14 d温度>30℃这一温度指标有关。我国小麦生态研究试验结果说明,开花至成熟期间平均气温在18～22℃范围内升降,对蛋白质含量有较大影响,气温适中有利于蛋白质在籽粒中积累。

河南省年均气温12～15℃,1月份气温平均在-1～-3℃,无霜期195～245 d,初霜期在10月中、下旬,终霜期在3月下旬至4月中下旬。在小麦生育期间,≥0℃积温除豫西、豫北山区<1800℃·d外,绝大部分地区均在1900～2250℃·d之间(图4.1-1);只要适期播种,冬前利于培育壮苗的≥0℃积温大部分地区均能达到550～650℃·d。据近30年的资料统计,除

了在强寒流侵袭下少数麦区有短暂的＜−22℃的极端低温外,其余麦区的多年平均极端最低气温均在−10～−14℃之间,小麦安全越冬保证率较高。但由于气温年际变化大,秋冬季降温时间早晚与快慢不同,一般春季气温上升较快,5月下旬高温多风,以及有些年份3—4月的晚霜冻,对小麦高产稳产均有不良影响。

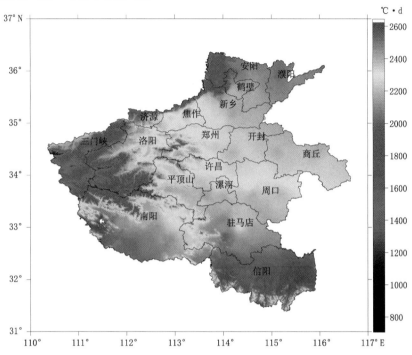

图 4.1-1　河南省小麦生育期间(10 月至翌年 5 月)≥0℃积温(1971—2000 年)

②日照

小麦籽粒灌浆期间较充足的光照有利于糖分和淀粉的合成,籽粒产量高,蛋白质数量和质量亦提高。通过对河南省 2000—2001 年度气候因子与优质品种品质性状的积分回归分析表明(王绍中,1995),小麦籽粒蛋白质含量、湿面筋含量、吸水率受日照时数的影响变幅最大,其次是降水量,受平均气温的影响变幅最小。而与加工品质关系比较密切的沉降值、面团形成时间、稳定时间受旬平均温度的影响变幅最大,其次是降水量,受日照时数的影响变化较小。

河南省光能资源丰富,光照时数充足。小麦全生育期日照时数除豫南和豫西南部分地区＜1300 h 外,绝大部分地区均在 1300～1600 h 之间(图 4.1-2),光照充足,完全能够满足小麦生长发育和产量形成的需要。日照时数自南向北递增,在抽穗至成熟期间(4 月下旬—5 月底),河南省大部分地区以晴朗天气为主,日均可照时数 13～14 h,累计实照时数 250～350 h,唯有淮南麦区常常阴雨连绵,光照不足,影响小麦籽粒形成与灌浆,使得同一小麦品种的千粒重较黄河以北低 4～7 g,且品质较差,成为豫南多湿稻茬麦区限制因素之一。

③水分

影响小麦品质的水分有自然降水和土壤水分。一般认为,随着降水量的增加,小麦籽粒蛋白质含量会有下降趋势。过多的降水会降低面筋的弹性,以致降低面包的烘烤品质。水分影响品质的主要时期在小麦生育后期,即抽穗～乳熟阶段。若该期降水多,土壤湿度过大,会使麦谷蛋白含量降低,蛋白质和面筋含量减少,从而降低面筋弹性。

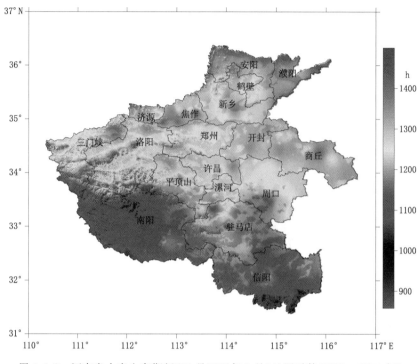

图 4.1-2　河南省小麦生育期间(10月至翌年5月)日照时数(1971—2000年)

水分对小麦品质的影响,主要原因是:第一,灌溉或降水后土壤水分充足,利于小麦植株的生长发育,分蘖大量发生,对土壤中的氮素消耗增多。如果中后期不能及时补充氮素,势必造成子粒中氮素缺乏,蛋白质含量下降。第二,小麦生育后期,如果降水过多,土壤水分充足,大量碳水化合物稀释了子粒中有限的氮素,这种倾向在土壤供氮不足的条件下尤为明显。而干旱时,小麦生长发育受阻,子粒比较瘦瘪,产量下降,蛋白质含量相对增加。另外,干旱缺水不利于小麦子粒中葡萄糖合成淀粉,而对可溶性氮化合物合成蛋白质的影响较小,因此旱地小麦在灌浆期缺水时,小麦子粒的蛋白质含量一般较高。

灌溉对小麦品质的影响不仅与灌水量有关,而且也与灌水时期及次数有关。一般随灌水量增大、灌水次数增多和浇水时间的推迟,籽粒蛋白质和赖氨酸含量降低。国家小麦工程技术研究中心2000年的试验也表明,小麦抽穗后灌2水、3水比灌1水的蛋白质含量低,且灌水时间推迟,降低幅度更明显。河南省西北部和西部旱地小麦的品质之所以较好,其原因也在于灌浆期间土壤水分相对较低的缘故。

综合多年来的研究和生产实践证明,限制河南小麦生产的主要气候因子是降水,河南省多年平均状况表明:降水在小麦各生育期分配不均,地域差异明显,降雨量分布趋势呈现南多北少,南北差异大,且从豫东南向豫西北方向递减;豫南麦区在500~600 mm以上,麦播时常因雨水过大而晚播,春季多雨,湿害重,光照差,病虫害盛行,生育后期日照少,昼夜温差小,直接影响小麦籽粒灌浆强度;黄河以北至省界220~250 mm左右,小麦整个生育期间均感缺水,尤其是春旱严重;黄河以南至淮河以北多在300~500 mm之间(图4.1-3)。

河南省的小麦拔节至抽穗期为小麦需水临界期,此期约需80~100 mm的降水。从多年降水资料看:黄河以北多年平均降水40~50 mm,常年缺水40~50 mm,处于旱季,80~100

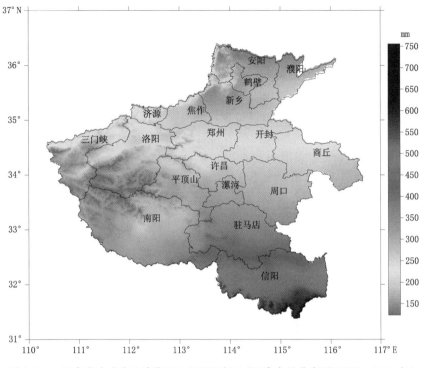

图 4.1-3 河南省小麦全生育期(10 月至翌年 5 月)降水量分布图(1971—2000 年)

mm 的保证率仅为 7％左右；黄河以南至北纬 34°以北(许昌以北)降水多为 50～70 mm，水分也不足，沙颍河以南至淮河以北为 80～110 mm，南阳盆地降水为 80～90 mm，淮河以南至北纬 32°以北地区为 110～120 mm，大别山区商城、新县一带达 180～200 mm，处于阴雨连绵时段，常因降水较多而形成小麦湿害。因此，此阶段自然降水除淮南外，大部分地区降水不能满足拔节—抽穗所需水量，对小麦增产有较大影响。

抽穗至成熟也是需水较关键时期。对河南来说，小麦此期需水量为 80～110 mm，土壤水分保持田间持水量的 70％～75％为宜。此期降水南北差异较明显，黄河以北常年为 40～50 mm，黄河以南至沙颍河以北为 60～80 mm，沙颍河以南至淮河以北 90～110 mm，淮河以南 140～200 mm。因此，豫北降水较少，豫中、豫东降水也不足，加上此地区后期常发生干热风危害，生产上应采取相应措施加以预防，淮南应注意排水防涝。

总之，小麦生育期雨水虽较适中，但降水季节分配不均，年际变化大，常有旱涝发生，其生育期降水变率黄河以南在 20％～25％，以北高达 30％。因此，充分认识和掌握河南降水特点，合理利用水分资源，提高水分利用效率，使其为河南省小麦生产发挥更大的作用。

2)河南省优质小麦农业气候区划指标

河南省小麦区划研究成果较多，早在 1984 年河南省小麦高稳优低研究协作组将全省划分为 10 个生态类型区。王绍中等在 1993 年完成了河南省小麦品质区划，2000 年又利用强筋和弱筋品种对 1993 年的区划结果进行修订，按照强筋、中筋和弱筋将河南省小麦重新划分为 5 个品质生态区。在 2002 年的河南省优质专用小麦种植区划中，将河南省划分为 6 个优质专用小麦种植区。随后，河南省部分省辖市也分别进行了品质生态区划研究。与此同时，我国北方的一些省也根据本省的气象、土壤和小麦品质表现，对本省的小麦品质进行了生态区划(吴天琪,2002；赵广才,2007；王龙俊,2002)。这些区划成果为发挥区域资源优势,优化小麦品种布局,因地制宜发展专用优质小麦提供了依据。

参考已有优质专用小麦区划研究成果,充分考虑河南省小麦生产和农业气候特点,按照合理配置资源、优化品质结构、提高种植效益的原则,提出河南省优质小麦农业气候区划指标。选取全生育期降水量(mm)、全生育期≥0℃积温(℃·d)、3－4月日照时数(h)、3－4月雨日(d)、5月日照时数(h)、5月降水量(mm)和5月平均气温日较差(℃)7个气候要素作为优质专用小麦农业气候区划因子,并按照强筋、中筋和弱筋小麦的适宜种植指标进行分级。河南省优质专用小麦农业气候区划指标及其分级见表4.1-1。

表 4.1-1　河南省优质专用小麦农业气候区划指标

| 因子 | 强筋适宜区 | 中筋适宜区 | 弱筋适宜区 |
|---|---|---|---|
| 全生育期降水(mm) | <260 | 260～400 | >400 |
| 全生育期≥0℃积温(℃·d) | <2300 | 2300～2400 | >2400 |
| 3－4月日照时数(h) | >360 | 330～360 | <330 |
| 5月降水量(mm) | <60 | 60～90 | >90 |
| 3－4月雨日(d) | <13 | 13～17 | >17 |
| 5月平均气温日较差(℃) | >13.0 | 12.0～13.0 | <12.0 |
| 5月日照时数(h) | >230 | 200～230 | <200 |
| 分值 | 3 | 2 | 1 |

(2)资料处理与区划方法

①资料与处理

区划使用的资料是河南省114个站的地面气象观测资料,资料起止年份是1971—2000年。地理信息资料采用国家基础地理信息中心提供的1:25万河南省基础地理背景数据。运用地理信息系统(GIS)技术将1:25万等高线数据转成高分辨率(100 m×100 m)的数字地形模型(DEM),在此基础上进行数字地形定量分类技术研究。

利用河南省114个气象站的气候观测资料及对应站点的经度、纬度、海拔高度地理信息数据,将经度、纬度和高度作为自变量,把区划指标因子作为因变量,建立气候要素网格推算的多元回归方程,对气候资料进行了格点化处理,各种指标因子的推算公式见表4.1-2。

表 4.1-2　河南省农业气候区划指标空间推算模型

| 区划指标 | 方程表达式 | 复相关系数 | F 值 |
|---|---|---|---|
| 全生育期降水 | $R=21.415\ LN-81.570\ LA+0.136\ H+594.656$ | 0.951 | 350.46 |
| 全生育期≥0℃积温 | $\sum T=-55.59LN-100.939LA-0.779H+12175.551$ | 0.869 | 113.27 |
| 3－4月日照时数 | $S=7.61LN+23.293*LA+0.027H-1309.4$ | 0.886 | 134.19 |
| 3－4月雨日 | $D=0.274LN-2.990LA+0.007H+84.259$ | 0.966 | 508.22 |
| 5月降水量 | $R.=464\ LN-18.039LA+0.029H+171.088$ | 0.909 | 175.58 |
| 5月日照时数 | $S=2.828LN+15.644LA+0.011H-637.101$ | 0.909 | 173.89 |
| 5月平均气温日较差 | $T=-0.085LN+0.722LA+0.001H-2.931$ | 0.729 | 41.55 |

其中 LN 表示经度，LA 表示纬度，$H$ 表示海拔高度。上述每个关系式均通过 $\alpha=0.01$ 的 F 检验，方程回归效果较好。

②区划指标的小网格推算及区划结果分级

将经度、纬度和海拔高度信息数据带入上述多元回归方程，推算出每个区划因子在 $0.01°\times0.01°$ 网格上的分布。采取打分法，按照表 4.1-1 中的优质专用小麦区划因子进行分级打分，即给每一个分级指标都赋予一定的分值。如全生育期降水，当降水量在<260 mm 之间时，赋予 3 分，降水量在 260～400 mm 之间，赋予 2 分，当降水量>400 mm 时，赋予 1 分，其他指标的打分以此类推。

然后按照下式对每个区划因子的分值进行叠加处理得到总分数

$$B = \sum_{i=1}^{7} \alpha_i b_i$$

式中 $b_i$ 表示第 $i$ 个因子的得分值，$\alpha_i$ 表示第 $i$ 个因子的影响权重。根据不同气候因子对河南省优质专用小麦种植影响程度的不同赋予不同的权重。本次区划研究中将 5 月份降水量的因子权重赋值为 2.0，其余因子权重都为 1.0。根据 7 个指标按照不同权重叠加后总分数的大小，将河南省优质专用小麦种植划分为强筋小麦适宜区、强筋中筋小麦过渡区、中筋小麦适宜种植区、中筋弱筋小麦过渡区和弱筋小麦适宜种植区（表 4.1-3）。最后为不同的区域赋予不同的颜色，并叠加经纬度，制作出河南省优质专用小麦农业气候区划图（图 4.1-4）（余卫东等，2010）。

表 4.1-3　河南省优质小麦区划分级标准

| 分区 | 强筋适宜区 | 强筋中筋过渡区 | 中筋适宜区 | 中筋弱筋过渡区 | 弱筋适宜区 |
|------|-----------|----------------|-----------|----------------|-----------|
| 分值 | ≥21 | 17～20 | 13～16 | 10～12 | ≤9 |

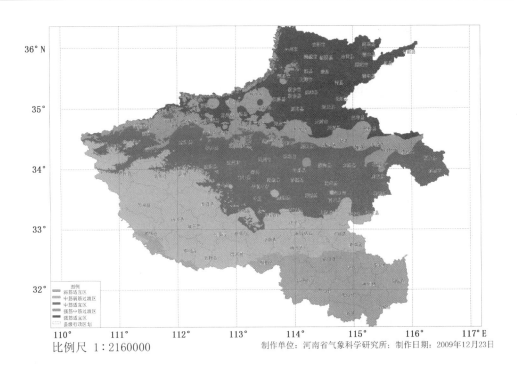

图 4.1-4　河南省优质小麦精细化农业气候区划图

(3)河南省优质小麦农业气候分区及评述

①强筋小麦适宜种植区

此区主要在豫北和豫西北,包括安阳、濮阳、焦作、鹤壁、新乡中北部和洛阳东北部等地。该区小麦生育期内≥0℃的积温 2000～2200℃·d,全生育期日照时数 1400～1600 h,小麦生育期降水 160～230 mm。光温条件较好,冬季温度适宜,光照充足,有利于培育冬前壮苗和安全越冬,拔节期春旱几率较高,多数年份小麦生育受到一定的水分胁迫,但由于地下水源丰富,灌溉条件良好,能缓和自然降水少的矛盾。灌浆期少雨且气温日较差大,大部分麦田适合优质强筋小麦种植。

②强筋、中筋小麦过渡区

该区位于河南省中北部,主要包括商丘西部,郑州、开封、洛阳中部和三门峡北部地区。小麦生育期间≥0℃的积温 2100～2300℃·d 左右,日照时数 1350～1450 h,小麦生育期间降水 200～250 mm。春季日照充足,但冬春干旱季节大风出现频率较高,小麦生育后期常出现干热风。5 月份平均气温日较差 12～13℃,5 月份灌浆期降水量 40～60 mm,日照充足,在土壤肥力较高的黏土和壤土地区可以种植优质强筋小麦,是优质强筋小麦和中筋小麦的种植过渡区。

③中筋小麦适宜种植区

主要范围是东中部平原和西部部分山区,包括商丘、开封、郑州及周口、许昌、洛阳、三门峡部分市县。该区小麦全生育期间≥0℃的积温为 2200～2400℃·d,日照时数 1300～1400 h,小麦生育期降水 200～300 mm,春季降水变率大,连阴雨天气较少,光照充足,对穗粒形成较为有利。小麦生育后期气温日较差常＞12℃,有利于千粒重的提高。该区的主要问题是自然降水偏少,且生育期内分布不尽匹配。干旱往往影响小麦正常生长和光资源的充分利用。此外,春季低温霜冻对小麦有一定影响。该区是河南省的主要产麦地带,小麦种植面积大,商品率高,可作为优质中筋小麦生产基地。

④中筋、弱筋种植小麦过渡区

该区位于河南省的中南部,包括漯河全部、平顶山、周口、驻马店、平顶山和南阳的大部分地区。全生育期≥0℃的积温为 2300～2500℃·d,日照时数 1200～1350 h,小麦全生育期降水量 300～400 mm,正常年份可以满足对水分的需要。主要问题是春季连阴雨天气较多,光照不足,气温偏低,多雨年份常有湿害发生,而在缺雨年份又受到干旱威胁,这是影响小麦高产稳产的主要因素。5 月份灌浆期日较差较小,加之抽穗后经常降水较多,对小麦灌浆攻籽粒重影响较大,是本区小麦常年粒重较低,品质较差的主要原因。此外,该区在小麦收获时易出现多雨天气,穗发芽现象时常发生,使之丰产不能丰收。

⑤豫南弱筋小麦适宜种植区

该区包括信阳市全部、南阳市东南部和驻马店市南部各县,属于长江流域麦区。气候属于北亚热带,水稻种植面积较大,旱地土壤以黄棕壤和砂姜黑土为主。小麦生育期≥0℃的积温＞2500℃·d,日照时数 1150～1250 h,小麦全生育期降水 450～600 mm。冬前气温高,播种较晚,麦苗生长弱。春季多雨,且连阴雨频繁,多数年份湿害严重,对小麦穗形成不利。小麦灌浆期间高温、多雨、日较差较小,不利于小麦籽粒蛋白质和面筋的形成,面团强度较低,不利于强筋小麦生产,适合发展优质弱筋小麦。

发展优质专用小麦需注意在选择优质品种的基础上,还应把不同类型优质小麦品种选择在最适宜或较适宜区,才能保持其优良品质特性。

### 4.1.2　河南省玉米精细化农业气候区划

（1）河南省气候资源及玉米区划指标

玉米原产热带，是一种喜温、喜光、高光效的 C4 作物，在我国农业生产中占有重要地位。河南省处于北亚热带与暖温带过渡的地带，具有四季分明、雨热同期、气候多样等气候特征。温度适中，降水丰沛，光照充足，适于玉米的生长，生产潜力很大。玉米是河南第二大粮食作物，在河南农业生产中占有重要地位，2008 年河南省玉米播种面积 2820 千 hm²，总产 1615 万 t。

1）河南省气候资源与玉米生产

①热量资源

河南省近年来多实行冬小麦～夏玉米一年两熟制。由于受这种播种制度和热量条件的限制，一般玉米种植品种以早熟或中熟为主，部分地区还在小麦收获前进行麦垄点种。这样可以充分利用气候资源，提高玉米产量，同时可以及时腾茬，为冬小麦适时播种提供可靠保证。

玉米生育期对温度条件的要求因品种和熟性的不同而异。一般说来，在日平均气温稳定通过 10℃ 以后开始播种，日平均气温＞20℃ 终日以前为适宜生长期，日平均气温＞15℃ 终日以前为可生长期。即可生长期为日平均气温＞10℃ 初日至＞15℃ 终日，适宜生长期为＞10℃ 初日—＞20℃ 终日。

单熟玉米品种全生育期要求≥10℃ 的积温 2100～2300℃·d，生育期 85～90 d；中早熟玉米要求≥10℃ 的积温 2300～2500℃·d，生育期 95～100 d；中熟品种要求≥10℃ 的积温 2500～2700℃·d，生育期 105～115 d。河南省 6—9 月日平均气温≥10℃ 的积温全省各地多在 2600～3100℃·d 之间，绝大部分地区的热量条件可以满足早熟、中早熟和中熟玉米品种生育的需要（图 4.1-5）。

玉米生长发育的最低温度为 10℃，苗期适宜温度为 15～20℃，当日平均气温达到＞18℃ 时，玉米植株开始拔节，在一定的温度范围内，随着温度的升高而加快生长。拔节—吐丝的适宜温度为 24～27℃，开花至授粉的适宜温度为 25～27℃，高于 32～35℃ 或＜18℃ 均有损开花授粉。吐丝—成熟的适宜温度 18～24℃，乳熟期日平均气温＜20℃ 灌浆速度显著减慢，16℃ 为灌浆下限温度指标，温度＜16℃ 时影响淀粉运转和物质积累。

玉米生育期间，河南省 6 月全省平均气温为 23～26℃，大部分地区在 25～26℃ 之间。对玉米的苗期生长，温度正常偏高。7 月份全省大部分地区平均气温为 27℃ 左右。此时玉米处于拔节—抽雄阶段，要求较高的温度条件，大部分地区均能满足玉米生育需要并稍偏高。8 月份全省平均气温为 23～27℃，此时玉米处于抽雄至乳熟期，气温对玉米开花授粉和灌浆十分有利。河南玉米多在 9 月上、中旬成熟并收获，此时的温度与玉米灌浆和成熟对温度的要求基本吻合。

②降水资源

玉米一生需水量较多，不同产量水平、不同生育阶段，玉米需水量不同。河南省夏玉米生育期间降水资源较为丰富，总的降水量和时间分布基本能满足玉米生育的需求，与玉米需水关键期也较吻合。但是由于降水年际变化大，时空分布不均，尤其是 6 月份全省地区间降水变率最大，苗期常发生初夏旱和初夏涝。7、8 月份夏季风鼎盛时期，降水集中，容易形成暴雨，给玉米生产带来不利影响。

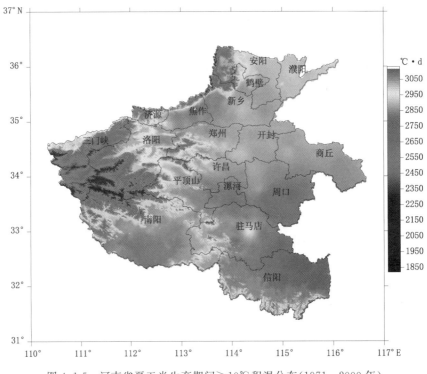

图 4.1-5　河南省夏玉米生育期间≥10℃积温分布(1971—2000 年)

早熟品种的玉米需水量一般为 300～375 mm,中熟品种为 275～400 mm,晚熟品种为 400～475 mm。不同生育阶段对水分要求也不同。拔节前耗水量一般不超过 80 mm,拔节到灌浆期,耗水量占全生育期总耗水量的 40%～50%,这一阶段耗水量大约在 150～200 mm。尤其是抽雄前 10 d 到后 20 d 为夏玉米需水临界期,也是需水高峰期。灌浆至收获耗水量在 80～100 mm 之间。

河南省 6—9 月的降水量为 300～800 mm,其中绝大部分地区在 400～600 mm 之间(图 4.1-6),从总量上看可以满足玉米一生的需水要求。其中播种—拔节期间,降水量为 120～260 mm,基本满足生育前期的耗水需求。拔节至乳熟期间,全省降水量为 145～225 mm,与玉米此时的需水量尚有一定差距。乳熟至收获期间,全省降水量 20～45 mm,与玉米实际需求也有一定差距。

③光能资源

玉米是喜光的短日照作物,全生育期需日照时数 600～800 h。平均每天 7～11 h 才能通过光照阶段。玉米光饱和点高,光补偿点低,因此光能利用率高,有利于干物质积累,故其生长速度快,产量高。

在玉米生育期内河南省各地日照时数大约为 650～750 h(图 4.1-7),基本上能满足玉米生育需要。其中播种—拔节期日照时数为 300 h 左右,呈北多南少之势;拔节—乳熟期日照时数多在 300 h 以上,呈北少南多之势。

④河南省夏玉米生产中限制气候因素

播种时期干旱:初夏季节是夏玉米播种时期,初夏旱是河南省气候特点之一。由于干旱影响夏玉米适时播种的年份占 15%～40%,东南部出现频率较小,西北部出现频率较大。夏玉

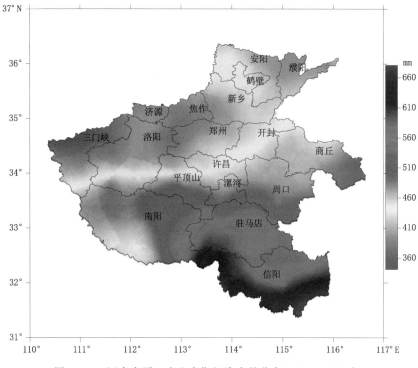

图 4.1-6　河南省夏玉米生育期间降水量分布(1971—2000 年)

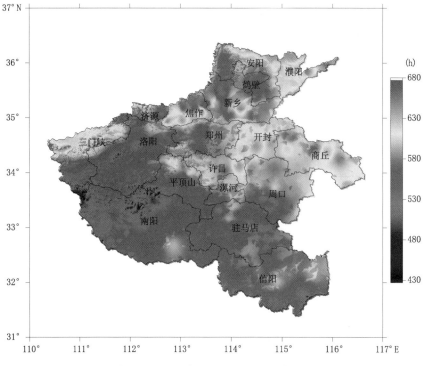

图 4.1-7　河南省夏玉米生育期间日照时数分布(1971—2000 年)

米临界播期,北部早,南部晚,北部 6 月 10 日,中部 6 月 15 日,南部 6 月 20 日。晚于临界播期,每晚种一天,每亩减产 5~7.5 kg。初夏旱影响夏玉米适时播种是限制河南省夏玉米生产的重要气候因素之一。

拔节—抽穗期的干旱:7 月下旬至 8 月中旬正是河南省夏玉米拔节抽穗开花授粉时期,也是夏玉米需水量最大,对水分最敏感时期。此时正是河南省雨季,和夏玉米需水规律配合较好。但是也有少雨年份,形成"卡脖旱",对夏玉米产量影响严重,是河南省夏玉米生产中的主要限制因素。7 月下旬—8 月中旬各旬雨量<50 mm 且三旬总雨量<100 mm,即形成"卡脖旱"。

其他:河南省夏玉米生产不利的气候因素还有开花授粉时的阴雨、孕穗开花期的雨涝以及后期的大风冰雹等。

2)河南省玉米区划指标

玉米种植的垂直分布受海拔高度和地形的影响,年降水量<350 mm 的地区,无灌溉条件一般不能种植玉米。根据全国各地的气候、地形条件和种植制度的差异,我国大致分为 5 个玉米种植气候区,其中河南省属于黄淮平原套、复夏播玉米适宜种植区,这一区域也是我国玉米种植面积最大的区域。刘汉涛等在 20 世纪 80 年代以"卡脖旱"和初夏旱发生频率、全生育期≥12℃的活动积温、降水量、日照时数等指标,将河南省夏玉米气候资源划分为四个类型区。陈怀亮等在此成果基础上,加入地理信息、日最高气温≥35℃的平均日数等辅助指标,运用聚类分析的方法,将河南省划分为 5 个玉米气候生态。何守法等则把小麦和夏玉米两熟种植区作为一个整体进行的研究,利用河南省 26 个代表县(市)气候条件、土壤肥力及历年小麦和夏玉米平均产量等指标,提取出 7 个主成分,采用类平均和聚类分析将河南小麦和夏玉米两熟制种植区划分为 6 个不同的生态区。

根据上述玉米区划研究成果,充分考虑河南省夏玉米生产和农业气候特点,按照合理配置资源、优化品质结构、提高种植效益的原则,提出河南省夏玉米农业气候区划指标体系。选取全生育期降水量(mm)、全生育期日平均气温≥10℃积温(℃·d)、全生育期日照时数(h)、苗期(6 月上旬—6 月中旬)降水量(mm)、拔节—抽穗期(7 月下旬—8 月中旬)降水量(mm)和中后期(7 月中旬—9 月上旬)大风日数(d)等 6 个气候要素作为河南省夏玉米农业气候区划因子,并按照适宜区、次适宜区和不适宜区进行分级(表 4.1-4)。

**表 4.1-4　河南省夏玉米精细化农业气候区划因子**

| 因子 | 适宜区 | 次适宜区 | 不适宜区 |
|---|---|---|---|
| 全生育期降水量(mm) | 450~550 | 300~400 或 500~550 | <00 或>550 |
| 全生育期日照时数(h) | >600 | 500~600 | <500 |
| 全生育期≥10 活动积温(℃·d) | >2600 | 2400~2600 | <2400 |
| 6 月上旬—6 月中旬降水(mm) | 35~50 | 30~35 或 50~60 | <30 或>60 |
| 7 月下旬—8 月中旬降水(mm) | 60~80 | 45~60 或 60~90 | <45 或>90 |
| 7 月中旬—9 月上旬日最大风速>10m/s 的日数 | 0 | 1 | >1 |

（2）资料处理与区划方法

1）区划资料处理

区划使用的资料是河南省 114 个站的地面气象观测资料，资料序列长度是 1971—2000 年。地理信息资料采用国家基础地理信息中心提供的 1∶25 万河南省基础地理背景数据。在考虑气候要素与经度、纬度、海拔、等因子的基础上，利用梯度距离平方反比法进行光、温、水等气候要素的空间格点值的推算。

2）区划方法

模糊数学法是进行事物分类研究的常用方法，也是农业气候区划工作中的常用方法。如王连喜等曾尝试采用模糊数学中的软划分方法，利用 3—9 月的降水、平均气温、日照时数、干燥度及≥10℃积温作为分类指标对宁夏全区进行分类，得到了与以往区划结果基本一致，但又有所区别的分区结果。另外，赵娟、刘依兰、边巴扎西、王燕则分别运用模糊聚类分析方法对不同区划指标进行了分析，完成了相应的农业气候区划工作，取得了很好的效果。本次区划采用模糊聚类方法，根据区划指标对上述区划因子分别构建如下模糊隶属度函数：

①全生育期日照时数

$$S_S = \begin{cases} 0 & S < 500 \\ \dfrac{S-500}{600-500} & 500 \leqslant S \leqslant 600 \\ 1 & S > 600 \end{cases}$$

②全生育期积温

$$S_{\sum t} = \begin{cases} 0 & \sum t < 2400 \\ \dfrac{\sum t - 2400}{2600-2400} & 2400 \leqslant \sum t \leqslant 2600 \\ 1 & \sum t > 2600 \end{cases}$$

③全生育期降水

$$S_{R_a} = \begin{cases} 0 & R_a < 300 \text{ 或 } R_a > 550 \\ \dfrac{R_a - 300}{400-300} & 300 < R_a < 400 \\ \dfrac{550 - R_a}{550-500} & 500 < R_a < 550 \\ 1 & 400 < R_a < 500 \end{cases}$$

④苗期降水

$$S_{R_j} = \begin{cases} 0 & R_j < 30 \text{ 或 } R_j > 60 \\ \dfrac{R_j - 30}{35-30} & 30 < R_j < 35 \\ \dfrac{60 - R_j}{60-50} & 50 < R_j < 60 \\ 1 & 35 < R_j < 50 \end{cases}$$

⑤抽雄—拔节期降水

$$S_{R_g} = \begin{cases} 0 & R_g < 45 \text{ 或 } R_g > 90 \\ \dfrac{R_g - 46}{60 - 45} & 45 < R_g < 60 \\ \dfrac{90 - R_g}{90 - 80} & 80 < R_g < 90 \\ 1 & 60 < R_g < 80 \end{cases}$$

⑥7月中旬—9月上旬大风日数

$$S_F = \begin{cases} 1 & F = 0 \\ 1 - F & 0 < F \leqslant 1 \\ 0 & F > 1 \end{cases}$$

考虑到不同因子在气候适应性评价中强度的差异，分别对不同的区划因子赋予不同的权重，对隶属度的计算结果进行加权平均即得到综合区划指标：

$$B = \sum_{j=1}^{6} W_j S_j$$

式中 $B$ 代表综合模糊隶属度；$j$ 代表不同气象要素；$S_j$ 代表每个气象要素的隶属度值；$W_j$ 代表不同气象要素的权重值。本次区划中上述6个区划因子的权重取值见表4.1-5。

表 4.1-5　河南省夏玉米农业气候指标权重分配表

| 分区 | 全生育期<br>日照时数 | 全生育期<br>降水量 | 全生育期<br>≥10℃积温 | 苗期降水 | 抽穗—拔节<br>期降水 | 中后期<br>大风日数 |
|---|---|---|---|---|---|---|
| 分值(B) | 0.17 | 0.17 | 0.16 | 0.17 | 0.16 | <0.17 |

根据计算结果，结合河南省玉米种植实际情况，综合考虑确定河南省玉米精细化农业气候区划分级指标(表4.1-6)：

表 4.1-6　河南省夏玉米农业气候区划分级标准

| 分区 | 适宜区 | 次适宜区 | 不适宜区 |
|---|---|---|---|
| 分值(B) | ≥0.65 | 0.45～0.65 | <0.45 |

利用该分区指标和千米网格的农业气候资料，得到河南省夏玉米种植精细化农业气候区划图(图4.1-8)(余卫东等，2010)。

(3)河南省优质玉米农业气候分区及评述

①最适宜种植区

该区域主要分布在河南中部、东部和西南部，6—9月总降水量为350～550 mm，日照时数为550～650 h，≥10℃活动积温2900～3100℃·d。夏玉米拔节、抽穗、开花期降水适宜，卡脖旱频率较低。本区是河南省夏玉米种植的最有利区域，不利因素主要是初夏旱，影响适时播种，造成水热条件与夏玉米各生育期要求不相适应，使产量降低。

②次适宜区

本区介于适宜气候区和不适宜气候区之间的过渡区，主要分布在豫北北部、太行山区，豫西丘陵及淮河南部三个地方。

北部次适宜区主要包括濮阳北部、安阳北部和太行山区，这一地区夏玉米生育期间降水量

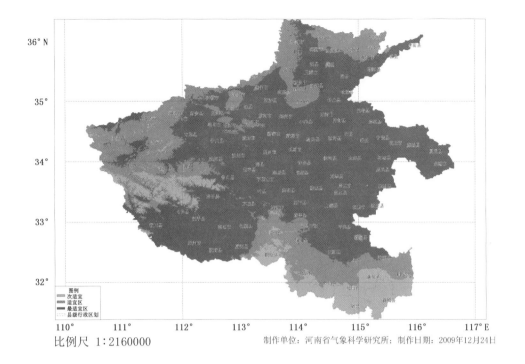

比例尺 1:2160000　　　　　　　　　　制作单位：河南省气象科学研究所；制作日期：2009年12月24日

图 4.1-8　河南省夏玉米精细化农业气候区划结果

400~450 mm,日照时数为 550~650 h,≥10℃活动积温 2800~3000℃·d。本区除了播种时期经常遇到干旱外,还由于秋季降温早而且降温较快,后期热量紧张,影响玉米的灌浆成熟。适宜进行麦垄套种,争取早播早成熟,对增加粒重有重要作用。

西部次适宜地区主要分布在洛阳西南部和三门峡的东南部,本区作为黄土高原的一部分,以海拔 200~500 m 的丘陵区为主。这一地区夏玉米生育期间降水量 300~400 mm,日照时数为 500~600 h,≥10℃活动积温 2600~2800℃·d。本区影响玉米生长的因素是水资源差,降水偏少,地下水开发利用难度大,大部分地区靠自然降水。初夏旱频率较高,常常影响适时播种。晚播后,多因后期热量条件不足,影响灌浆成熟。

南部次适宜区主要包括南阳东南部和驻马店南部及信阳北部等地。这一区域夏玉米生育期间降水量 550~600 mm,日照时数为 500~600 h,≥10℃活动积温 2900~3100℃·d。本区光热水资源都比较丰富,但是与夏玉米各生育期需水规律配合不理想,夏季雨量过分集中易造成洪涝灾害。另外,该区夏季温度高,气温日较差小,灌浆速度慢,千粒重低,这些均影响了这一地区夏玉米生产的发展。针对本地区易发生洪涝灾害的特点,应选择地势高和排水良好的田地种植玉米。

③ 不适宜区

本区主要包括豫南的信阳以及西部伏牛山区两部分。其中豫南地区 6—9 月降水量＞600 mm,日照时数为 500~600 h,≥10℃活动积温 2700~2900℃·d。这一地区光热水资源虽然丰富,但是与夏玉米各生育期需水规律配合不当,不适宜夏玉米生产。前期降雨多,玉米苗期降雨量＞150 mm 的概率＞50％,因此苗期易受涝害;抽雄前后干旱较重,"卡脖旱"频率达40％~50％;本区夏季雨量过分集中,强度大,来势猛,容易造成洪涝灾害。此外,由于温度高、雨量多,玉米生长发育快,抽雄前后,雌穗分化短而迅速,穗子小;抽雄授粉后,气温日较差小,灌浆速度慢,千粒重低,这些均影响了这一地区夏玉米生产的发展。

西部太行山、伏牛山区地势高,气温低,降水少。夏玉米生育期降水量 350~450 mm;≥10℃活动积温 1900~2200℃·d,最热月平均气温在 21~25℃;全生育期日照时数 450~600 h。种植夏玉米的主要障碍因素是山区气候寒冷,适宜生育期短,积温少,限制了高产晚熟品种的推广,本区只有水热条件好的川地适宜种植夏玉米,大面积的山地不适宜夏玉米种植。在海拔 500~600 m 高度可实行常规的麦垄套种;在 800~1200 m 的山地一般不种植夏玉米,只能实行小麦套种春玉米。

### 4.1.3　河南省棉花精细化农业气候区划

棉花是一种喜光喜温的短日照作物,生长期和收获期均很长。全国棉花生态区域划分的主要依据是热量条件。黄滋康等采用≥10℃积温为主导指标,以≥0℃的日数和无霜期为辅助指标。将全国棉区划分为:特早熟、早熟、次早熟(早中熟)、中早熟、中熟和晚熟 6 个棉花熟性生态区和 10 个亚区。冯泽芳根据气候、棉花生产地区和棉种适应性,把全国分为黄河流域、长江流域及西南三大棉区;到 20 世纪 50 年代将西南棉区扩大为华南棉区,并增加了北部(特早熟)和西北内陆两棉区。20 世纪 80 年代中国农学会、中国农业科学院棉花研究所、北京农业大学等单位在五大棉区基础上,将黄河流域分为华北平原、黄淮平原、黑龙港、黄土高原及京津唐 5 个亚区;将长江流域分为长江上游、长江中游沿江、长江中游丘陵、长江下游及南襄盆地 5 个亚区。这些棉区的划分对棉花品种、耕作栽培等起了重要的指导作用。

随着社会经济的发展,20 世纪 80 年代,南方棉花种植面积比重迅速下降,北方的山东、河南、河北、新疆 4 个主产省(区)棉花种植面积增长,中国棉花主产区发生了由南向北迁移的现象。到 20 世纪 90 年代,中国棉花主产区又发生了由南方地区和黄河流域向西北迁移的现象。黄河流域棉花种植面积占全国的比重明显下降,新疆的棉花种植面积继续增加,到 2005 年新疆棉花种植面积占全国的比例为 27.2%,成为棉花种植面积最大的省(区)。

(1)河南省气候资源及棉花区划指标

①河南省棉花生产现状

河南地处暖温带与亚热带过渡地带,地跨长江流域和黄河流域两大棉区,植棉区多为冲积平原,光、热、水资源条件较好,自然条件适宜棉花生长发育,有利于棉花的优质高产,是农业部确定的全国棉花发展优势区域之一。近年来,全省植棉面积一直稳定在 700 千 hm² 左右,总产 65 万 t 以上,面积和总产约占全国的五分之一。2008 年,河南省棉花种植面积 606 千 hm²,总产 66.37 万 t(图 4.1-9)。

②河南省棉花生产与气候条件

关于气候对河南省棉花的影响已经做过许多的工作。千怀遂等建立了棉花气候适宜度模型和风险度指标,对河南省棉花气候风险度进行了研究;任玉玉等利用构建的光照时数、温度、降水量及三因子综合影响的气候适宜度函数,采用分层聚类法将河南棉花种植分为较不适宜区、较适宜区和适宜区;马新明等基于作物生产潜力的研究基础,利用 GIS 技术计算了河南省各县市棉花的光、温、水、土生产潜力,分析了河南省棉花生产潜力数值分布和空间分布特征。上述研究为河南省棉花生产的合理布局提供了一定的科学依据。

上述区划研究都是简单分析气象站的地面观测资料,区划结果也都是基于行政单元的分

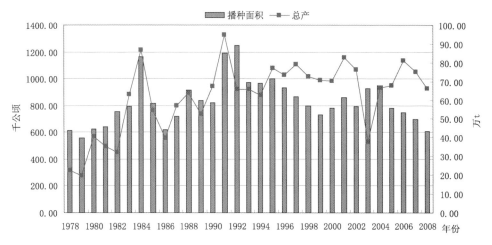

图 4.1-9　河南省棉花历年播种面积(千 hm²)及总产(万 t)

布界线。但稀疏的气候观测站点,不足以精确地反映整个空间气候状况。河南省地貌类型多样,分布复杂。西部海拔高且起伏大,东部地势低而平坦。在西部中山与东部平原之间广泛分布着大小不等的低山丘陵。复杂的地形使各地气候变化趋势多样。气候变化引起河南省棉花适宜区及各地种植制度、品种类型和关键期的变动。棉花生产的气候风险度也不同。因此利用"3S"技术进行河南省棉花精细化农业气候区划研究,建立典型地区千米网格的精细化农业气候资源时空分布模型,可大大提高区划成果的精确度,使区划结果由基于行政基本单元发展为基于相对均质的地理网格单元。

(2)资料处理与区划方法

本次区划使用的资料是河南省 114 个站的地面气象观测资料,资料序列长度是 1971—2000 年。地理信息资料采用国家基础地理信息中心提供的 1∶25 万河南省基础地理背景数据。运用地理信息系统(GIS)技术将 1∶25 万等高线数据转成高分辨率(0.01°×0.01°)的数字地形模型(DEM),在此基础上进行数字地形定量分类技术研究。

在考虑气候要素与经度、纬度、海拔高度、坡度、坡向等地形因子(这里地形因子只选用前3 项)的基础上利用梯度距离平方反比法

$$Z = \frac{\left[ \sum\limits_{i=1}^{n} \dfrac{Z_i + (X - X_i) \times C_x + (Y - Y_i) \times C_y + (E - E_i) \times C_e}{d_i^2} \right]}{\sum\limits_{i=1}^{n} \dfrac{1}{d_i^2}}$$

进行光、温、水等气候资料的空间分布推算。式中:$Z_i$ 代表进行空间插值的气象要素;$X$ 和 $X_i$ 为待估点与气象站点的 $X$ 轴坐标值,$Y$ 和 $Y_i$ 为待估点与气象站点的 $Y$ 轴坐标值,$E$ 和 $E_i$ 为待估点与气象站点的海拔高程。$C_x$、$C_y$ 和 $C_e$ 分别为站点气象要素与 $X$、$Y$ 和海拔高程的回归系数。$d_i$ 为待估点到 $i$ 站点的大圆距离,$n$ 为用于插值的气象站点数目。

梯度距离平方反比法在距离权重的基础上考虑了气象要素随海拔和经度、纬度的梯度变化,其误差相对较小。

1)棉花的气候适宜度函数

温度、降水量和日照时数的高低直接决定了棉花生长发育的适宜程度,其值过高或过低都可为棉花的生长发育带来风险。千怀遂、任玉玉等(2006)根据前人研究成果,结合河南省实际

情况,提出了能够反映河南省棉花生产不同生育阶段的降水量、温度和日照时数的气候适宜度函数:

$$S_r = \begin{cases} R/R_l & R < R_l \\ 1 & R_l < R < R_h \\ R_h/R & R > R_h \end{cases}$$

$$S_t = [(T-T_1)(T_2-T)^B]/[(T_0-T_1)(T_2-T_0)^B] \quad \text{其中} \ B = (T_2-T_0)/(T_0-T_1)$$

$$S_s = e^{-[(S-S_0)/b]^2} \ (播种期和吐絮期)$$

$$S_s = \begin{cases} e^{-[(S-S_0)/b]^2} & S < S_0 \\ 1 & S > S_0 \end{cases} \qquad (除播种期、吐絮期以外的其他生育期)$$

式中 $S_r$、$S_t$、$S_s$ 分别为棉花生育期间降水、温度、光照的适宜度。$R$、$T$、$S$ 为降水、温度和日照的观测值。$R_l$、$R_h$ 是生育期内作物适宜水量的下限和上限;$T_1$、$T_2$、$T_0$ 分别是棉花在该时段内的下限温度、上限温度和最适温度;以光照时数达可照时数的 70%（光照百分率）为临界点,认为光照百分率达到 70% 以上,棉花对光照条件的反应即达到适宜状态,$S_0$ 表示光照百分率为 70% 的光照时数,$b$ 为经验常数。模型中各参数取值见表 4.1-7。河南省棉花各生育期起止时间见表 4.1-8.

**表 4.1-7 河南省棉花各生育期参数值**

| 生育期 | 播种期 | 出苗期 | 现蕾期 | 花铃期 | 吐絮期 |
|---|---|---|---|---|---|
| $T_0$(℃) | 26 | 26 | 28 | 26 | 26 |
| $T_1$(℃) | 10 | 15 | 19 | 15 | 15 |
| $T_2$(℃) | 35 | 35 | 35 | 35 | 32 |
| $S_0$(h) | 9.15 | 9.24 | 9.32 | 8.56 | 7.71 |
| $b$ | 4.94 | 4.98 | 5.03 | 4.67 | 4.16 |
| $R_l$(mm) | 7.8 | 7.8 | 21.0 | 37.0 | 20.3 |
| $R_h$(mm) | 8.7 | 8.7 | 23.0 | 39.0 | 21.7 |

资料来源于文献

**表 4.1-8 河南省棉花生育期起止时间**

| 生育期 | 播种 | 出苗 | 现蕾 | 花铃 | 吐絮 |
|---|---|---|---|---|---|
| 开始 | 4 月中旬 | 5 月上旬 | 6 月下旬 | 7 月中旬 | 9 月中旬 |
| 结束 | 4 月下旬 | 6 月中旬 | 7 月上旬 | 9 月上旬 | 11 月上旬 |

2)综合气候适宜度模型

对上述 5 个生育期内光照、温度和降水的气候适宜度值进行平均得到全生育期单因子气候适宜度结果

$$S_j = \frac{1}{5} \sum_{i=1}^{5} S_i$$

式中 $S_j$ 代表单因子气候适宜度;$i$ 代表播种至吐絮 5 个发育期,$S_i$ 代表每个发育期的适宜度值。

考虑到不同因子在气候适应性评价中强度的差异,对上式的计算结果进行加权平均即得到包括温度、降水量和日照时数的综合适宜度模型

$$B = \sum_{j=1}^{3} W_j S_j$$

式中 $B$ 代表全生育期综合气候适宜度;$j$ 代表不同气象要素;$S_j$ 代表每个气象要素的全生育期适宜度值;$W_j$ 代表不同要素的权重值。采取相对权重法进行计算:

①首先判断是否存在明显的限制因子。找出评价单元中气候适宜度最小的因子,即 $S_m = \min(S_j)$。若 $S_m > 0.2$ 则认为此评价单元没有明显的限制因子;若 $S_m \leqslant 0.2$,则认为此评价单元中存在明显的限制因子。

②如果不存在明显的限制因子,则此评价单元中某个因子的相对权重是由其限制性$(1 - S_j)$及其他因子的限制共同决定的。

$$W_j = \frac{(1 - S_j)^2}{\sum_{j=1}^{3}(1 - S_j)^2} \qquad (0.2 < S_m \leqslant 1.0)$$

③如果存在显著的限制因子,则该限制因子的相对权重较大,相对权重为$(1 - S_m)$,而其他因子相对权重之和为 $S_m$,则

$$W_j = \begin{cases} \dfrac{(1 - S_j)^2}{\sum\limits_{j=1}^{3}(1 - S_j)^2} \times U_m & (S_m \leqslant 0.2, S_j \neq S_m) \\ 1 - S_m & (S_m \leqslant 0.2, U_j = S_m) \end{cases}$$

(3)河南省棉花农业气候分区及评述

以农业部《棉花优势区域布局规划》为依据,进一步稳定高产棉区、集中棉区,压缩低产棉区、分散棉区,使全省棉花生产向优势产区集中。到 2015 年全省棉花种植面积稳定在 700 千 $hm^2$ 左右,总产保持在 80 万 t 左右。近几年将进一步加大棉田调整力度,将棉田由非宜棉区向宜棉区转移。稳定豫东棉区和南阳盆地棉区,适当缩减豫东南棉区和豫北棉区,逐步取消豫西棉区的商品棉花面积。通过几年的调整,使棉花集中产区的种植面积和总产分别占全省的 97% 和 99%,形成各具特色的优质棉生产基地。

根据综合气候适宜度计算结果,结合河南省棉花种植实际情况,综合考虑确定河南省棉花精细化农业气候区划分级指标(表 4.1-9):

**表 4.1-9  河南省棉花农业气候区划分级标准**

| 分区 | 适宜区 | 次适宜区 | 不适宜区 |
| --- | --- | --- | --- |
| 分值(B) | >0.28 | 0.25~0.28 | <0.25 |

利用该分区指标和千米网格的农业气候资料,得到河南省棉花种植精细化农业气候区划图(图 4.1-10)(齐斌等,2011)。

①适宜区

本区主要集中在河南北部平原和南阳盆地。其中豫北地区全生育期保证率 80% 的降水量 460~490 mm。相对棉花而言,春季降水过多,超过棉花正常生长所需的适宜水量,秋季降水骤减,不能满足棉花正常生长的适宜水量。本区降水适宜度在全省处于中等偏下水平,尤其

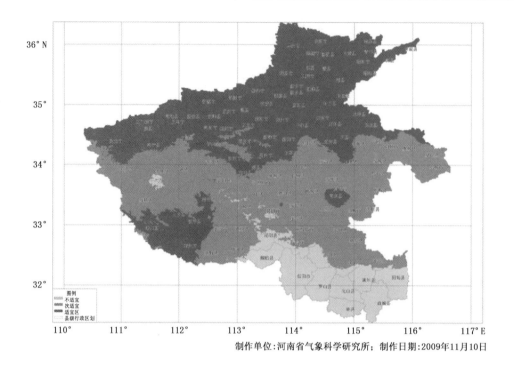

制作单位:河南省气象科学研究所;制作日期:2009年11月10日

图 4.1-10　河南省棉花精细化农业气候区划图

是吐絮后期适宜度仅高于豫西丘陵地区,但全生育期内的季节变化比较平缓。该区年均温14～15℃,无霜期204～240 d,全生育期积温大多在4400～4500℃·d之间,热量资源充足,基本可以满足棉花的正常生长。受倒春寒和秋季低温的影响,播种—出苗期的适宜度较低,对棉花生产有较大的限制。光照资源丰富,光热水协调较好。

南阳地区位于亚热带的北缘,地形背山向阳,热量资源丰富,气候温和。年均温度在15℃以上,无霜期220～240 d,≥10℃积温为4700～4800℃·d。播种～出苗期及吐絮期易受冻害。总体而言,本区温度适宜,由于7—8月降水量大,光照不足,吐絮期光照时数及强度降低,光照资源不能达到作物正常生长的要求,易受寡照危害。

②次适宜区

该区主要分布在中部、中南部和东部地区各市县。该区位于半湿润区南部,全生育期降水量在600～800 mm之间,能够满足棉花生长的正常需水量,因水分的季节配置不好,春季有较多的水分盈余,秋季降水不足,适宜度的季节变化明显,夏季高于春、秋季。豫中是华北平原的南界,全生育期积温4500～4600℃·d,热量条件略逊于淮南。播种—出苗期的低温冻害对本区的棉花生产有较大的限制作用。本区阴雨天气少于淮南区,雨量少于西部山地,光照资源基本能满足棉花生长发育的需要,全生育期各旬大部分光照适宜。秋季虽阴雨天气减少,但光照时数下降趋势强于适宜光照时数的下降,适宜度随之下降。

③不适宜区

该区主要分布在淮河以南地区。淮南属亚热带气候区,雨量充沛,全生育期降水量850～1050 mm,大于棉花正常需水量,降水适宜度有较明显的季节变化。尤其是播种—出苗期水分盈余量大,适宜度较低。年平均温度在15℃以上,大部分地区的全生育期积温达到4600℃·

d 以上,热量资源丰富,从出苗后期直到吐絮前期适宜度均较高,但播种期和吐絮后期的低温天气对棉花生产仍有一定的限制作用。本区温度适宜度的季节变化较河南省其他地区和缓,均值较高而极差较低。该区的阴雨日数多,光照资源不足,是本区光照适宜度较低的主要原因。淮南区的光照适宜度在全省处于较低的水平。

### 4.1.4　河南大宗农作物精细化区划结果的可靠性分析

(1)小麦精细化区划结果的比较与验证

早在 1986 年,河南省的小麦科研工作者就开始对河南小麦品质生态区划进行研究。他们耗时 6 年,统一设计、统一供种、统一化验分析。根据品质分析结果,并结合各地生态条件,应用生物统计学方法,把全省划分为 7 个小麦品质生态区,制订了河南省小麦品质区划。这也是我国第一份省级小麦品质区划。但是由于当时缺乏优质强筋和弱筋小麦品种,供试品种是普通小麦类型;加工品质主要指标的测定结果偏低。后来采用统一布点,统一供种,统一取样,按国家规定的小麦加工品质指标进行统一化验分析,取得各点光照、温度、降水等主要生态环境因子数据和品质指标数据,并根据不同类型小麦品种与气候、土壤等自然生态因素的关系,结合河南省各地的气温、降水、土壤类型、土壤质地、土壤有机质、养分的分布状况和水文分布等资料,对河南省小麦品质生态类型区进行了划分,将全省划分为 6 个优质专用小麦种植区。分别是:豫西北强筋白麦适宜种植区、豫西强筋、中筋白麦适宜种植区、豫东北强筋、中筋白麦适宜种植区、豫东中筋、强筋白麦适宜种植区、豫中南中筋白麦适宜种植区、强筋白麦次适宜种植区、豫南弱筋白麦适宜种植区、中筋白麦次适宜种植区。

本次小麦精细化农业区划中,将河南省冬小麦分布划分为强筋小麦适宜种植区、强筋中筋过渡区、中筋小麦适宜种植区、中筋弱筋小麦过渡区和弱筋小麦适宜种植区 5 个类型分区,区划结果与目前河南省优质小麦分布总体上一致,即豫北、豫西是优质强筋小麦种植区;豫中、豫东是优质中筋小麦种植区;豫南淮河地区,是优质弱筋小麦种植区。

西南部的山地丘陵区在本次区划结果中是中筋弱筋过渡区,而河南小麦品质生态区划中将其划分为普通麦区。这主要是因为原来的区划结果认为这一地区不能发展优质小麦的原因是因为土壤复杂,小麦面积小,商品率低,这是从生产的角度得出的结论。而本次区划分析的是气候条件对优质小麦在河南种植的影响,因此两者并不矛盾。另外从南阳市已有的小麦品质区划结果中可以看出,这一地区中部和南部可以种植优质小麦。

应该指出的是,小麦品质的形成是一个复杂的过程,即使是相同的自然生态区,甚至相邻的地块,由于人为栽培措施的不同,也会造成小麦品质的差异,甚至超过地区环境生态条件的差异。因而,河南省优质小麦精细化农业区划区划主要是依据气候条件指标来划分,仅能起到宏观指导作用,而且区域界线是一个渐变的过程,不能机械运用。也就是说,在适宜区,即使选用了优良的小麦品种,如果栽培措施不当,也不能生产出达标的优质商品小麦;相反,在次适宜区,只要品种选择得当,栽培措施配套,仍然可以生产出符合市场需求的优质商品小麦。因此,为适应当前农业结构调整的需要,加快不同类型优质专用小麦的优质高产高效栽培技术研究,根据不同类型品种,不同适宜或次适宜地区生态有利和不利因子,研究制订不同类型优质专用小麦的优质、高产、高效的综合配套栽培技术体系,大力提高河南省小麦品质和产量已是当务之急。

(2)玉米精细化区划结果的比较与验证

①与已有区划结果的比较

在 20 世纪 70 年代末期到 80 年代前期，河南省气象部门曾经针对"河南省夏玉米气候资源类型区"进行了专门研究。通过分期播种找出了玉米适宜的气候指标以及不同类型区的主要气候问题。以"卡脖旱"和初夏旱发生频率、全生育期≥12℃的活动积温、降水量、日照时数等指标，将河南省夏玉米气候资源划分为豫中、豫东北苗期干旱，中后期降水适宜区，浅山丘陵及淮北平原过渡区，豫南苗期多雨伏旱区以及豫西山地冷凉干旱区等 4 个类型区。分析了各类型区气候资源对夏玉米的优劣，从气候方面提供了河南省夏玉米适宜种植。到 20 世纪 90 年代，在原有研究成果的基础上，考虑地形地貌和≥35℃的平均日数指标，运用聚类分析的方法，将河南省划分为 5 各玉米气候生态区，分别是：Ⅰ中部、东北部播期干旱，中后期光热水条件适宜区；Ⅱ西南部伏旱较重、热量资源丰富较适宜区；Ⅲ南部苗期多雨、伏旱较重适宜区；Ⅳ西部丘陵伏旱严重、苗期干旱气候条件较差区；Ⅴ西部太行山、伏牛山气候温凉春玉米区。

本次区划结果与目前河南省生态区分布总体上一致，即豫东、豫北和南阳盆地的大部分地区等都是夏玉米适宜种植区；豫西南信阳和豫西南的山区为夏玉米不适宜种植区；豫北的太行山、豫西的丘陵地带以及南阳东南部和驻马店南部等地为夏玉米种植次适宜区。本次区划结果比传统区划空间分辨率更高，区划结果更为精细化。

②区划结果的验证

利用《河南调查年鉴》提供的 2008 年河南省各县（市）夏玉米播种面积以及常用耕地面积资料，计算出夏玉米播种面积占常用耕地面积的比例，并设定面积比例＜15％的地方属于夏玉米不适宜种植，15％～30％为夏玉米次适宜种植区，＞30％为适宜区（图 4.1-11）。

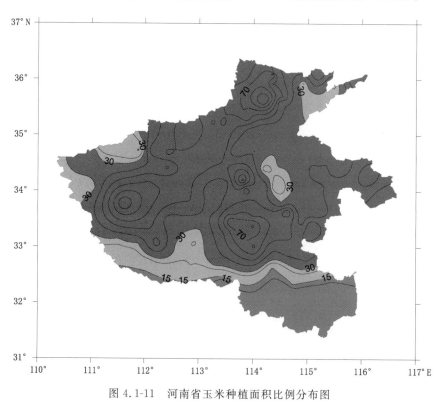

图 4.1-11　河南省玉米种植面积比例分布图

由图 4.1-11 可见,河南省大部分地区夏玉米种植面积都在 30% 以上,属于适宜种植区。种植面积比例<15% 的地区主要分布在淮河以南的信阳和南阳的南部地区。这些地区由于夏季降水丰沛,水热条件能够满足一季稻生产,实际生产中这些地区每年 6—9 月份以水稻种植为主。豫北的濮阳、中部的开封以及豫西和豫西南部分地区夏玉米种植比例在 15%~30% 之间,属于夏玉米种植次适宜区。其中濮阳和开封两地,由于靠近黄河,地表水资源较丰富,可以灌溉,因此有一定面积的水稻种植,所以夏玉米种植面积占常用耕地面积的比例<30%,但是根据气候条件,这些地区也是夏玉米的适宜种植区。而西部和西南部的玉米种植面积偏少则是由气候条件所决定,这与区划结果比较一致。

利用夏玉米种植面积比例验证本次区划结果,只能起到参考作用。因为农业气候区划只是农业区划的基础,其所指适宜区只是气候条件上的适宜区,并没有综合考虑土壤、地表水资源、经济因素等其他情况。

(3)棉花精细化区划结果的比较与验证

①与已有区划结果的比较

关于气候对河南省棉花的影响已经做了许多工作。千怀遂、任玉玉等(2006)建立了棉花气候适宜度模型和风险度指标,并利用此模型和指标,采用分层聚类法将全省分为不适宜、较适宜、适宜三个气候影响区(图 4.1-12),并根据地域及主要限制因子的不同进行了进一步的分区:淮南热量丰富雨量过多光照不足不适宜区、伏牛山北部热量较差先涝后旱光照不足不适宜区,南阳盆地热量丰富先涝后旱絮期光照不足较适宜区、淮北豫中南平原热量丰富铃期雨涝频繁较适宜区、豫北太行山前冲积平原春季低温降水变率大春秋易旱光照资源充足较适宜区、豫西丘陵降水不足铃期多旱光照充足较适宜区,豫中北光热水协调适宜区。

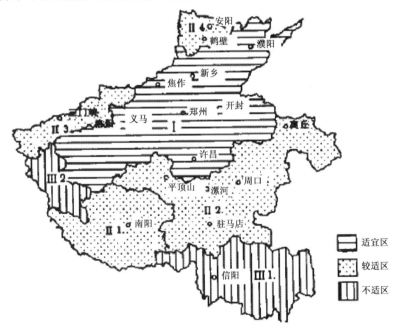

图 4.1-12  河南省棉花气候适宜度分区

本次区划结果与目前河南省棉花种植区划总体上一致,即豫北、豫东和南阳等地是棉花适宜种植区;豫中是棉花种植次适宜区;豫南淮河地区不适宜大面积种植棉花。区划结果比传统区划空间分辨率更高,区划结果更为精细化。但同时区划结果仅是气候条件对河南棉花种植的影响,没有考虑不同棉花品种对气候的不同要求,也没有考虑土壤、政策、经济因素。

②区划结果的验证

利用《河南调查年鉴》提供的 2006—2008 年河南省各县(市)棉花播种面积以及常用耕地面积资料,计算出棉花播种面积占常用耕地面积的比例(图 4.1-13)。由图 4.1-13 可见,目前河南省棉花种植区域主要有开封东部、商丘西部以及周口中北部的豫东棉区,另外还有南阳盆地棉区。这与农业部《棉花优势区域布局规划》一致。河南省棉花生产将按照规划进一步加大棉田调整力度,稳定豫东棉区和南阳盆地棉区,适当缩减豫东南棉区和豫北棉区,逐步取消豫西棉区的商品棉花面积。到 2015 年种植面积将稳定在 700 千 hm² 左右,总产保持在 80 万 t 左右。可见当前棉花主产区的分布现状是综合考虑了气候条件和经济、市场因素的结果。也可以知道豫北、豫东南以及豫西等地也是棉花种植的气候适宜区,目前,这些地区是非气候因素导致的种植面积偏少。

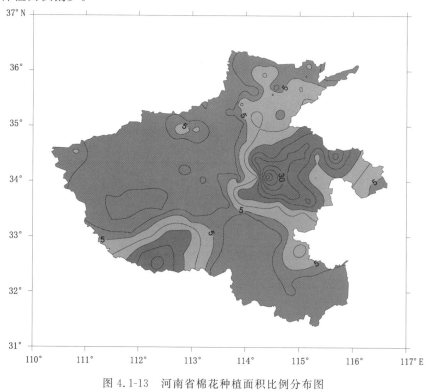

图 4.1-13　河南省棉花种植面积比例分布图

## 4.2　特色农产品的精细化农业气候区划

### 4.2.1　广西荔枝种植的精细化农业气候区划

荔枝是中国南方特产水果,果实风味好,营养价值和经济价值高,被誉为"果中之珍品"。荔枝对热量条件要求严格,因而限制了其栽培分布,在中亚热带地区,由于冬季气候寒冷,常出现寒(冻)害.荔枝树不能安全越冬;在热带地区,多数年份由于冬季温暖,妨碍花芽分化,导致荔枝树不开花或坐果率不高,产量低而不稳。在中国,荔枝栽培仅在广东、广西、福建等省(自治区)的部分地区能获得较高产量,但也经常受到冬季冷害和热害的影响,产量不稳定(陶忠良等,2001)。

广西是中国荔枝最主要的产区之一,近十多年来,荔枝生产发展迅猛,至 2007 年,栽培面积达 21.53 万 hm²,总产量 49.61 万 t,栽培面积和总产仅次于广东省,在全国列第二位。广西地处中南亚热带,其南部广大地区具有荔枝栽培的适宜气候条件,但受冷空气南下影响,冬季也常出现寒冻害,春季有低温阴雨等气象灾害,影响荔枝树安全越冬和开花坐果,导致产量低而不稳,高低年之间产量差异很大。如 1995 年广西荔枝单产达 3266 kg/hm²,而 1996 年只有 1307 kg/hm²,前后两年单产相差 1959 kg/hm²;1999 年 12 月下旬广西发生了严重的霜冻灾害,一些地区的荔枝树被大面积冻死、冻伤,导致 2000 年广西荔枝总产量比 1999 年减产 53.14%。气候条件适宜与否是影响荔枝产量和品质最主要的因素之一,因此,从荔枝生长发育与气候条件关系出发,利用广西 90 个气象台站的气候资料及 1:25 万广西基础地理背景理数据,采用 GIS 技术,结合气候资源的小网格分析方法,对广西荔枝种植区进行农业气候区划,为优化荔枝区域布局、趋利避害、提高荔枝产量和品质提供科学依据。

(1) 广西荔枝生产与气候条件的关系

荔枝原产中国南亚热带地区,其生长发育要求高温多湿、日照充足的气候条件。在中国,荔枝主要分布在年平均气温 18℃以上的地区,以年平均气温 21~25℃,年降水量 1300 mm,年日照时数 1600 h 以上的地区栽培品质最好。

温度:荔枝是南亚热带果树,温度是决定其能否安全越冬及正常开花结果的主要因素。据研究,荔枝早熟品种在 4℃、迟熟品种在 0℃时,营养生长停止,气温上升到 8~10℃时,开始恢复生长,10~12℃时生长仍缓慢,13~18℃时生长加快,23~29℃时生长最快。荔枝不耐霜冻,当极端最低气温≤0℃时,幼苗开始受冻,降到-0.5~-4.0℃时,成年树表现出不同程度的冻害,轻者枝叶枯萎,重者地上部分整株死亡(莫炳泉,1992、陈尚谟等,1988)。荔枝在花芽分化期需要适当低温的环境,由于低温程度的不同,分别出现纯花、花带叶、冲梢等现象,但不同品种对低温的要求有所不同,早熟品种对温度要求不是很严格,如三月红荔枝在平均气温19.0~23.4℃时能顺利进行花芽分化,中迟熟品种则对低温要求较严格,气温在 11~14℃时,花和叶都可以发育成具有经济价值的花穗,<14℃时不利于花芽分化和发育,19℃是能否成花的临界温度(陶忠良等,2001)。低温不利于荔枝开花,小花>10℃时才能开放,18~24℃开花最盛,>29℃时开花减少。荔枝授粉受精也受气温的影响,15℃以下花粉发芽率极低,22~27℃最好,30℃以上又有所下降。花期遇高温,特别是高温干旱天气对荔枝开花授粉也不利,因为高温不但削弱了花粉和柱头的生理功能,使各种生理活动不能正常进行,当气温>27℃时,蜜汁大量分泌以致覆盖柱头不能接触到花粉,不利授粉。荔枝果实要在 15℃以上才能正常生长发育,<15℃的低温常引起严重落果。因为在低温阴雨条件下,荔枝叶片的光合作用效率低,幼果发育所需的营养物质难以得到及时补充,所以导致大量落果。若结果期出现<16℃的低温易诱导发育不正常的果实。

水分:荔枝不同树龄、不同生长发育期对水分的要求不同。在花芽分化期前要求适度干旱的天气,以抑制冬梢抽发,促进花芽分化,但在花穗、花器官发育期,又需要土壤较湿润,否则根系生长吸收弱,光合效率低,养分不足,造成大量落叶,影响花器官发育和花的质量。开花期以晴雨相间、降雨相对较少的天气为好，连续性的降水或出现高温干燥天气对荔枝授粉受精不利。在果实发育期，荔枝要求较多的水分，干旱缺水往往影响果实膨大或造成大量落果。但在广西，荔枝果实发育正值汛期多雨季节，一般不存在干旱缺水问题。相反，常见的不利气象条件是持续性的大雨、暴雨造成大量落果或裂果；在果实成熟期如出现长时间的阴雨天气，若排水不及时，还易滋生病害虫，严重影响果品的经济价值。

日照：荔枝属喜光性果树，充足的日照有利于荔枝生长结果。适宜的日照有利于促进荔枝的同化作用，增加果实色泽，提高果实品质。日照不足，荔枝叶片薄，养分积累少，难以开花结果。

(2)广西荔枝种植气候区划指标分析

荔枝是多年生果树，经济寿命长达百年以上，因此，确定荔枝种植的生态气候区划指标需要考虑以下因素：

①荔枝生长发育期总的热量条件；

②决定果树能否安全越冬的冬季温度条件；

③影响产量形成关键期的关键气候因子。

根据上述条件，结合荔枝生长发育对生态气候条件的要求，选择年平均气温($T_年$)、$\geqslant 10℃$活动积温($\sum t_{\geqslant 10}$)、极端最低气温($T_n$)、12月至次年3月日平均气温$\leqslant 10℃$低温寒积量($\sum (10-t)_{12-3}$)、3—5月日平均气温$\leqslant 15℃$连续天数($D_{3-5}$)等5个因子，作为荔枝优化布局的气候区划指标因子(表4.2-1)。其中，年平均气温($T_年$)与$\geqslant 10℃$活动积温($\sum t_{\geqslant 10}$)可反映荔枝生长的热量状况；极端最低气温($T_n$)是决定果树能否安全越冬的重要气候因子；12月—次年3月份最强低温过程寒积量($\sum t_{-10}$)和4月中旬—5月中旬日照时数($S_{中/4-中/5}$)是荔枝生殖生长期影响产量形成的关键气候因子。广西大部分地区日照时数在1400～2200 h之间，可基本满足荔枝生长需要，它不是荔枝栽培的限制性气候要素，因此未作为荔枝优化布局的生态气候区划指标因子。

表4.2-1　广西荔枝种植气候区划指标

| 区划因子/适宜度 | 最适宜 | 适宜 | 次适宜 | 不适宜 |
|---|---|---|---|---|
| $T_年$(℃) | 21～25 | 20～21 | 18.0～20.0 | $\leqslant 18$ |
| $\sum t_{\geqslant 10}$(℃·d) | >7500 | 7500～7000 | 7000～6500 | <6500 |
| $T_n$(℃) | $\geqslant 0$ | $-1～0$ | $-1～-2$ | $\leqslant -3$ |
| $\sum (10-t)_{12-3}$(℃·d) | 25～45 | 25～45 | 10～66.4 | $\leqslant 10$ 或$\geqslant 66.4$ |
| $D_{3-5}$(d) | <3 | 3～5 | 6～9 | $\geqslant 10$ |

(3)广西荔枝精细化气候区划方法

1)资料处理

气候资料：广西90个气象站点的地面观测资料，为确保资料的代表性，极端最低气温资料年限为建站至2002年，其他要素的资料年限为1971—2000年。

地理信息资料：采用国家基础地理信息中心提供的1：25万广西基础地理背景数据。该数据为分块存放的标准ARC/INFO分幅E00格式数据，广西范围的数据共有20多幅，每一个图幅包含行政边界、居民点、等高线等14个图层资料。先利用精细化农业气候区划产品制作系统对 E00 资料进行格式转换和拼接、对栅格数据重采样、对矢量数据分层、筛选以及裁剪等一系列处理。主要步骤如下：

①资料格式转换：将覆盖广西范围的各图幅的 E00 格式数据换成 Super Map 0biect GIS 可编辑的数据格式，即将矢量数据和栅格数据转换成 sdb 格式，并对广西的分幅图进行整体拼接。

②栅格数据重采样：按照 $0.01°×0.01°$ 网格距对包含有海拔高度的栅格数据进行重采样，获得 $0.01°×0.01°$ 分辨率的海拔高度数据。

③矢量数据分层和筛选：按照 GB 码将行政边界和行政点等矢量数据分为三层，行政边界分为省、地市和县三级；行政点分为县级以上、乡镇级、乡镇级以下三级；同时筛选出二级以上的河流和公路。

④资料裁剪：利用广西行政边界，裁剪得到广西区域荔枝气候区划所需的地理信息数据。

⑤坡度、坡向计算：根据 DEM 数据计算得到网格距为 $0.01°×0.01°$ 的广西经度、纬度、坡度、坡向栅格数据。

2）区划指标空间分析模型的构建

广西陆地总面积 23.67 万 $km^2$，目前仅分布有 90 个气象台站，每一个台站相当于代表 2630 $km^2$ 的面积，并且这 90 个台站中只有 24 个分布在海拔 200 m 以上，海拔 800 m 以上的仅有乐业县气象站（972 m），而广西海拔 200 m 以上的丘陵、山地面积约占全区陆地总面积的 71.23%，最高海拔为 2141 m。很显然，这 90 个台站的气候资料，只能部分地反映台站附近区域的气候概况，不能全面、真实地反映广西气候资源的立体多样性特征，也不能很好地满足荔枝种植精细化农业气候区划的要求。为了客观地描述荔枝种植的 5 个气候区划指标因子在广西的实际分布，解决传统区划中资料以点代面的问题，研究建立了区划指标随地理参数变化的空间分析模型，其表达式为：

$$Y = f(\varphi, \lambda, h, \beta, \theta) + \varepsilon$$

式中，$Y$ 为区划指标因子（如年平均气温、极端最低气温等）；$\varphi、\lambda、h、\beta、\theta$ 分别代表纬度、经度、海拔高度、坡向、坡度等地理因子；$\varepsilon$ 为余差项，称为综合地理残差，由下式求出：

$$\varepsilon = Y(实测值) - f(\varphi, \lambda, h, \beta, \theta) \tag{4.2-1}$$

模型主要采用逐步回归方法建立，以纬度、经度、海拔高度、坡度、坡向作为自变量因子（表 4.2-2）。由表 4.2-2 可见，各模型的复相关系数在 0.88~0.968 之间，$F$ 值为 98.303~421.9，从回归效果看，各方程都通过了 $\alpha = 0.01$ 的显著性检验，表明方程具有良好回归效果。

**表 4.2-2　广西荔枝种植气候区划指标空间分析模型**

| 区划指标因子 | 模型表达式 | 相关系数 | $F$ 值 |
|---|---|---|---|
| $T_{年}/℃$ | $T_{年} = 73.263 - 0.318\lambda - 0.724\varphi - 0.00475h$ | 0.966 | 404.134 |
| $\sum T_{\geqslant 10}/℃·d$ | $\sum T_{\geqslant 10} = 39366.31 - 210.353\lambda - 383.524\varphi - 2.361h$ | 0.968 | 421.9 |
| $T_n/℃$ | $T_d = 49.22 - 0.00212\lambda^2 - 1.045\varphi - 0.00523h$ | 0.88 | 98.303 |
| $\sum(10-t)_{12-3}/℃·d$ | $\sum(10-t)_{12-3} = -3516.2 + 24.598\lambda + 37.57\varphi + 0.156h$ | 0.908 | 126.619 |
| $D_{3-5月}/d$ | $D_{3-5月} = -137.68 + 0.919\lambda + 1.889\varphi + 0.003353h$ | 0.894 | 109.697 |

3）区划指标的小网格推算及残差订正方法

将 $0.01°×0.01°$ 分辨率的地理参数代入区划指标空间分析模型，得到每一个区划指标在

千米网格单元上的分布值,再进行残差订正,方法如下:

①将各站点的 $\varphi$、$\lambda$、$h$、$\beta$ 等参数代入表 4.2-2 中的模型,得到模拟值。

$$y = f(\varphi, \lambda, h, \beta)$$

②利用式(4.2-1)求出各站点的残差值 $\varepsilon$,之后运用反距离权重插值法(冯锦明,2004),将 $\varepsilon$ 内插到 $500\ \mathrm{m} \times 500\ \mathrm{m}$ 网格单元上,生成残差栅格图。内插公式为:

$$Z(X_0) = \sum_{i=1}^{n} Z(X_i) \cdot d_{i0}^{-r} \Big/ \sum_{i=1}^{n} d_{i0}^{-r}$$

式中,$Z(X_0)$ 为待求插值点的残差值,$Z(X_i)$ 为第 $i$ 个站点的残差值,$d_{i0}^{-r}$ 为第 $i$ 站点与第 $X_0$ 格点的距离的 $-r$ 次方,$r$ 为权重指数,取值 2。

③根据下式将残差栅格图与区划指标栅格图进行叠加运算,得到区划指标实际分布图,5 个区划指标共有 5 幅图(图略)。

$$\begin{bmatrix} a_{11} & a_{12} & \cdots & a_{1n} \\ a_{21} & a_{22} & \cdots & a_{2n} \\ \vdots & \vdots & & \vdots \\ a_{m1} & a_{m2} & \ldots & a_{mn} \end{bmatrix} + \begin{bmatrix} b_{11} & b_{12} & \cdots & b_{1n} \\ b_{21} & b_{22} & \cdots & b_{2n} \\ \vdots & \vdots & & \vdots \\ b_{m1} & b_{m2} & \ldots & b_{mn} \end{bmatrix} = \begin{bmatrix} c_{11} & c_{12} & \cdots & c_{1n} \\ c_{21} & c_{22} & \cdots & c_{2n} \\ \vdots & \vdots & & \vdots \\ c_{m1} & c_{m2} & \ldots & c_{mn} \end{bmatrix}$$

式中,$a$ 矩阵为区划指标栅格图,$b$ 矩阵为残差栅格图,$c$ 矩阵为订正后的区划指标栅格图。

4)区划专题图的制作

根据上述 5 个区划指标因子的栅格图,采用专家评判打分法,根据表 4.2-1 中的区划指标,按照最适宜、适宜、次适宜和不适宜的分级标准进行打分(如年平均气温 $T_年$,当 $21.0 \leqslant T_年 \leqslant 25.0$ 时为最适宜区,20 分;$20.0 \leqslant T_年 < 21.0$ 时为适宜区,15 分;$18.0 \leqslant T_年 < 20.0$ 时为次适宜区,10 分;$T_年 < 18.0$ 时为不适宜区,5 分),生成各指标因子的分值

$$A = \begin{bmatrix} a_{11} & a_{12} & \cdots & a_{1m} \\ a_{21} & a_{22} & \cdots & a_{2m} \\ \vdots & \vdots & \vdots & \vdots \\ a_{n1} & a_{n2} & \cdots & a_{nm} \end{bmatrix} \Rightarrow \begin{bmatrix} 5 & 10 & \cdots & 20 \\ 20 & 10 & \cdots & 15 \\ \vdots & \vdots & \vdots & \vdots \\ 10 & 20 & \cdots & 5 \end{bmatrix} = A'$$

式中,$A$ 为年平均气温栅格图,$A'$ 为分数栅格图。同样的方法,可将其他 4 个区划指标栅格图(如:$B$、$C$、$D$、$E$),经专家打分处理生成 4 张分数栅格图(如 $B'$、$C'$、$D'$、$E'$)。再采用叠加法将 5 张图叠加生成总的分值

$$W' = \begin{bmatrix} W_{11} & W_{12} & \cdots & W_{1m} \\ W_{21} & W_{22} & \cdots & W_{2m} \\ \vdots & \vdots & \vdots & \vdots \\ W_{n1} & W_{n2} & \cdots & W_{nm} \end{bmatrix} = A' + B' + C' + D' + E' = \begin{bmatrix} 30 & 120 & \cdots & 100 \\ 120 & 55 & \cdots & 75 \\ \vdots & \vdots & \vdots & \vdots \\ 100 & 75 & \cdots & 65 \end{bmatrix}$$

最后,根据总分值的大小进行分区,并给不同的区域赋予不同的颜色,叠加县边界、经纬网和制作图例等,得到广西荔枝优化布局气候区划专题图(图 4.2-1)(郭淑敏等,11)。

(4)区划结果与分区评述

①荔枝种植最适宜区

由图 4.1-1 可见,广西荔枝的最适宜种植区主要在百色、田阳、田东等右江河谷地区,以及

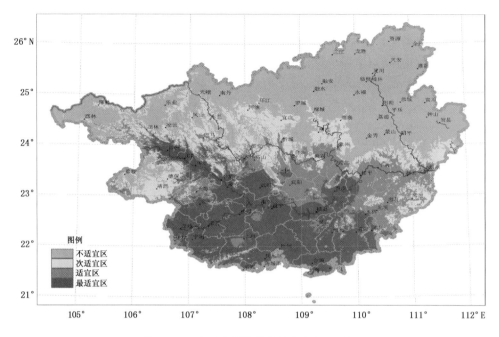

图 4.2-1　广西荔枝优化布局的气候区划图

陆川、博白、浦北、灵山、贵港、邕宁、武鸣、隆安、大新、龙州等县及其以南的大部分地区。该区热量资源丰富,秋季温高光足,利于荔枝健壮结果母枝的形成;冬季霜日少,霜期短,寒、冻害轻,利于果树安全越冬;春季气温回升快,利于荔枝开花授粉和挂果。该区种植荔枝气候条件优越,生产技术较先进,是广西荔枝的重点发展区,目前广西大部分荔枝种植在该区域。该区最适宜建立规模经营的荔枝商品生产基地。

②适宜区

包括贵港、桂平、平南、北流、玉林、武鸣、宾阳、横县等县市的大部及苍梧、岑溪、藤县、上林、天等、平果等县市的部分地区。该区光、热量资源较丰富,降水量适宜。主要不利气候条件是部分地区冬季偶有寒、冻害,在 1999 年霜冻期间,有部分荔枝受害。因此,种植荔枝应选择耐寒优良品种,果园选址要避开冷空气通道、山麓、山地北坡、冷空气易聚集的小盆地等不利地形环境。可进行适度规模经营。

③次适宜区

包括来宾市兴宾区、武宣县、藤县、苍梧、靖西等县市的局部地区。该区热量条件明显不如最适宜区和适宜区,冬季寒、冻害较重,春季多低温阴雨,不宜大面积发展荔枝生产,只宜选择温暖的小气候环境零星种植。

④不适宜区

最适宜、适宜、次适宜区以外的其余地区,热量条件和越冬气象条件差,不宜盲目发展荔枝生产。

(5)合理利用气候资源 科学发展荔枝产业的对策建议

在实际农业生产中,必须考虑当地自然、社会及农业发展现状综合考虑,才能在充分利用气候资源和科学区划的基础上,发挥最大效益,广西荔枝产业发展重点考虑以下几个方面。

①合理调整品种结构　提高农业生产效益

据调研,目前广西荔枝品种结构不够合理,成熟期集中,给采收、运输和销售带来困难,保鲜销售压力大。中熟荔枝品种比例还较高,今后应继续加大力度,采取高接换种或改种措施,进一步降低中熟品种比例,增加早熟、特迟熟和优质品种比例,特别要考虑品种的耐寒性,争取尽早使早、中、迟熟品种比例达到30:50:20。这样才能从根本上缓解鲜果上市期集中、销售压力大的问题,并且做到名品荔枝质优价高,提高果农经济效益。另外,在稳定生产的前提下,积极引进名、特、新、优荔枝品种,逐步替代大路品种,走精品化、特色化之路。

②合理区域布局 适度规模经营 促进荔枝产业化健康稳定发展

根据精细化农业气候区划结果,最适宜区和适宜区的荔枝生产中仍然存在荔枝园选择在阴山坡地、随坡就势、荔枝园规模小、不利于统一管理和规模经营等诸多问题,严重制约了荔枝产业的高效发展。现代荔枝产业发展宜按照精细化农业气候区划结果,在最适宜区和适宜区在果园选择上,避开冷空气通道、阴山北坡、冷空气易聚集的小盆地等不利地形环境,根据自然地理状况,尽量选择地形开阔、背风向阳的坡地、丘陵或平原。在品种布局上,同一熟期或特性的品种集中连片种植,便于集中施肥、灌水、整枝和收获等果园管理措施。

③加强栽培管理 提高荔枝产量和品质

在科学选种、合理进行品种布局的基础上,加强荔枝园肥水管理,增施生态有机复合肥或施用充分腐熟的有机底肥,少施化肥,创造良好土壤结构,增加树体营养,提高抗病虫害能力。根据荔枝生长慢,3年以上结果的特点,在挂果前三年为减少农业气候资源浪费和充分利用地力等,可采用荔枝-花生或荔枝-豆类等间作技术,在挂果后,根据荔枝生产大小年特点,可采用荔菌间作等技术,不但充分利用了资源,还保持了荔园良好生态环境,减少病虫害发生。在荔枝生长过程中注意适时合理疏花保果。在病虫害防治环节,贯彻"预防为主、综合防治"的植保方针,坚持以"农业防治、物理防治、生物防治并重主,化学防治为辅"的无害化治理原则,尽量减少农药和有害物质残留,提高农产品产量和品质。

### 4.2.2　广西香蕉种植的精细化农业气候区划

香蕉为热带常绿植物,是华南四大名果之一,也是世界鲜果贸易中的主要水果和我国外销的重要水果。香蕉不仅产量高、投产早、供果期长,而且果实风味好、营养丰富,具有"快乐水果"之美称。香蕉原产热带地区,适应于热带和亚热带的气候条件,对光、热、水等气候条件要求较严格。气候条件不仅决定香蕉的种植范围,而且影响其产量和品质。在高温多湿、光照充足的气候条件下种植,蕉果发育良好,果指粗长肥大,果形好,产量高,品质优;反之,在低温干旱环境下栽培,生长缓慢,果小皮厚,果形不整齐,产量和品质下降。

(1)广西香蕉生产与气候条件的关系

香蕉性喜温暖潮湿、阳光充足的气候条件,怕霜寒,由于香蕉叶片蒸腾量大,因此要求雨量多且分布均匀,最怕强风袭击。

温度:温度是决定香蕉地理分布的主要因素,也是影响其生长发育和产量形成的重要环境因子。香蕉全生育期要求年平均气温≥20℃,最冷月平均气温≥12℃,稳定通过10℃的活动积温>6000℃·d(陈尚谟等,1988)。温度过高或过低均会影响香蕉生长,严重时甚至出现热害或寒(冻)害。日平均气温16~30℃是香蕉生长的适宜温度,最适宜生长为24~30℃,温度降到15~10℃时生长缓慢,10℃时生长停止,气温降到1~2℃时叶片枯萎,<0℃导致整株死亡。香蕉受寒害影响的程度主要取决于低温的程度及低温霜冻持续的时间,一般绝对低温越

低或持续时间越长,寒冻害越严重。黄朝荣(1993)研究认为:日平均气温<8℃持续3~5 d时,香蕉出现轻度寒害症状,持续6~9 d表现出中等程度寒害,持续10 d以上为严重寒害。此外,不同的香蕉品种及香蕉生长不同阶段的各种器官对寒害的反应也不一样。香蕉比大蕉、粉蕉耐寒能力差,幼嫩的叶片和果实易受害,未长大叶的吸芽最耐寒,而将近抽蕾或已抽蕾的植株最易受害,生长健壮的植株及管理水平较高的蕉园受寒害相对较轻。冬季低温冷害是香蕉种植布局的主要限制因子,而其产量高低和品质优劣还取决于其全生育期及生长关键期的热量、水分等条件的满足程度。

水分:香蕉为多年生大型草本单子叶植物,植株多汁,各器官含水量高,加上叶片宽大,蒸腾作用强,根系浅生,水分利用能力弱,因此香蕉生长发育对水分的需求量较高,最理想的年降雨量为1500~2500 mm且分布均匀,每月最好有150~200 mm的雨量,最低要求不少于100 mm。广西多数地区的年雨量能满足香蕉对水分的需要,但广西春旱和秋旱频率高,常常影响香蕉的生长结果、产量高低及品质的优劣。香蕉不同发育时期对干旱的反应不同,若苗期遇干旱则生长缓慢,严重时叶片枯萎甚至死亡;在营养生长旺盛期若水份供应不足,则叶片变黄易早衰,影响光合产物的制造和累积,导致果梳数和果指数减少,产量下降;若花芽分化和果实膨胀期缺水,将导致蕉蕾难以抽生,或抽生后难弯头,果实发育不饱满,蕉果短小,即使过后下雨或灌溉也无法补救,而且品质差,成熟期也推迟;而久旱逢雨,则会造成裂果;缺水还造成收获的青果耐贮性差。香蕉怕旱,但也忌水浸,由于香蕉根系为肉质根,性好气忌渍水,若土壤含水量过高,将导致其根系因缺氧而发育不良,甚至出现根腐现象。尤其在蕉园受浸时间过长情况下,常因根系死亡导致植株的逐渐死亡。香蕉在挂果后期,适度控制水分,可减少果实含水量,增加果实风味,提高品质。

光照:香蕉属喜光性植物,充足光照利于其生长发育和产量形成,若低温阴雨、光照不足,则果实偏瘦小,欠光泽。但光照过于强烈,也易出现日烧现象。香蕉从生长旺盛期开始,特别是在花芽形成期、开花期和果实成熟期,要求有充足的光照,其中以日照时数多并伴有阵雨最为适宜。此外,香蕉根系浅生、质脆,假茎肉质组织疏松而易折断,尤其结果以后果穗沉重,因此喜欢静风环境,怕台风等强风天气。

风:香蕉茎干粗大、干质松脆、叶大易折,加之根浅质脆、果穗长重,易遭受强风、台风的危害。当风速超过20 m/s时,可使蕉叶撕裂、叶柄折断,影响香蕉的光合作用,且易感染叶斑病;严重时会摇动蕉株,损伤根群。在花芽分化期若蕉株摇动过大还会造成减产。强台风影响更大,可吹倒蕉株、折断蕉身,甚至可将整个植株连根拔起。若适逢植株抽蕾开花、果实发育期,损失更重。

(2)广西香蕉种植农业气候区划指标分析

香蕉只有在适宜气候条件下才能获得高产稳产。根据香蕉生长发育对气候条件的要求,参考前人研究成果,并结合广西栽培香蕉的实际情况,选择年平均气温、年降雨量、≥10℃活动积温、年极端最低气温和日平均气温≤8℃连续天数等5个气候因子,作为划分香蕉适宜种植区的农业气候区划指标因子(表4.2-3)。其中日平均气温稳定通过10℃活动积温可反映香蕉生长期间热量条件状况,年平均气温和年降雨量分别反映香蕉全年的热量和水分状况,年极端最低气温和日平均气温≤8℃持续天数可反映制约香蕉安全越冬的冻害和寒害状况。

**表 4.2-3　香蕉种植农业气候区划指标**

| 区划指标因子 | 最适宜区 | 适宜区 | 次适宜区 | 不适宜区 |
|---|---|---|---|---|
| 年平均气温（℃） | ≥22 | 21～22 | 20～21 | ≤20 |
| ≥10℃活动积温（℃·d） | ≥7000 | 6500～7000 | 6000～6500 | ≤6000 |
| 年极端最低气温（℃） | ≥3.5 | 2.0～3.5 | 0～2.0 | ≤0 |
| 日均温≤8℃连续天数（d） | ≤3 | 4～6 | 7～9 | ≥10 |
| 年降雨量（mm） | ≥1500 | 1300～1500 | 1000～1300 | ≤1000 |

（3）广西香蕉精细化气候区划方法

目前常用的农业气候区划方法主要有评判分析法、主分量分析法、决策树法、因子分析法、聚类分析法、典型相关分析法等等。其中，决策树算法是空间数据挖掘中一种重要的归纳方法，旨在从大量数据中归纳抽取一般的知识规则和规律。目标是利用训练数据集建立一个分类预测模型，然后利用该模型对新的数据进行分类预测。其基本思路是：先利用训练空间实体集，依据信息原理，生成测试函数进行分类属性选择；再根据属性的不同取值建立树的分支，在每个分支子集中重复建立下层结点和分支，形成决策树；然后对决策树进行剪枝处理；最后用可信度和兴趣度等指标检验规则，提取多个 IF-THEN 形式的规则。

在 ID3 算法中，当所有的概率相等时，达到最大值。假设 $S$ 是 $n$ 个样本的集合，将样本集划分为 $m$ 个不同类 $C_i(1,2,\cdots,m)$，每个类 $C_i$ 含有的样本数目为 $n_i$。则 $S$ 划分为 $m$ 个类的信息熵或期望信息为：

$$E(S) = -\sum_{i=1}^{n} P_i \log_2(P_i)$$

$$P_i = n_i/n$$

其中 $P_i$ 为 $S$ 中的样本属于第 $i$ 类 $C_i$ 的概率，$S_v$ 是 $S$ 中属性 $A$ 的值为 $v$ 的样本子集，即 $S_v = \{s \in S \mid A(s) = v\}$，选择 $A$ 导致的信息熵定义为：

$$E(S,A) = \sum_{v \in value(A)} \frac{|S_v|}{|S|} E(S_v)$$

其中 $E(S_v)$ 是将 $S_v$ 中的样本划分到各个类的信息熵，属性 $A$ 对样本集合 $S$ 的信息增益 $Gain(S,A)$ 定义为：

$$Gain(S,A) = E(S) - E(S,A)$$

$Gain(S,A)$ 是指因知道属性 $A$ 的值后导致的熵的期望压缩。$Gain(S,A)$ 越大说明选择测试属性 $A$ 对分类的信息越多。ID3 算法就是在每个节点选择信息增益最大属性作为测试属性，使用递归的方法建立决策树。

该算法通过计算训练样本集的每个属性信息增益，选择增益最大的属性作为测试属性，并由此产生决策树分支节点。设训练样本集为 $S$，输入候选属性集合为 $A$，测试的属性为 $At$，构建决策树递归函数为 Generate_decision_tree($S$, $A$, $At$)，算法流程如下：

①区划要素的小网格插值方法

建立决策树之前，需要对区划指标因子进行插值处理，目标是获取区划指标在无测站地区的空间分布状况。为此，运用逐步回归方法建立基于地理信息的区划指标空间分析模型（表 4.2-4），并通过该模型模拟出广西无测站地区的区划要素值，再利用反距离权重插值法，以 90

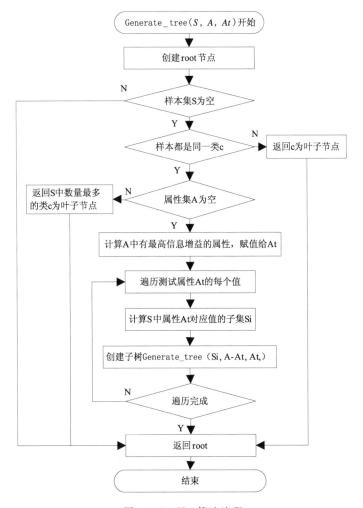

图 4.2-2　ID3 算法流程

个气象台站的残差值为样本,内插出 $0.01°\times0.01°$ 网格的残差分布;最后将区划指标因子推算值图与残差值图相叠加,得到广西 $0.01°\times0.01°$ 网格的每个气候区划指标因子的栅格数据。

表 4.2-4　香蕉种植气候区划指标因子空间分析模型

| 区划指标因子 | 模型表达式 | 相关系数 | F 值 |
|---|---|---|---|
| 年平均气温($T$) | $T=73.263-0.724\varphi-0.318\lambda-0.00475h$ | 0.966 | 404.134 |
| $\geqslant10℃$ 活动积温($\sum T_{\geqslant10}$) | $\sum T_{\geqslant10}=39366.31-210.353\varphi-383.524\lambda-2.361h$ | 0.968 | 421.903 |
| 极端最低气温平均值($T_d$) | $T_d=87.856-0.982\varphi-0.576\lambda-0.00472h$ | 0.935 | 193.72 |
| 日均温$\leqslant8℃$连续天数($d$) | $d=-665.988+6.787\varphi+4.716\lambda+0.02923h$ | 0.898 | 115.184 |
| 年雨量($R$) | $R=10398.8-62.327\varphi+121.454\lambda+0.543\beta+5.31(18.14-h)h$ | 0.629 | 17.7 |

②区划因子数据集的离散化

决策树算法要求因子格点值必须是离散化的值,因此将五个区划指标因子数据集按照表 4.2-5 在 GIS 系统中进行重分类,得到离散化后的结果。

表 4.2-5　香蕉种植的农业气候因子离散化

| 区划指标因子 | 最适宜区 | 适宜区 | 次适宜区 | 不适宜区 |
|---|---|---|---|---|
| 年平均气温(℃) | ≥22 | 21～22 | 20～21 | ≤20 |
| ≥10℃活动积温(℃·d) | ≥7000 | 6500～7000 | 6000～6500 | ≤6000 |
| 年极端最低气温平均值(℃) | ≥3.5 | 2.0～3.5 | 0～2.0 | ≤0 |
| 日均温≤8℃连续天数(d) | ≤3 | 4～6 | 7～9 | ≥10 |
| 年降雨量(mm) | ≥1500 | 1300～1500 | 1000～1300 | ≤1000 |
| 离散化后的值 | 4 | 3 | 2 | 1 |

③决策树训练样本采集

使用 GPS 进行多次野外考察,加上气象观测站点数据,获得有空间信息的样本点,对应区划因子往样本点添加相应属性,并根据样本点空间信息在气候因子栅格数据中获得对应属性的值。根据样本点附近区域的香蕉种植情况、生长状况以及产量等信息,综合专家经验,将样本点的香蕉划分为 4 个适宜性等级,即最适宜区、适宜区、次适宜区和不适宜区,把适宜性等级作为属性添加到样本的属性表中,分别赋值为 4、3、2、1。

④决策树的建立及区划专题图制作

将训练样本输入决策树建立程序,得到广西香蕉气候区划决策树,提取决策树规则。将离散化后的因子栅格数据集输入决策树规则,得到广西香蕉气候区划数据集,值的范围为 1～4。

在区划系统中打开区划结果数据集进行范围专题图制作,得到香蕉种植区划图(图 4.2-3)(郭淑敏等,2010)

(4)区划结果与分区评述

①最适宜气候区

该区包括东兴、防城、钦州、合浦、北海等县市以及灵山、浦北、凭祥、龙州、宁明等县的部分区域。该区年平均气温 22～23.9℃,≥10℃活动积温 7000～8499℃·d,最冷月平均气温 14～15.7℃,年极端最低气温平均值 3.6℃以上,日平均气温≤8℃连续天数 3 d 以下,年降雨量 1500～2753 mm。该区热量丰富,光照充足,雨量充沛,越冬气象条件佳,寒冻害少,气候条件最适宜香蕉生长,可建立大面积、优质香蕉生产基地,以充分利用该区优越的气候资源,提高香蕉经济效益。该区主要不利气候条件是沿海地区有时会出现台风,对香蕉造成机械损伤,甚至影响外观和产量,因此该区应注意重点防御台风,可选择避风良好的小地形环境建立蕉园,或营造防风林和选择抗风性能较强的矮壮品种,还可建议农民改变香蕉生产习惯,从生产正常季节香蕉改为生产反季节香蕉,使挂果期基本避过 8—10 月的台风盛期,克服台风带来的威胁。

②适宜区

该区包括右江河谷和大新、隆安、南宁、邕宁、横县、玉林、陆川等县市以南及最适宜区北界以北的大部地区,以及桂平、上林、大化、都安等县的局部区域。该区年平均气温 21～23℃,≥10℃活动积温 6500～8000℃·d,最冷月平均气温 12～14℃,年极端最低气温平均值 2.0～3.5℃,日平均气温≤8℃连续天数 4～6 d,年降雨量 1300～2000 mm。该区热量条件虽不及最适宜区,极少数年份越冬期有寒、冻害发生,但寒冻害轻,越冬气象条件较好,光照充足,雨量比较充沛,能满足香蕉生长发育需要。主要不利条件是桂西地区有时有春旱,因此在品种选择上,应以耐旱品种为主,并建立科学合理的排灌系统,以减轻或避免春旱危害;此外,该区虽然

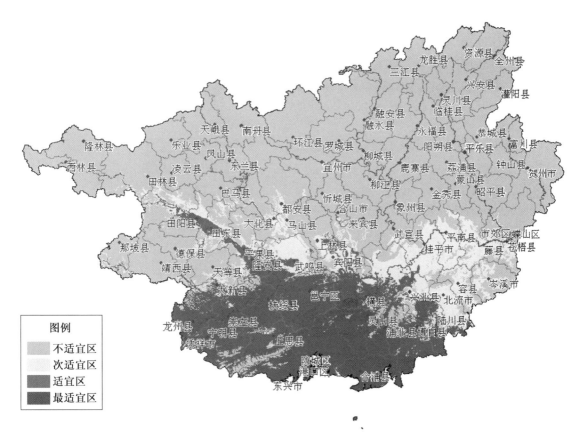

图 4.2-3　广西香蕉优化布局的气候区划图

气候较温暖,但少数年份仍有可能出现低温危害,因此还应注意做好越冬期的寒冻害防御工作。该区可适度发展香蕉生产。

　　③次适宜区

　　该区包括苍梧、藤县、平南、桂平、贵港、宾阳、上林、武鸣等县市以南和适宜区北界以北的大部分地区,以及右江河谷适宜区的边缘区域。该区年平均气温 20～22℃,≥10℃活动积温 6000～7000℃·d,最冷月平均气温 10～12℃,年极端最低气温平均值 0～2℃,日平均气温≤8℃连续天数 7～9 d,年降雨量 1100～2000 mm。该区热量条件比适宜区稍差,越冬条件不理想,冬季寒冻害出现频率相对较高,香蕉寒冻害相对较重,且越往北寒冻害越重,容易导致香蕉产量波动和品质下降,不宜大面积发展香蕉生产,可选气候温暖的小气候环境零星种植,并重视和采用各种有效措施防御寒冻害,选用耐低温及受冻后恢复较快的品种,由于花穗和果实易受冻害,还可通过选择适宜种植期,使开花坐果期避开低温霜冻的影响;采用施草木灰、厩肥等热性肥料,促进蕉株生长,增强抗低温能力,或霜冻前灌水增强耐低温能力,并且采取套袋或稻草覆盖等保温防寒防冻措施,以防寒冻害造成损失。

　　④不适宜区

　　该区包括苍梧、藤县、平南、桂平、贵港、宾阳、上林、武鸣、隆安、大新等县以北的大部分地区(右江河谷除外),主要分布在桂北和桂中北部。该区大部年平均气温≤20℃,≥10℃活动积温 6500℃·d 以下,最冷月平均气温<10℃,年极端最低气温平均值<1℃,日平均气温≤8℃

连续天数＞10 d,年降雨量 925~2700 mm。该区热量明显不足,冬季气温低,寒冻害严重,越冬气象条件差,不利于香蕉正常生产,在该区栽培香蕉经济价值很低,不应盲目种植。

（5）合理利用气候等资源 科学发展香蕉产业的对策建议

从以上研究可见,香蕉在广西种植,最大的限制条件就是低温寒害和局部地区的台风影响,所以在科学利用农业气候区划成果,合理利用农业气候资源发展香蕉产业时就应趋利避害,科学发展。

①遵循气候规律合理布局 科学发展香蕉产业

鉴于香蕉的气候生态适宜性和广西农业气候特点,大面积香蕉种植应尽可能安排在最适宜区和适宜区,结合当前市场因素等,今后发展香蕉产业应本着适地适种、合理布局等原则,逐步将次适宜区香蕉向最适宜区或适宜区集中,实现规模种植、集约化生产,以提高气候资源利用效率,最大限度地减轻气象灾害影响,在不适宜气候区,则不应盲目发展,以免气象灾害造成损失。

②合理选择香蕉品种 从根本上解决香蕉生产的瓶颈问题

根据当地气候特点,合理选择抗性强的高产优良品种,以提高经济效益。在桂南沿海易受台风影响的地区,宜选择矮秆品种,并通过合理密植来提高抗倒伏能力;在一些易旱地区,则应选择耐旱性强的品种,增强在干旱季节干旱地区的抗旱能力。在品种熟期搭配上,宜科学搭配早、中、晚熟品种,不但可缓解集中耕作、集中上市导致的农时紧张和农产品价格低廉问题,而且可增强香蕉抵御自然灾害的能力。

③加强蕉园栽培管理 为香蕉高产优质创造优越条件

蕉园选择交通方便,年平均气温 20℃以上、霜冻不重、地势开阔、空气流通、无大风、向阳、土层深厚、肥沃、疏松、富含有机质、排灌方便、pH 值 6.0~7.0 的地块。苗期注重中耕除草,宜用人工除草;前期可用稻草、植物残秆或塑料薄膜覆盖畦面或适当间作花生、黄豆等豆科短期作物,抑制杂草,增加土壤温度。园地保持土壤湿润,保证植株正常生长,避免园内积水。香蕉是典型的喜钾作物,施肥以有机肥为主,化肥为辅,氮、磷、钾配合,偏重钾肥施用,保证植株正常生长和果实膨大所需。总体原则是前促、中攻、后补,苗期以喷施叶面肥为主,有机肥使用腐熟鸡粪或牛粪,禁用含重金属和有害物质的城市生活垃圾、工业垃圾,化肥禁用硝态肥或未经国家批准登记和生产的肥料。通过运用农田防护林技术,增加蕉园防护林带,增强抵御台风的能力。

④充分利用现代农业科学技术 促进高产、稳产、优质

"科技是第一生产力",在合理选种、合理布局和加强蕉园管理的基础上,充分利用抗寒、冻害香蕉育苗技术,提高香蕉抗寒、冻害的能力。利用人工智能技术,对蕉园进行远程监控,及时摸清不同地块的肥、水盈缺与病虫害发生与防治情况,以便尽早采取科学措施,积极应对。积极利用现代生物防治技术,贯彻"预防为主、生态优先"的原则,加强蕉园病虫草害防治,保护蕉园生态环境,提高了香蕉产量和品质。利用现代化采收和套袋技术,减少香蕉生产和收获过程中受损和病变发生,保证高产、稳产、优质。

### 4.2.3　广西沙田柚精细化农业气候区划

沙田柚是我国柚类中的珍品,因原产广西容县沙田村而得名。沙田柚果实质优味美、营养丰富,耐运输和贮藏,素有"天然水果罐头"之美称,历来为我国重要的出口果品之一,主要分布在广西、广东、四川、湖南、重庆等省市的部分地区。近十多年来,随着农业结构调整和特色农业的发展,广西沙田柚生产取得很大发展,至 2007 年种植面积已达 2.9 万 hm²,总产量 35.26

万 t,总产值 7.05 亿元,沙田柚生产已成为主产区农民增收致富的重要途径之一。

(1)广西沙田柚生产与气候条件的关系

温度:沙田柚属亚热带常绿果树,喜温暖潮湿的气候,畏寒冷。温度是决定沙田柚果树分布与生长发育的主导因素,也是决定沙田柚产量形成和品质优劣的重要气候因子。据何天富(1999)、石健泉(2000)等研究,在中国,年平均气温 17.3～21.3℃,1 月平均气温 6～13℃,≥10℃积温 5300～7400℃·d,极端最低气温在＞−11.1℃的地区有沙田柚分布。不同品种、不同发育期对温度的适应性有所不同。大多数沙田柚品种在土温＞12℃时根系开始生长,23～31℃为根系生长和吸收水分、养分的最适温度,土温＜19℃,根系生长缓慢,＜7℃或＞37℃,根系生长基本停止,45.0～50.5℃时根系出现死亡。气温≥12.5℃时沙田柚开始萌芽生长,生长的速度随温度的升高而加快,最适宜的气温为 23～30℃,＞37℃则抑制生长。

沙田柚一般每年抽 3～4 次新梢,依次分为春梢(2—4 月)、夏梢(5—7 月)、秋梢(8—10 月)和冬梢(11 月—翌年 1 月)。其中春梢是当年最主要的结果枝和营养枝,也是翌年的结果母枝,对结果的多少、营养的积累和果实膨大影响较大。春梢萌发时间的早晚与气温关系密切,气温高,萌发早,反之则迟;在适宜的气温、充足的养分条件下,春梢生长健壮。沙田柚的梢叶较耐寒,一般可忍耐−1～−2℃的低温。气温＜−2℃,枝叶开始受害,气温越低,受害越重;但短时间内遭受−5～−7℃的低温,其地上部分仍不至于被冻死,如 1955 年 1 月 12 日广东梅县曾出现−7.3℃的极端最低气温,沙田柚并未全部被冻死,说明沙田柚的老枝干具有较强的耐寒力。

冬季适当低温干旱和阳光充足的天气有利于沙田柚的花芽分化。沙田柚花芽为混合花芽,在桂林等地,成年树的花芽生理分化期大致为 10 月下旬—11 月中旬,花芽形态分化期则从 12 月下旬持续—翌年 4 月上旬。花期对气温反应较为敏感,不同年份因气温高低不同,开花期的早晚也有明显差异。据广东吴志伟等对梅县沙田柚进行的观测分析,2 月份平均气温在 14℃以上,则开花期在 3 月上中旬,低于 12℃,开花期推迟到 4 月上旬。在广西,由于南部地区春季气温回升快,故盛花期一般在 3 月下旬—4 月上旬,北部地区气温回升慢,一般为 4 月中旬—4 月下旬开花。花期最适宜的气温为 20～30℃,气温过低或过高,均会影响其花质和授粉、受精。

进入果实生长期后,适宜的气温,利于提高坐果率;遇低温阴雨或异常高温天气,生理落果加重,坐果率低、产量下降;果实膨大期气温适宜,则果实膨大快,单果重;反之,果实膨大受阻,尤其夏秋季节,若出现高温、强光照及干旱的天气,将造成树体严重缺水,导致叶片萎蔫,果实停止生长,严重时甚至落果。

光照:沙田柚喜漫射光多于直射光,相对于其他柑橘类果树而言,是耐阴性较强的果树。一般认为,年日照时数 1000～2600 h 都能满足需要,又以 1200～1500 h 最适宜。光照过强或过弱,对生长发育不利,尤其花期和幼果期,光照不足导致树体内合成的有机物质减少,出现叶片转绿迟缓,生理落果加剧,产量低。果实成熟期光照不足,则果实着色差,含糖量降低,含酸量增加,果实外观和内质变差,经济价值低。广西各地年日照时数 1200～2200 h,从年日照时数看,能满足沙田柚生长发育需要,但由于季节分布不均,冬末春初日照相对较少,对沙田柚花芽分化和开花授粉有一定影响,而盛夏秋初季节,广西东半部地区常出现持续的高温强日照天气,对果实发育不利,易出现日灼而影响品质。

水分:沙田柚枝梢年生长量大,挂果期长,对水分要求较高,最适宜的年降水量为 1500～2000 mm。不同发育期对水分要求有所不同:果实成熟期和花芽分化期需水量相对较少,春季随着萌芽和春梢生长的开始需水量逐渐增多。在春梢萌发生长期,土壤含水量保持在田间最大持水量的 60%～70%,有利于抽发较多健壮春梢和花蕾的正常发育。在花期至幼果期,充足的土壤水分供应,不仅可提高花质和坐果率,而且有利于幼果的正常发育,此时,要求土壤含水量达田间最大持水量的 70%～80%,才能满足正常开花、坐果和幼果发育的需求。果实膨大期,同时又是夏梢和秋梢的抽发时期,需水量较大,若此时干旱缺水,不仅阻碍果实的正常发育,使产量降低、品质变劣,柚果商品价值低,还会使树体的生长量大大减小,因此要求土壤含水量不低于 60%。从广西气候条件来看,大部地区年降水量为 1500～2000 mm 可满足沙田柚生长发育和产量形成的需要,但由于降水量季节分布不均,常常出现春旱、秋旱或夏季雨涝,而且多数年份是旱涝交替出现。有的年份、有的地区甚至出现夏、秋、冬或秋、冬、春连旱,对柚树的正常生长结果和果实发育造成不良影响。

(2)广西沙田柚种植农业气候指标分析

在温度、降水、光照等诸多气象因子中,温度对沙田柚的生长发育影响最大。据何天富(1999)、石健泉(2000)等研究:沙田柚在年平均气温 18～20℃,1 月平均气温 7～9℃,≥10℃积温 5800～6500℃·d,8—10 月天气晴朗、日较差 8～12℃,9 月平均气温 24～25℃ 的区域栽培,不仅产量较稳定,而且果实品质优良;在年平均气温 23～24℃,≥10℃积温高于 8000℃·d 的地区栽培,则柚果果皮较粗,汁胞质地硬,糖分低,易枯水;而在 ≥10℃积温低于 5000℃·d 的地区种植,又由于热量不足,柚果变小,果实含糖量低、含酸量高,果肉缺乏沙田柚特有的风味。可见温度的高低,不仅决定沙田柚的布局和产量,对品质的也有重要影响。其次在广西降雨量的多少对沙田柚产量和品质也有较大影响,特别是春秋两季,广西部分地区雨量偏少,易发生干旱,对结果母枝生长及果实的发育不利,而春末夏初季节,一些地区多大雨、暴雨天气,易造成幼果大量脱落,导致挂果率低、产量下降。因此选择降雨量适宜的区域栽培,也是沙田柚获得高产、优质的重要措施之一。

根据以上分析,结合沙田柚在广西的栽培实践,确定以年平均气温、1 月平均气温、≥10℃活动积温、极端最低气温、年降雨量以及 8—10 月气温日较差等 6 个气候因子作为沙田柚优化布局的气候区划指标因子(表 4.2-6)。其中前 5 个因子是影响沙田柚正常生长、安全越冬及产量形成的主要因子,后一个为影响沙田柚品质的重要气候要素。沙田柚是耐阴性较强的短日照作物,一般认为年日照 1000～2600 h 都能满足需要。广西各地年日照时数在 1120～2210 h 之间,其中大部地区为 1200～1800 h,能够满足沙田柚生长发育需要,因此,日照因子未作为区划的指标因子。

表 4.2-6　广西沙田柚优化布局的气候区划指标

| 区划指标因子 | 最适宜区 | 适宜区 | 次适宜区 | 不适宜区 |
|---|---|---|---|---|
| 年平均气温(℃) | 18～21 | 17～18 或 21～22 | 16～17 或 22～23 | <16 或 >23 |
| 1 月平均气温(℃) | 8～12 | 7～8 或 12～13 | 6～7 或 >13 | <6 |
| ≥10℃积温(℃·d) | 6000～6500 | 5500～6000 或 6500～7300 | 5000～5500 或 7300～8000 | <5000 或 >8000 |
| 极端最低气温(℃) | ≥−4.5 | −4.5～−5.0 | −5.0～−7.0 | <−7.0 |
| 年降雨量(mm) | 1500～2000 | 1300～1500 或 2000～2500 | 1100～1300 或 >2500 | <1100 |
| 8—10 月气温日较差(℃) | 8.0～10.0 | 7.5～8.5 | 6.0～7.5 | <6.0 |

(3)广西沙田柚精细化农业气候区划方法

①资料与处理

本区划使用的气候资料是广西 90 个站点的地面观测资料,资料年限极端最低气温为建站至 2002 年,其他要素为 1971—2000 年。地理信息资料采用国家基础地理信息中心提供的 1:25 万广西基础地理背景数据。该数据是标准通用的 ARC/INFO 的 E00 格式数据,以分幅图形式分块地存放在不同文件中,覆盖广西范围的共有 20 多个图幅。因此,在资料处理上首先利用"精细化农业气候区划产品制作系统"对 E00 资料进行格式转换,再通过拼接、对栅格数据重采样、对矢量数据进行分层和筛选以及裁剪等一系列处理,最终提取出以下区划所需的地理信息:

a)广西的县以上行政边界;

b)广西的市、县、乡政府所在地位置和名称;

c)广西的主要河流、铁路和公路;

d)广西的数字高程模型(DEM)及经度、纬度、海拔高度、坡度、坡向等栅格数据,所有栅格数据网格距均为 $0.01° \times 0.01°$。

②区划指标空间分析模型的建立

沙田柚生产只有在适宜的气候条件下才能获得高产稳产和优质高效,而气候资源由于纬度、海陆分布以及地形地貌与下垫面性质的不同存在明显的空间差异。由于目前每县只有一个气象站,站点稀少且呈点状分布,仅用站点资料不能充分反映广西山区气候资源的立体多样性特征,也不能很好地满足沙田柚种植精细化气候区划的要求,为了较客观地反映广西不同地域的气候资源状况,详细描述沙田柚种植的各个区划指标在广西的实际分布,研究建立了区划指标随地理参数变化的空间分析模型(形式同式(4.2-1))

利用广西 90 个气象站点的地面观测资料,经统计计算求出各站点的年平均气温($T_{年}$)、1 月平均气温($T_1$)、稳定通过 10℃ 活动积温($\sum T_{\geqslant 10}$)、极端最低气温($T_d$)、年雨量($R$)、8—10 月气温日较差($\Delta T$)等 6 个区划指标值,并与对应站点的纬度、经度、海拔高度、坡度、坡向等地理因子进行相关分析,选择相关性好的地理因子,采用数理统计学中的逐步回归方法,并考虑广西山体普遍存在的最大降水高度问题,建立区划指标的空间分析模型(表 4.2-7)。

表 4.2-7　沙田柚种植区划指标空间分析模型

| 区划指标因子 | 模型表达式 | 相关系数 | $F$ 检验值 |
|---|---|---|---|
| 年平均气温 | $T_{年} = 73.263 - 0.724\varphi - 0.318\lambda - 0.00475$ | 0.966 | 404.13 |
| 1 月平均气温 | $T_1 = 102.101 - 1.412\varphi - 0.521\lambda - 0.00353h$ | 0.961 | 348.505 |
| ≥10℃积温 | $\sum T_{\geqslant 10} = 39366.31 - 210.353\varphi - 383.524\lambda - 2.3610h$ | 0.968 | 421.903 |
| 极端最低气温 | $T_d = 49.22 - 1.045\varphi - 0.00212\lambda^2 - 0.00523h$ | 0.880 | 98.303 |
| 年雨量 | $R = 10398.8 - 62.327\varphi + 121.454\lambda + 0.543\beta + 5.31(18.14 - h)h$ | 0.629 | 17.7 |
| 8—10 月气温日较差 | $\Delta T = 5.312 + 0.39\varphi - 0.055\lambda - 0.000643h$ | 0.577 | 14.001 |

从以上方程可看出,广西年平均气温、1 月平均气温、≥10℃积温、极端最低气温、8—10 月气温日较差等五个温度场指标与纬度、经度、海拔高度等因子关系密切,而年降雨量指标除与上述三项因子关系密切外,还与坡向因子有着密切的关系,这与广西实际情况较为吻合,因为广西的大山体迎风坡雨量普遍多于背风坡。上述各方程的复相关系数在 0.577~0.966 之间,

$F$ 检验值为 14.001～421.903,从回归效果看,年雨量和日较差方程虽不及其他方程好,但都通过了 $a=0.01$ 的显著性检验。

③区划指标的小网格推算及专题图制作

根据上述六个区划指标的推算方程,利用事先准备好的 $0.01°\times0.01°$ 网格点上的纬度 $\varphi$、经度 $\lambda$、海拔高度 $h$、坡向 $\beta$ 等地理数据,可推算出每一个区划指标在千米网格点上的分布值。然而它还不是气候区划指标的实际分布值,它与实际值之间还存在一定的误差,即式(4.2-1)中的综合地理残差 $\varepsilon$,因此还需进行残差订正计算。具体方法如下:

将台站所在地的 $\varphi$、$\lambda$、$h$、$\beta$ 等地理数据分别代入表 4.2-7 中的方程,得到每一个区划指标在 90 个站点的计算值,根据式(4.2-1),用 90 个站点的实测值分别减去计算值,求出残差值 $\varepsilon$;将 $\varepsilon$"交给"GIS,生成 6 个区划指标的残差散点图,之后运用反距离权重插值法,将 $\varepsilon$ 内插到 $0.01°\times0.01°$ 网格点上,生成千米网格残差栅格图。将该图与前面计算好的区划指标栅格图进行叠加运算,即得到区划指标的实际分布图,6 个区划指标共有 6 幅图(图略)。

利用上述计算得到的 6 个区划指标的栅格图像数据,按照表 4.2-6 中的区划指标,采用专家评判打分法,即给每一个指标都赋予一定的分值,如对于年平均气温($T$),当 $18℃\leqslant T\leqslant21℃$ 时,赋值 20 分,当 $17℃\leqslant T<18℃$ 或 $21℃<T\leqslant22℃$ 时赋值 15 分,$16℃\leqslant T<17℃$ 或 $22℃<T\leqslant23℃$ 时赋值 10 分,$T<16℃$ 或 $T>23℃$ 时赋值 5 分。最后根据 6 个指标总分值的大小将广西划分为沙田柚种植的最适宜气候区,以及适宜、可种植和不适宜气候区。给不同的区域赋予不同的颜色,并叠加县边界、经纬网、制作图例等,即可输出沙田柚种植区划专题图(图 4.2-4)(郭淑敏等,2010)。

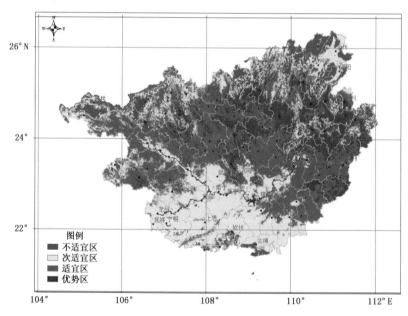

图 4.2-4　广西沙田柚种植农业气候区划图

由图 4.2-4 可见,在 GIS 支持下得到的区划专题图,不仅能够直观地反映区划指标随地理位置和海拔高度的立体变化特征,而且与过去传统区划相比,区划结果更精确,也更符合广西沙田柚的实际分布。

（4）区划结果与分区评述

①最适宜区

该区地处南亚热带北沿及中亚热带南部地区,包括平乐、阳朔、荔浦、昭平、钟山、柳城、融安、融水等县大部,容县中北部,鹿寨中东部,富川、临桂、灵川县南部,永福、罗城两县东部,恭城县中部,八步区西部和南部,苍梧、藤县、桂平、平南等县(市)北部。该区年平均气温 18～21℃,1 月平均气温 8～10℃,稳定通过 10℃积温 6000～6500℃·d,极端最低气温在－4.5℃以上,年雨量 1600～2000 mm。该区气温适宜,降水适中,秋季昼夜温差大,沙田柚产量高、品质优,适宜规模种植和连片开发。今后建立大面积、大规模的沙田柚商品生产基地应重点选择在这一区域,并且尽可能选用品质优良的软枝种,淘汰劣质的硬枝种,以充分利用该区优越的气候资源,提高种柚经济效益。

②适宜区

该区包括柳江、象州、金秀、兴宾、武宣、忻城、桂平、平南、藤县、苍梧、岑溪、蒙山、梧州郊区、北流、宜州、环江、河池、大化、都安、马山、东兰、巴马、天等、德保等县(市、区)的大部地区,以及富川、恭城、阳朔、灵川、三江、环江、上林、武鸣、大新、港北等县(市、区)的局部地区。该区年平均气温 17～18℃或 21～22℃,1 月平均气温 7～8℃或 10～12℃,≥10℃积温 6500～7300℃·d 或 5500～5800℃·d,极端最低气温－4.5～－5℃,年雨量 1300～1600 mm 或 2000～2200 mm。该区沙田柚生产的热量条件和降水条件虽不及优势区,但花期、果实生长和发育期的气象条件仍能较好地满足沙田柚生长发育的需要,沙田柚产量较高,但品质不如优势区,宜选择表土深厚肥沃、水源方便的平地或缓坡地,坡度在 20 度以下,坡向朝南或东南的良好地块进行适度规模种植。

③次适宜区

主要是桂南大部、桂东北和桂西局部地区。该区年平均气温 16～17℃或 22～23℃,1 月平均气温 7～8℃或 12～13℃,≥10℃积温 6500～7300℃·d 或 5000～5500℃·d,极端最低气温－5～－7℃,年雨量 1100～1300 mm 或 2200～2500 mm。该区春旱和秋旱频率高,春旱对结果母枝—春梢的正常生长有不良影响;秋季降温慢,昼夜温差小,一些地区(如右江河谷等)虽秋季降温较快,但年雨量相对较少,不利于沙田柚高产优质生产,栽培沙田柚经济价值低。本区只能零星栽培,不宜进行规模种植。

④不适宜区

包括桂北部分高寒山区,钦州、防城等沿海地区及隆林和扶绥等局部地区。该区年平均气温＜16℃或＞23℃,1 月平均气温＜6℃或＞13℃,稳定通过 10℃活动积温＜5000℃或＞8000℃·d,极端最低气温在－7℃以下,年雨量＜1100 或＞2500 mm。该区一些地区海拔较高,冬季气温过低,易发生冻害;一些地区地处沿海,年雨量过多,且冬无沙田柚花芽分化所需要的适当低温干燥条件,加之沙田柚挂果期易受台风的危害造成大量落果。因此,在该区栽培沙田柚没有经济价值,不应盲目种植。

（5）合理利用气候资源发展沙田柚产业的对策建议

①选择最适宜的气候环境,避免盲目发展

沙田柚虽适应性较广,但建立大面积、大规模的沙田柚商品生产基地宜选在最适宜区;适宜区的气候条件虽然也能满足沙田柚生长发育需要,但不及最适宜区,可根据当地生产实际,选择良好的小气候环境适当发展;次适宜区春(秋)旱频率较高,秋季温差小,冬季气温偏高

（低），不利于沙田柚高产优质，不宜大面积发展，以零星种植为主；不适宜种植区，则不应盲目种植。

②科学、合理地建设商品柚园

在保证气候条件最适宜或适宜的前提下，为了合理利用土地，在丘陵山地建园时，宜选择表土深厚肥沃、水源方便的平地或缓坡地；但坡地的坡度宜在20度以下，坡向以朝南或东南为好，其次是东北。西坡雨量较少，日照过于强烈，易干旱，幼果易发生日灼病，不宜建设商品柚园。

③加强柚园基地设施建设

广西虽雨量充沛，但降雨的时空分布不均，即使是在最适宜区和适宜区，也常有旱涝发生，尤其是秋旱发生的频率较高。因此，大规模或集中连片开发建设商品果园，应修建完整的水利排灌系统，做到涝能排，旱能灌，才能更好地提高沙田柚产量和品质，最终提高沙田柚产业的经济效益。

④根据天气变化，因地制宜搞好果园管理

冬季结合清园，要特别注意防御霜冻或冰冻危害，以防大量落叶和枯枝；春季应积极采取措施减轻低温阴雨的影响，培育健壮的春梢，因为春梢是沙田柚的主要结果母枝，又是当年的结果枝和营养枝，对结果的多少，养分的积累和果实增大影响很大。因此，根据天气特点，培育健壮的春梢对当年和次年产量提高均具有重要意义。花期根据天气预报采取必要的调控技术使柚树提前或推迟开花，尽量避过低温阴雨天气的影响，幼果期则要防御大雨或暴雨天气造成大量落花和落果；果实膨大期遇干旱，要及时灌溉或淋水，以防高温干旱造成减产；注意保持柚园良好的通风透光条件，以提高果实品质。

⑤积极推广优质高产栽培新技术

推广配方施肥，特别是适当增施有机肥和磷、钾肥，减少氮肥的施用；积极推广叶片营养诊断技术、花期调控技术，以及人工辅助授粉、疏花疏果、幼果嫁接、果实套袋、病虫害综合防治等技术；加强优良品种的选育和推广，同时针对沙田柚自花授粉结实率差、单一品种种植或花期遇低温阴雨天气坐果率低的特点，生产上应积极推广间种技术，即在柚园里间种10%的良种酸柚树作为授粉树，酸柚树的花期要求与沙田柚相同，以利提高坐果率和产量。

### 4.2.4 广西特色农产品精细化区划结果的可靠性分析

采用了三种方法对区划结果的可靠性进行分析和验证。一是将区划结果与前人研究成果进行比较分析，看趋势是否一致；二是实地调查验证：利用 GPS 手持机，沿着三种特色农产品精细化区划的适宜区和次适宜区北界进行走访和采集定点资料进行调查验证；三是通过收集广西三种特色农产品的种植面积和产量资料进行分析验证。

（1）荔枝精细化区划结果的比较与验证

早在20世纪90年代就有专家学者对广西荔枝生产布局进行研究。如钟思强等（1994）在分析荔枝主要气候生态特性基础上，做出了广西荔枝龙眼适植区、次适植区及零星分布区的区划，认为在广西年均温21℃以上、最冷月均温12℃以上、极端最低温－2℃以上的地区是龙眼、荔枝商业性栽培的最适宜区，即东起梧州，经岑溪.藤县、平南、桂平、贵港、宾阳、上林、马山、都安、百色转向天等到硕龙一线以南的地区（除东兴、合浦、北海外）为最适宜区。年均温20℃以上，最冷月均温11℃以上，极端最低温－3℃以上的地区为次适宜区；次适宜区北界东起信都，经太平、武宣、忻城、东兰转向靖西以东到中越边境一线。年均温 19℃ 以上,最冷月均温 10℃ 以上,极端最低温 −4℃ 以上的地区为零星分布区;零星分布区的北界东起贺县南部,经昭平南部、象州、柳城、罗城、河池、凤山、凌云转向靖西西部到中越边界一带。甘一忠等(2001)用二重灰色聚类方法分析了广西荔枝果树商业性栽培的气候生态适宜度,认为由靖西、凌云、巴马、罗城等地到融水、鹿寨、昭平、贺州一线的以北地域,均属无荔枝栽培基本气候条件区域;其以南地域,具备有荔枝栽培的基本气候生态环境,属广西荔枝栽培基本气候适宜区;在以南地域中,由二重聚类结果,得出柳城、象州、来宾、宜州、百色、田东、田阳、东兴、北海等地为荔枝商业性栽培的次适宜气候生态区,其他地域为广西荔枝商业性栽培的最适宜气候生态区。本次区划结果在最适宜区的北界划分上与钟思强等人的区划结果大体上一致;除百色、田东、田阳等右江河谷地区以外,最适宜区的划分结果与甘一忠等人的分析结果基本一致。而在次适宜区北界划分上,本次区划的结果略偏南。由于本次区划将 GIS、GPS 等技术与气候资源小网格分析方法相结合,利用栅格图的方式制作出网格距为 0.01°×0.01° 的荔枝种植气候区划图,能够分辨出较细小的适宜种植区域和海拔较高的山区的不适宜种植区域,区划的精度更高。

本次区划在完成了广西荔枝种植气候区划图后,先后到地处适宜区北界的桂平、平南等市县,利用 GPS 进行实地调查,采集了果园的定点资料,并将资料叠加到区划图上。经分析发现,区划图划分出的某些细小的荔枝适宜种植区域确实有荔枝园分布,且果园的荔枝树长势良好,表明精细化荔枝种植气候区划分区结果精确细致,区划结果正确。

从荔枝种植面积和产量上进行分析发现,2007 年广西各市、县荔枝种植面积为 21.53 万 hm²,荔枝总产量为 47.61 万 t,而在区划图上划分适宜区和最适宜区的桂平、钦州、灵山、浦北等市县的荔枝种植总面积为 15.4 万 hm²,占了全区荔枝种植面积的 72.3%,总产 39.5 万 t,占全区总产的 82.9%。即目前广西 70% 以上的荔枝园都分布在最适宜区和适宜区内,适宜区内气候资源丰富,能够满足荔枝生长发育的需要;气象灾害少,种植荔枝能够获得较高的经济效益,区划结果与实际情况较为吻合。

(2)香蕉精细化区划结果的比较与验证

香蕉比荔枝、龙眼更不耐霜寒,对冬季气候条件要求更高。庞庭颐等(1991)分析了广西香蕉越冬气候条件,选择了日均温 ≥15℃ 活动积温、日均温 ≥22℃ 日数、冬季最冷月均温、重寒害和重霜冻合成频率等 4 个区划指标,利用桂南 32 个县站的气候资料,以东兴站为中心点,采用相似距法,划分出广西香蕉的最适宜种植区为右江河谷的百色、田阳、田东三县的河谷、盆地、左江河谷的龙州、崇左、宁明、扶绥、隆安、大新等县的河谷、盆地以及防城、钦州、合浦、北海市的沿海地区;适宜区包括包北流、灵山、邕宁、武鸣、平果、右江河北部至田林县东南部一线以南除适宜区和德保、靖西、那坡、天等四县以外的广大地区;其余地区为不适宜区。广西农业区划办公室蕉类作物课题组(2003 年)研究认为,广西香蕉生产应重点发展适宜区,适度调整和发展次适宜区,淘汰不适宜区,并指出香蕉重点发展区域为右江区、田阳县、田东县、隆安县、龙州县、崇左县、宁明县、扶绥县、博白县、上思县、武鸣县、邕宁县、南宁市郊区、灵山县、浦北县、钦北区、合浦县、福绵管理区;一般发展区域为田林县、平果县、大新县、凭祥市、防城区、东兴市、钦南区、玉州区、陆川县、海城区。何燕等(2006)采用 GIS 技术,划分出广西香蕉种植的气候最适宜区为龙州、凭祥、宁明、灵山、浦北等县的部分区域以及东兴、防城、钦州、合浦、北海等县市,适宜区为右江河谷和大新、隆安、南宁、邕宁、横县、玉林、陆川等县(市)以南及最适宜区北界以北的大部地区,以及桂平、上林、大化、都安等县的局部区域。次适宜区包括苍梧、藤县、平南、桂平、贵港、宾阳、上林、武鸣等县以南和适宜区北界以北的大部分地区，以及右江河谷适宜区的边缘局部区域。本次区划用决策树方法得出的结果与前人研究的结果基本一致，但结果比传统区划方法空间分辨率更高，更为客观、精细。

对香蕉的区划结果，先后调查了南宁市坛洛镇、邕宁区、武鸣县及百色市右江区、田东、田阳等县、区，利用 GPS 采集了果园的定点资料，并在区划图上叠加采集到的定点资料，经分析发现香蕉区划最适宜区和适宜区内，香蕉长势良好，区划图划分出的某些细小的适宜区域确实有香蕉种植或有野生香蕉分布。

从面积和产量上进行分析发现，2007 年广西香蕉种植面积在 7000 hm² 以上的南宁市、浦北县和灵山县种植，种植面积 2000～3800 hm² 的田东、博白、隆安、武鸣、钦州等市县，种植面积 1000～1900 hm² 的合浦、扶绥、田阳、龙州、北流等市县，均在本区划的适宜区和最适宜区内，表明区划结果真实、可靠，与实际情况比较吻合。

（3）沙田柚精细化区划结果的比较与验证

《中国柚类栽培》（何天富，1999）、《沙田柚优质高产栽培》（石健泉，2000）等著作认为，沙田柚虽然起源于南亚热带北沿的容县沙田村，但在中亚热带地区种植不仅能获得较高产量，而且品质表现优良，该结论与本次区划结果（即广西沙田最适宜种植区主要位于南亚热带北沿及中亚热带南部地区）基本上一致。涂方旭等（2002 年）采用网格距为 0.1°×0.1° 经纬度的小网格气候分析方法，划分了广西沙田柚种植最适宜气候区主要分布在 23.5°N 至 25.4°N，108.4°E 以东的地区（分东、西两个区域）。东区主要包括贺州、钟山、昭平、蒙山、富川南部、平乐、恭城、荔浦、永福东部、阳朔、临桂、灵川南部等县（市）及桂林市郊区部分地区、苍梧和藤县两县北部部分地区，金秀瑶族自治县海拔高度约 400 m 以下局部地区及象州、武宣、桂平等县市与大瑶山相邻的局部地区；西区主要包括柳城、柳江及柳州市郊区、鹿寨、忻城、融水南部、融安南部、来宾西部、罗城、宜州等县（市）部分地区；此外，容县局部（容县西北部、大容山东部）、岑溪局部（周公山附近，岑溪南部云开大山西部）为小范围最适宜区。适宜气候区主要位于 23°～25.5°N 的区域。不适宜气候区大致位于桂北海拔高度 500～700 m 以上地区及全州县北部，广西南部海拔 800～1000 m 以上地区及沿海。苏永秀等（2006）运用 GIS 技术，结合气小网格气候资源分析方法，对广西沙田柚种植布局进行了千米网格气候区划，该区划认为：地处南亚热带北沿及中亚热带南部的平乐、阳朔、荔浦、昭平、钟山、柳城、融安、融水等县大部地区，容县中北部、鹿寨县中东部及富川、临桂、灵川县南部，永福、罗城两县东部，恭城县中部、八步区西部和南部，苍梧、藤县、平南等县（市）北部等地为广西沙田柚的最适宜种植气候区。适宜区主要位于柳江、象州、金秀、兴宾、武宣、忻城、桂平、平南、藤县、苍梧、岑溪、蒙山、梧州郊区、北流、宜州、环江、河池、大化、都安、马山、东兰、巴马、天等、德保等县（市、区）的大部地区，以及富川、恭城、阳朔、灵川、三江、环江、上林、武鸣、大新、港北等县（市、区）的局部地区。桂南大部、桂东北和桂西局部地区为次适宜区。不适宜区主要在桂北部分高寒山区，钦州、防城等沿海地区及隆林和扶绥等局部地区。本次区划采用 GIS、GPS 技术，以栅格图的方式制作出网格距为 0.01°×0.01° 的沙田柚的气候区划图，区划结果与苏永秀等（2006）的研究结果较一致，精度较涂方旭等 0.1°×0.1° 网格距的区划结果有明显提高。

对沙田柚区划结果的验证，利用 GPS 先后调查和走访了容县、恭城、阳朔、平乐等县，发现当地沙田柚长势优良，产量稳定，且历来就有沙田柚分布，沙田柚果实品质优良，除容县沙田柚连续多次荣获全国沙田柚系列优质金杯奖外，平乐县建国后被列为全国沙田柚生产基地，所产沙田柚 1983 年曾获中华人民共和国对外贸易经济合作部颁发的优质出口产品荣誉证书,1990 年获沙田柚类全国评比总分第一,1992 至 1996 年被农业部授予"沙田柚之乡"金匾;恭城、融水的沙田柚在全国柚类科研生产协作会上也曾获金杯奖。

从种植面积和产量上分析发现,2007 年广西沙田柚总产量最高的县(市),如恭城(总产量 90074 t)、平乐(90074 t)、阳朔(44779 t)、容县(41094 t)、融水(16434 t)、昭平(14190 t)、宜州 (12220 t)、藤县(7943 t)、钟山(6679 t)、鹿寨(5858 t)、灵川(5015 t)、临桂(4693 t)、融安(4576 t)、八步(4551 t)、金城江(4032 t)、罗城(3700 t)、富川(2686 t)、荔浦(2542 t)、永福(2426 t)等,大都在本次区划的最适宜或适宜区范围内,表明区划结果正确,与当地沙田柚种植实际情况相吻合。

## 4.3　北方草地的精细化农业气候区划

内蒙古自治区地处祖国北部边疆,地域辽阔,南北介于 37°30″N 和 53°20″N 之间,东西介于 97°10″E 和 126°02″E 之间(湖春,1984),草原资源丰富,是我国重要的畜牧业基地之一。其中天然草原面积为近 70 万 hm² ,占土地总面积的 58%(内蒙古自治区农牧业委员会办公室,1991)。草原是草业的基础,其数量的多少与质量的优劣将决定其后续生产及整个草地产业的规模与效益,草原生产状况的好坏直接影响自治区社会经济的发展。做好草业资源管理与规划方,更好地保护和利用好草地这一可更新资源,对于促进内蒙古草原地区的经济发展、保证我国北方地区、特别是京津地区的生态安全,具有重大的理论意义和深刻的实践价值(刘兴元,2009;谢高地,2001;韩同林,2007)。

由于气候条件的不同,全区由东到西形成了草甸草原、典型草原、荒漠草原、草原化荒漠和荒漠的自然景观。在不同的草原类型上,分布着不同种类的家畜。如牛、马多分布在温凉较湿润的东部,骆驼则只在温热干旱的荒漠地区可见。这种不同畜种分布状况的形成,是多少年来自然和人工选择的结果,也是家畜对环境适应的具体表现。所以,气候直接影响了植被和家畜的形成(郭正德,1991)。

草地气候区划是内蒙古自然资源和区划的一个组成部分,是为合理、充分利用牧业气候资源,避免和克服不利的气候条件,进行牧业可持续发展提供科学依据。近二十年来,内蒙古的水热条件发生了较大变化,同时,遥感和 GIS 等技术手段得到了较快的发展。因此,开展草地精细化农业气候区划,可以精确地划分出草地不同类型和生物量的地理分布,为进一步的畜牧业生产区域合理布局提供科学依据。

### 4.3.1　草地与气候条件的关系

(1)气候条件与牧草的生长发育

草地形成的气候条件:内蒙古位于中纬度内陆地区,终年为西风环流所控制,境内以高原为主体。由于山脉的屏障作用,极地大陆气团控制时间较长,冬季风影响较大,具有干旱少雨,寒暑剧变的典型大陆性气候特征。草原牧区太阳辐射能丰富,降水少,湿润度多数在 0.6 以下。没有灌溉就没有种植业,就草原整体而言,降水量不足是发展种植业的主要限制因子,因此不适宜发展种植业。而牧草对严酷的气候条件则有较强的适应性,在日平均气温达到 0℃时,禾草即可萌发生长。在降水量 200 mm 左右的草地,牧草能开花结实,也能用地下根茎繁殖。在极干旱的荒漠区，超旱生的灌木能形成针叶、肉质叶，以减少水分蒸腾，并可形成一定的产量，且冬春保有量较多。一年生的短命植物，根系分布非常浅，只要有 20 mm 的降水量，即可生长发育，短期内完成整个生育阶段。牧草对水热条件适应范围比较广，不同的水热条件形成不同的草原类型，不同的建群种牧草与相应的水热组合相适应。温带草原是内蒙古分布最广的地带性植被型，东接大兴安岭林区，西靠阿拉善戈壁荒漠，由草甸草原、典型草原、荒漠草原和草原化荒漠组成，占据了内蒙古中、东部的广阔地带。

气候与草地牧草产量：天然牧草的产草量形成于露天，它与环境条件尤其是气候条件之间的关系最为密切。因此，用气候条件划分草地牧草产量等级，是了解草地一般产草量状况的重要手段，也是合理利用草场的重要途径。

天然草场牧草的产量由气候、土壤及牧草本身所决定。由于土壤性质、牧草种类等形成环境的长期作用，因而相对稳定，而气候因子，比如降水及水、热匹配，年际间变幅甚大，因此，牧草产量主要取决于气候条件。

不同的气候带形成不同的草原带。在任一草原带里，因年际和四季水热条件不同，草地的产草量亦有很大差异。从内蒙古东部的呼伦贝尔草原到西端的阿拉善荒漠，牧草单位面积产草量大都与年降水量有密切关系，降水量越多，产草量越高。但降水量与产草量之间并不呈线性关系，天然牧草对降水量的利用率还受光照和热量的影响。牧草产量除地区间因水热条件组合不同而有明显差异外，即使同一地区，也因年际间降水量不同而形成丰、平、歉的年景。

气候与牧草品质：牧草的生长和养分的积累主要靠土壤中含有的养分和水分，以及光照和适宜温度的供应。在不同气候带已形成相对稳定的植物群落，对当地气候条件有较好的适应性和生产性能。在土壤养分亦可满足供给的情况下，牧草营养的积累就取决于土壤有效水分、光照以及温度条件。

天然牧草在一定量的光、热、水条件下才能正常生长发育。内蒙古广大牧区光照充足，所以热量和降水量就成为主要的限制因子。在水分满足的条件下，温度决定牧草的生长和产量。即使喜凉的禾草类，当日平均温度未稳定通过 0℃ 时，也不能萌动返青（樊锦沼，1992）。牧草返青后，分蘖、拔节、抽穗、开花、结实、黄枯等各物候期的长短，主要受牧草本身的发育节律所制约，其产量形成和养分积累则取决于积温和降水量，最热月平均气温低于 10℃ 的地方，即使喜凉牧草，种子也难以成熟，主要依靠根蘖繁殖。水分是牧草的主要成分之一，禾本科牧草从幼苗到开花期，水分均占其组成物质的 65％ 以上。水分条件不仅决定牧草的种类、特性和草地类型，而且与牧草的产量、品质及其适口性密切相关。

对家畜而言，天然牧草的品质，主要是指牧草的营养成分、可食性、消化率等。牧草的营养成分中，最重要的是粗蛋白质、粗脂肪、无氮浸出物和粗纤维含量的多寡。其地理分布与气候条件有密切关系。

光照：牧草的生物学产量约 90％～95％ 都是通过光合作用产生。据观测，在阳光下的牧草，其干草含蛋白质为 8.7％，而生长在遮阴地方的牧草，干草含蛋白质为 5.3％。内蒙古草原的牧草绝大部分是喜阳性的，属长日照植物，光合作用强，粗蛋白、粗脂肪、无氮浸出物的含量一般较高。但由于其他条件跟不上，光的年利用率较低，只有 0.012％～0.1％。据研究，内蒙古草原如果水、热条件达到理想状态，光的年利用率达到 1％，牧草的产量就可以提高 10 倍以上（孙金铸，1991）。

气温：温度直接影响牧草生长的速度和产量，牧草的生长界限温度在 0～35℃ 之间。春季温度是制约牧草返青的主要因子,当日平均温度稳定通过 0℃ 之后(3 月中旬至 4 月中旬),牧草的地下部分开始萌动。当日平均温度稳定通过 5～8℃ 时(4 月上旬至 5 月上旬),牧草陆续返青,草高 5 厘米时,能供给羊、马吃,草高 7 cm 时,牛才能吃饱,二者相差 20 d 左右。5 月下旬至 7 月下旬,是内蒙古草原的高温时期,牧草生长迅速,进入积极生长期,是产量形成的主要时期。当日平均温度下降到 0℃ 时(10 月中旬至 11 月上旬),牧草枯黄。整个牧草的生长期 5～7 个月,东北部最短,向西南逐渐加长。

降水:多年生牧草的蒸腾系数比农作物大 0.5～1.0 倍,因而土壤含水量对牧草的生长发育有着直接的作用。不同种的牧草所需水分不同,如禾本科牧草以年雨量 250～350 mm 最适宜,杂类草以年雨量 350～450 mm 最适宜,灌木能耐干旱。所以,各地区的草群组成随水分条件而异。

牧草生长期各阶段对降水量的要求不同。返青期牧草生长主要依赖温度的作用,返青后,水分对牧草的生长发育日益重要。牧草进入积极生长期降雨量是否及时,是影响牧草生长及产量的主要因子。牧草进入成熟期,需水量不多。

(2)气候条件与家畜的关系

气象条件变化,会引起畜体内不同的反应和适应性的变异,这些变异会给家畜带来有益或者有害的影响。

气候对家畜形成的影响:草原家畜的起源和驯养,是经过自然生态气候条件的选择和人类长期生产活动的影响而形成的优良畜种。以青藏高寒牧区为主的藏系家畜,以蒙新温凉牧区为主的蒙古系、哈萨克系家畜,这三大系家畜在形态、机能、抗逆性等方面都存在着差异。

蒙古高原地处温带内陆,大陆性气候明显,每年青草期短,枯草期长,家畜终年放牧,不加补饲,因而骨骼肌肉发育良好,抓膘快,保膘性能好,耐干旱、耐饥寒,夏季可忍受蚊蝇的骚扰,冬季能抵御饥寒的侵袭。所以,与其他家畜比较,蒙古系家畜是抗逆性较强的家畜之一。由于气候带的影响,内蒙古地区的马、牛多分布在寒冷半湿润的草原区。高平原草甸的马、牛,其体高、体长、体重等指标,都大于高山草甸草原的马、牛。不同地区的马、牛其体格大小,生产性能均有差别。分布在湿润度大,寒冷地区的马、牛其体格都较大,基本上形成了乳肉兼用型或役肉兼用型;湿润度较小,偏温暖地区的马、牛,其体格较小,适于肉用。

绵羊虽系广域性家畜,但主要分布在温带典型草原区。山羊和骆驼主要分布在温热极干旱的草原化荒漠和典型荒漠地区;牛、马多分布在温凉偏湿的草甸草原区(樊锦沼,1992)。

家畜的气候类型:家畜在人类驯养过程中,其表型和遗传性都形成了适应当地气候的能力,家畜适应气候特性的这种性能被称作家畜的气候类型。

在气候因素中,以气温对家畜的影响为最大。气候因素对蒙古系家畜而言,主要指气温、湿度、气流、辐射等因子的相互作用,而以温度形式表现出对家畜的影响。家畜的气候类型主要依干、湿、冷、热,即气温和降水量来划分。分别为温严寒湿润型、温寒冷干旱型、热寒冷干旱型等。家畜气候类型的划分,可为家畜引种,畜牧业生产气候区划以及本品种选育,提供参考指标。

光照:阳光可刺激血液的新生,增加肌肉的力量,提高家畜对传染病和不良气候的抵抗力,并促进幼畜的发育。夏日暴晒会造成热性红斑和皮肤炎等日射病。所以烈日下要把家畜赶到遮阴处。据对内蒙古草原家畜分布情况和各地太阳辐射量进行的统计表明:牛、马适宜辐射量小的东部地区,绵羊适宜辐射量中等的中东部地区,山羊和骆驼适宜辐射量大的西部地区。

温度:家畜是恒温动物,具有完善的调节体温的能力,但环境温度直接影响其体质、外形以及生理机能等。温度可直接影响家畜的体温调节,家畜最适宜的温度阈一般在 8～20℃之间,气温每下降 1℃,家畜新陈代谢作用即提高 2%～5%,当日平均温度低于 −5℃时,家畜开始掉膘,牛奶产量下降;当气温降至 −30℃时,可使家畜发生皮肤贫血、血压升高、肺出血、冻伤、关节炎等病症。

绵羊对高温较为敏感。风力 3 级以下,气温在 22℃以上时就不爱吃草;气温在 25℃以上时,精神萎靡,呼吸急促,发生"扎窝子"现象。山羊和骆驼分布在较热的地区。牛、马主要分布在东部和东南部。

降水:降水对家畜的生理机能影响不大,主要制约着牧草的产量和质量,间接影响牲畜的分布、数量和质量。牛主要分布在年降水量 300～500 mm 地区,马主要分布在年降水量 250～450 mm 地区,绵羊主要分布于年降水量 150～350 mm 地区,山羊耐旱,主要分布在年降水量 100～300 mm 的广大地区,骆驼主要分布在年降水量 200 mm 以下的地区(孙金铸,1991)。

### 4.3.2　草地区划资料收集与整理

(1)内蒙古气象数据

1)地面观测资料

草地区划所用气象数据来源于内蒙古全区 107 个气象台站 1961—2007 年地面观测气象资料。包括各个站点的经度、纬度、日平均气温,日平均空气湿度和日降水量。通过整理分析,处理成 30 年平均值,从而得到各台站月平均气温、月平均空气湿度、年平均气温和年降水量等气候数据。

2)栅格数据推算

依据 107 个气象台站的历史数据,结合千米网格点的纬度、经度、海拔高度、坡度、坡向等地理数据,应用梯度距离平方反比法推算生成月平均气温、月平均空气湿度、年平均气温和年降水量分布的千米网格栅格图。推算公式如下(林忠辉,2002):

$$Z = \left[ \sum_{i=1}^{n} \frac{Z_i + (X - X_i) \times C_x + (Y - Y_i) \times C_y + (E - E_i) \times C_e}{d_i^2} \right] / \left[ \sum_{i=1}^{n} \frac{1}{d_i^2} \right]$$

$$(4.3\text{-}1)$$

式中 $X$ 和 $X_i$ 为网格点与气象站点的 $X$ 轴坐标值,$Y$ 和 $Y_i$ 为网格点与气象站点的 $Y$ 轴坐标值,$E$ 和 $E_i$ 为网格点与气象站点的海拔高程。$C_x$、$C_y$ 和 $C_e$ 为站点气象要素值与 $X$、$Y$ 和海拔高程的多元回归系数。$d_i$ 为网格点到第 $i$ 站点的大圆半径距离,$n = 107$,为用于插值的气象站点的数目。$Z_i$ 为气象站点气象要素值,$Z$ 为网格点的气象要素值。

(2)地理信息系统数据:

地理信息资料采用国家基础地理信息中心提供的 1∶25 万内蒙古基础地理背景数据。利用 GIS 软件进行一系列处理,最终提取出区划所需的地理信息:

①内蒙古旗、省行政边界;

②内蒙古市、旗(县)所在地位置和名称;

③内蒙古数字高程模型(DEM)及经度、纬度、海拔高度、坡度、坡向等栅格数据,所有栅格数据网格距均为 0.01°×0.01°。

(3)草地、畜牧业资料

1)草地类型和植被类型数据:

内蒙古草地类型资料

收集并栅格化（0.01°×0.01°）内蒙古 1：100 万植被类型分布图和草地类型分布图（图 4.3-1）。

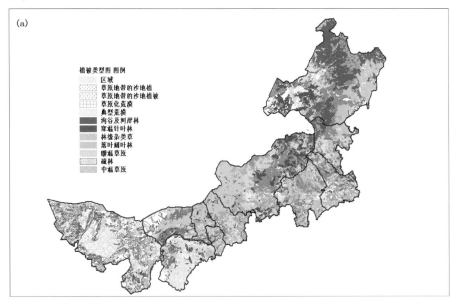

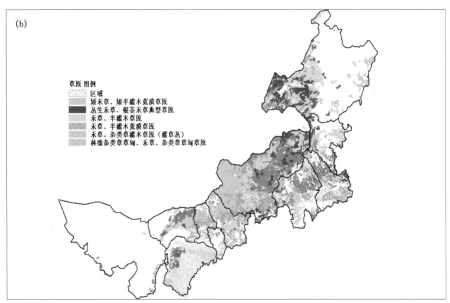

图 4.3-1　内蒙古植被类型和草原分类图

（a）内蒙古植被类型图；（b）内蒙古草原分类图

2）内蒙古草地生物量

由于过去缺乏长期、定点、高质量的牧草产量观测，因此，难以获得长时间序列的内蒙古牧草观测资料。20 世纪 80 年代，我国进行了全国范围的草地普查，并在此基础上进行了草地资源规划和区划，积累了大量的宝贵资料。此后，又有一些学者进行了相关的观测和研究。本次精细化牧草气候区划在此基础上分析整理了 25 个围封草地 1981—1992 年的平均产草量、84 个旗县天然草地(牲畜采食过)1981—1985 年的平均产草量(内蒙古草原勘察设计院,1988) (中国农业科学院草原研究所,1996)。

3)内蒙古畜种结构与分布

依据内蒙古自治区统计局数据,得到内蒙古自治区主要畜种(包括牛、马、骆驼、绵羊、山羊)分布的牧业旗县及各种家畜头只数(内蒙古自治区农牧业区划委员会办公室,1991)。畜种资料处理成 1981—2000 年 20 年平均值。畜种结构均用按羊单位计算的家畜比重(Y%)表示,以旗、县级为单元的样本数共 77 个。

### 4.3.3　草地区划指标

草地区划是研究草地生产的地域类型及其分布规律,阐明草地生产在空间上的主要特点的共同性与差异性,并根据各个地理区域主要特点的共性与异性来制定合理开发草地资源的方案。这里所指的草地生产既包括第一性生产,也包括第二性生产。

由于草地生产的地域性差异,部署和指导草地生产方针就应有所区别和侧重。按照草地资源地域性差异,分区划片部署草地畜牧业生产,不但有利于保护草地生态系统的相对平衡,同时对于应用草地技术措施具有指导意义。此外,家畜种类的地理分布体现着草地资源自然经济特点的区域性,不同用途家畜及不同品种家畜的区域规划与草地区划有着十分密切的关系,因为草地的饲料条件是家畜最重要的生态因素,它直接影响家畜的数量和质量。可见,草地区划的目的是在研究草地资源和草地生产区域化特点的基础上,拟定草地畜牧业发展方向和提出提高草地生产能力的关键措施。

基于上述原因.草地区划指标应反映不同地域草地资源自然经济特性和第二性生产特点。草地分区是合理开发利用草地资源的草地生产区域性规划,实际上可视为草地资源区划(草地自然区划)与草地畜牧业生产区划(畜牧业部门区划)的结合。因此,需根据气候类型,分别提取草地类型、草地生物量和畜种结构地理分布的气候区划指标,以便于进行内蒙古天然草原的精细化气候区划。

(1)内蒙古草地类型农业气候区划指标分析

气候是决定地球上植被类型及物种分布最主要的因素,反言之,植被类型和物种分布则是地球气候最鲜明的反映和标志(张新时,1993.)。植物生态学的观点认为,主要的植被类型反映了植物界对于主要气候类型的适应,每个气候类型或分区都有一套相应的植被类型(张新时,1989)。因此,在研究草原气候区划时,气候与植被定量关系的确定具有重要的意义。

我国关于植被气候分类系统研究主要以改进和完善国际上较为流行的分类模型为主。在内蒙古草地类型区划中,一般采用前苏联的湿润度指数方法。张新时等人在上个世纪末期引入了 Holdridge 生命地带分类系统,对我国植被分类进行了模拟研究,取得了较好的模拟效果。其计算结果所划分的生命地带与我国的植被分区有较好的对应性,并根据我国的实际情况对系统进行了改进和完善。下面分别介绍应用这 2 种方法提取草地类型气候区划指标的具体过程,并分析二者之间的差异。

1)应用湿润度方法提取草地类型气候区划指标的方法

①湿润度计算方法

内蒙古年伊万诺夫湿润度计算公式(樊锦沼,1993;祁贵明,2007;):

$$K = P/\sum 0.0018(25+T)^2(100-RH) \tag{4.3-2}$$

式中 $K$ 为年伊万诺夫湿润度；$P$ 为年降水量（mm）；$T$ 为月平均温度；$RH$ 为月平均空气相对湿度（%）。

将千米网格栅格数据代入式 4.3-2 中进行运算，即可得出内蒙古自治区湿润度的千米网格数据图形。

②利用湿润度提取草地类型气候区划指标

首先，借鉴前人研究成果，大致确定草甸草原、典型草原、荒漠化草原、草原化荒漠、典型荒漠等草地类型的分区界限（王文辉，1990；韩锦涛，2006；中国牧区畜牧气候区划，1988）；然后，利用湿润度划分的草地类型图与内蒙古 1：100 万草地类型图进行比对，根据对比结果修改分区的指标数值，再进行比对，如此反复，最后综合确定草地类型分区的湿润度指标，进而得到内蒙古草地类型气候区划指标（表 4.3-1）和草地类型图（图 4.3-2）（刘洪等，2011）。

**表 4.3-1　内蒙古草地类型气候区划指标**

| 草地类型 | 温性荒漠 | 温性草原荒漠 | 荒漠化草原 | 温性典型草原 | 温性草甸草原 |
|---|---|---|---|---|---|
| 区划指标（K） | 0～0.1 | 0.1～0.13 | 0.13～0.25 | 0.25～0.47 | 0.47～1.755 |

2）应用 Holdridge 生命地带分类系统提取草地类型气候区划指标的方法

①Holdridge 生命地带分类系统气候要素计算

地球表面的植被类型及其分布基本上取决于热量、降水和湿度三个气候因素，后者又取决于前两者，植物群落组合可以在上述三个气候变量的基础上予以限定，这种组合称为"生命地带"。Holdridge 生命地带分类系统是以简单的气候指标——年生物温度（$ABT$）、年降水量（$P$）和可能蒸散率（$PER$）表示自然植被类型分布的一种图示。因为植被类型及其分布可以在这三个气候指标的基础上予以限定。因此，生命地带具有双重意义。它既指示一定的植被类型，又含有产生该类型的热量与降水的一定数值幅度。这样，既可以从气候记录计算某一地区的潜在植被类型，也可以根据野外观测的植物群落确定该地区的气候状况及其气候适应范围。Holdridge 生命地带分类系统各气候要素的定义和计算方法如下：

生物温度（$BT$）是指植物营养生长范围内的平均温度，一般认为在 0～30℃ 之间，日平均气温低于 0℃ 与高于 30 ℃ 不利植物生长，把此温度范围排除在外，超过 30℃ 的平均温度按 30℃ 计算，低于 0℃ 的按 0℃ 计算。可能蒸散量（$PET$）是生物温度的函数，可能蒸散率（$PER$）则是可能蒸散与年降水量的比率。平均年生物温度

$$ABT = \frac{1}{12}\sum t \tag{4.3-3}$$

式中，$t$ 为大于 0℃ 的月平均温度，当 $t>30℃$ 时则 $t=30℃$。

$$PER = \frac{PET}{P} = 58.93\frac{ABT}{P} \tag{4.3-4}$$

式中，$PET$ 为年可能蒸散量；$P$ 为年降水量。

张新时等利用 Holdridge 生命地带分类系统对中国各植被地带气象站资料进行了计算分析，研究结果表明 Holdridge 生命地带分类系统对中国植被的分布有较好的反映。但由于该系统发展于中美洲的热带地区，因而在中国亚热带地区需进行局部调整，把暖温带与亚热带的热量界限由 Holdridge 生命地带分类系统中的生物温度（$BT$）17℃ 调整为 14℃ 的等值线，另外

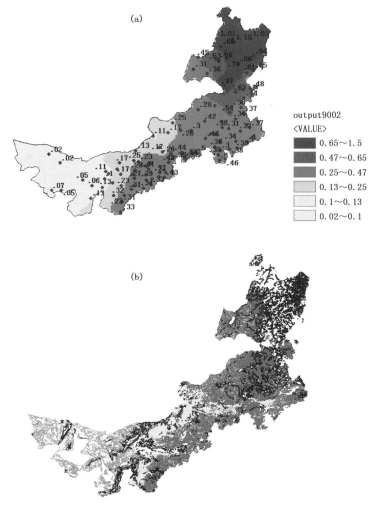

图 4.3-2　内蒙古草地类型图

(a)1961—1990 年平均湿润度插值图;(b)内蒙古 1:100 万草地类型图

雪线向趋干旱的梯度升高,从而对该系统进行了补充和修正。植被分类结果表明,补充和修正后的分类系统对中国植被分类的适用性有了明显提高(张新时,1993)。

②Holdridge 生命地带分类系统对内蒙古植被的分类

通过计算内蒙古 105 个气象站 1961—1990 年 30 年生物温度($ABT$)、年降水量($P$)和可能蒸散率($PER$),应用张新时修正后的 Holdridge 生命地带分类系统对内蒙古各盟市的植被进行分类,与内蒙古实际植被类型对比结果见表 4.3-2。

由表 4.3-2 可见,该系统对内蒙古草原的气候分类结果与实际情况有着一定的对应,除了没有明确划分出温性草甸草原和温性典型草原区以及温性荒漠草原和温性草原化荒漠区的界限外,能够在一定程度上反映内蒙古草原植被与气候的关系,可以应用于内蒙古草原主要植被类型的气候区划。但是,由于 Holdridge 生命地带分类系统是用于整个中国植被类型的划分,因此,当该系统应用到内蒙古草原时,植被分类不够精细化,需要重新修正其指标(巩祥夫等,2010)。

表 4.3-2　**Holdridge 生命地带分类系统划分的内蒙古植被类型与实际植被类型的对比**

| 地区 | Holdridge 生命地带系统划分的植被类型 | 实际植被类型及所占比重（%） |
|---|---|---|
| 呼伦贝尔市 | 森林<br>草原<br>草原干灌丛 * | 森林及低地草甸类 56.8<br>温性典型草原类 16.6<br>低平地草甸类 12.4<br>温性草甸草原类 7.8<br>山地草甸类 3.9<br>沼泽类 2.4 |
| 兴安盟 | 草原<br>森林<br>草原干灌丛 * | 森林及低地草甸类 42.9<br>温性草甸草原类 39.5<br>低平地草甸类 8.8<br>温性典型草原类 7.2<br>沼泽类 1.5 |
| 通辽市 | 草原 | 温性典型草原类 59.4<br>低平地草甸类 25.8<br>温性草甸草原类 14.5<br>沼泽类 0.3 |
| 赤峰市 | 草原 | 温性典型草原类 67.9<br>低平地草甸类 21.9<br>温性草甸草原类 7.0<br>沼泽类 2.2 |
| 锡林郭勒盟 | 草原<br>荒漠灌丛 | 温性典型草原类 58.0<br>温性荒漠草原类 14.5<br>温性草甸草原类 11.8<br>低平地草甸类 10.7<br>温性草原化荒漠类 3.3<br>山地草甸类 1.4<br>沼泽及附带草地 0.3 |
| 乌兰察布盟 | 草原<br>荒漠灌丛 | 温性典型草原类 40.0<br>温性荒漠草原类 37.9<br>温性草原化荒漠类 10.7<br>低平地草甸类 5.1<br>温性草甸草原类 4.4<br>草甸类 1.7 |
| 鄂尔多斯市 | 草原<br>荒漠灌丛 | 温性典型草原类 40.7<br>温性荒漠草原类 31.0<br>温性草原化荒漠类 13.5<br>低平地草甸类 13.0<br>温性荒漠类 1.8 |
| 巴彦淖尔盟 | 荒漠灌丛<br>荒漠 | 温性荒漠类 32.0<br>温性草原化荒漠类 31.5<br>温性荒漠草原类 29.0<br>温性典型草原类 3.0<br>低平地草甸类 2.3<br>沼泽及附带草地 2.2 |
| 阿拉善盟 | 荒漠<br>荒漠灌丛 | 温性荒漠类 86.0<br>温性草原化荒漠类 9.3<br>低平地草甸类 3.8<br>温性荒漠草原类 0.9 |

注：* 号为稀少植被类型。

3）建立基于 Holdridge 生命地带分类系统的内蒙古草原综合气候指数

假设 Holdridge 生命地带分类系统的年生物温度（ABT）、年降水量（P）和可能蒸散率（PER）这三个气候要素对内蒙古草原类型有着同等影响，可建立基于 Holdridge 生命地带分类系统的内蒙古草原综合气候指数（GCI）：

$$GCI = GPI + GBI + GEI \qquad (4.3\text{-}5)$$

$$GPI = \frac{P - \overline{P}}{\overline{P}} \times 100 \qquad (4.3\text{-}6)$$

式中 P 为单个台站的多年平均年降水量，$\overline{P}$ 为内蒙古多年平均年降水量（所有台站的多年平均值）。

$$GBI = \frac{\overline{ABT} - ABT}{\overline{ABT}} \times 100 \qquad (4.3\text{-}7)$$

式中 ABT 为单个台站的多年平均年生物温度，$\overline{ABT}$ 为内蒙古多年平均年生物温度（所有台站的多年平均值）。

$$GEI = \frac{\overline{PER} - PER}{\overline{PER}} \times 100 \qquad (4.3\text{-}8)$$

式中 PER 为单个台站的多年平均可能蒸散率，$\overline{PER}$ 为内蒙古多年平均可能蒸散率（所有台站的多年平均值）。

4）利用 Holdridge 生命地带分类系统确定的内蒙古草原类型气候区划指标

首先利用内蒙古 107 个气象站 1961—1990 年 30 年的平均年生物温度、年降水量和可能蒸散率的值，应用 GIS 进行插值，分别绘制了内蒙古年生物温度、年降水量和可能蒸散率的空间分布图（图 4.3-3）。将绘制的各气候要素空间分布图与内蒙古 1：100 万数字化草地类型图相叠加进行空间分析，依次统计出每个草原类型分布区域内的年生物温度、年降水量和可能蒸散率的阈值（表 4.3-3）。再计算内蒙古 107 个气象站的草原综合气候指数（GCI），结合上述统计的阈值划分内蒙古草原类型。然后，根据内蒙古实际植被类型的分布规律，合并一些类型，从而综合确定内蒙古草原类型的气候区划指标（表 4.3-4）。

表 4.3-3　内蒙古草原类型各气候要素的阈值

| 草原类型 | PER | P(mm) | ABT(℃) |
|---|---|---|---|
| 低地草甸类 | 0.5～1.0 | 400～500 | 3～8 |
| 温性草甸草原类 | 1.0～1.5 | 350～500 | 6～9 |
| 温性典型草原类 | 1.0～2.2 | 250～400 | 6～10 |
| 温性荒漠草原类 | 1.8～4.5 | 125～250 | 7～12 |
| 温性草原化荒漠类 | 3.0～12.0 | 125～200 | 9～12 |
| 温性荒漠类 | 5.0～30.0 | 0～125 | 9～20 |

表 4.3-4　内蒙古草原类型气候区划指标

| 草原类型 | GCI |
|---|---|
| 低地草甸类 | 100～175 |
| 温性草甸草原类 | 68～100 |
| 温性典型草原类 | 0～68 |
| 温性荒漠草原类 | −95～0 |
| 温性草原化荒漠类 | −200～−95 |
| 温性荒漠类 | ＜−200 |

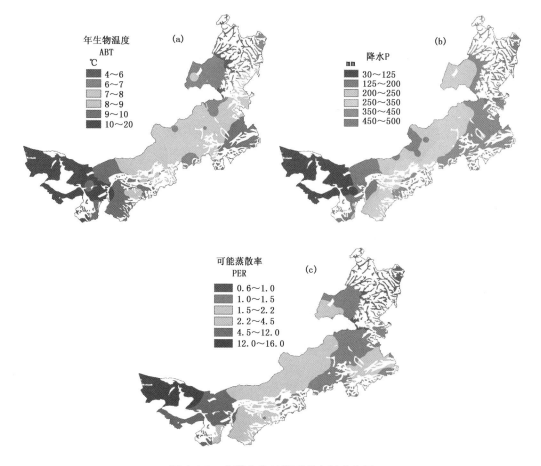

图 4.3-3　内蒙古各气候要素空间分布图
(a)年生物温度；(b)年降水量；(c)可能蒸散率

（2）提取草地产草量气候区划指标

以 25 个围封草地 1981—1992 年的平均产草量、84 个旗县天然草地(牲畜采食过)1981—1985 年的平均产草量与相对应的伊万诺夫年湿润度进行回归分析，得到下列模式：

围封草地牧草产量湿润度模式

$$Yk1 = 2128K + 605 \tag{4.3-9}$$

大样条牧草产量湿润度模式

$$Yk2 = 2380K + 377 \tag{4.3-10}$$

式中，$Yk$ 为产草量，$K$ 为年伊万诺夫湿润度，围封草地模式复相关系数 $R=0.6364$，$n=177$。大样条模型复相关系数 $R=0.6435$，$n=84$。均通过 0.001 水平的显著性检验。

将湿润度($K$)栅格数据代入式(4.3-9)、(4.3-10)，可得出内蒙古自治区围封草地产草量($Yk1$)、大样条产草量($Yk2$)的地理分布。利用草地类型气候区划指标，确定草地产草量的分区界限，再根据各区内的产量分布，划分产草量的不同等级(辛晓平，2009；颜亮东，2003)，进而利用湿润度方法和围封草地产草量可得到内蒙古草地产草量气候区划指标(图 4.3-4、表 4.3-5)(刘洪等，2011)。

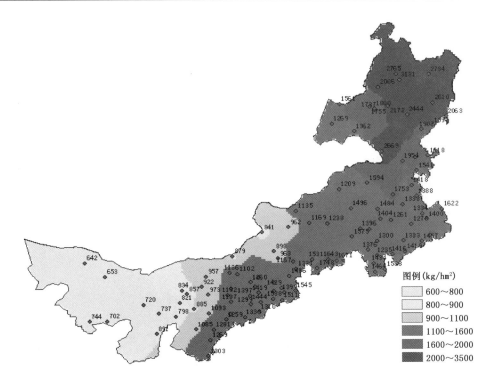

图例(kg/hm²)

- 600～800
- 800～900
- 900～1100
- 1100～1600
- 1600～2000
- 2000～3500

图 4.3-4　利用湿润度方法和围封草地产草量提取的产草量气候区划图

**表 4.3-5　草地产草量气候区划指标**

| 类型 | 大样条产草量(kg/hm²) | 围封草地产草量(kg/hm²) | 湿润度 |
|---|---|---|---|
| 林间草甸草原 | ≥2000 | ≥2000 | ≥0.65 |
| 温性草甸草原 | 1600—2000 | 1600—2000 | 0.47—0.65 |
| 温性典型草原 | 1100—1600 | 1100—1600 | 0.25—0.47 |
| 温性荒漠化草原 | 800—1100 | 900—1100 | 0.13—0.25 |
| 温性草原化荒漠 | 600—800 | 800—900 | 0.1—0.13 |
| 温性荒漠 | <600 | <800 | <0.1 |

（3）内蒙古畜种结构农业气候区划指标分析

1）畜牧气候区划方法及相关推算模式

根据内蒙古牛、马、绵羊、山羊、骆驼等五种主要放牧家畜的地理分布,结合地形、地势、气候特点等要素进行分析,年平均温度、年降水量与各种放牧家畜的地理分布关系密切,符合内蒙古地区的实际情况,也与前人的研究成果相同(中国牧区畜牧气候区划科研协作组,1988;李红梅,2009),因此,可选择年平均气温和年降水量作为畜牧气候区划的因子。根据所选因子对不同畜种的影响,利用牧业旗县家畜的比重及气候资料,采用逐步回归方法建立内蒙古自治区畜牧气候区划的小网格推算模型(表 4.3-6)。

表 4.3-6　内蒙古自治区畜牧气候区划推算模型

| 畜种 | 推算模式 | 样本数 | R | 显著性水平 |
|------|----------|--------|---|-----------|
| 牛 | $Y = 0.1523P - 10.67$ | 31 | 0.8176 | 0.001 |
| 马 | $Y = -0.2428\ T^2 + 0.2243\ T + 20.302$ | 31 | 0.8771 | 0.001 |
| 骆驼 | $Y = -25.307\ln P + 146.65$ | 31 | 0.8802 | 0.001 |
| 绵羊 | $Y = -0.097T^2 - 2.3926\ T + 39.08$ | 31 | 0.7344 | 0.001 |
| 山羊 | $Y = 2.5562T + 5.7303$ | 31 | 0.7017 | 0.001 |

　　模型中,$Y$ 为按羊单位计算的家畜比重(%);$T$ 为年平均气温(℃);$P$ 为年降水量(mm),模拟值为负数时表示为 0。所有回归方程相关系数均在 0.7 以上,显著性水平均为 0.001,表明上述模型可以满足内蒙古牧业气候区划的要求。

　　由表 4.3-6 可见,牛所占家畜比重随年降水量的增加而增加;马所占家畜比重随年平均气温的增加而减少;骆驼所占家畜比重随年降水量增加而减小;绵羊受温度影响最为明显,随年平均气温的增加,绵羊所占家畜比重减小,这可能与其抗热性较差、不适宜生活在太炎热的环境的特性有关;山羊所占家畜比重随年平均气温的增加而增加,表明山羊较适应高温且饲草贫乏的西部地区。这与内蒙古的实际情况比较吻合(闵庆文,1995)。

　　2)畜牧区划指标

　　依据气候相似原理和区间差异最大、区内差异最小原则,根据气候模式的计算结果,结合前人研究成果(中国牧区畜牧气候区划科研协作组,1988;中国畜牧业综合区划研究组,1984)得到内蒙古畜牧精细化区划的指标:

　　① 牛畜种比例地理分布的气候指标见(表 4.3-7)

表 4.3-7　影响牛畜种比例地理分布的气候指标

| 等级 | 湿润度 | 温度(℃) | 畜种比例(%) |
|------|--------|---------|-------------|
| 极不适宜 | <0.1 | >9 | 0~5 |
| 不适宜 | 0.1~0.25 | 7~9 | 5~15 |
| 适宜 | 0.25~0.45 | 2~8 | 15~30 |
| 较适宜 | 0.45~0.65 | -2.5~4 | 30~50 |
| 非常适宜 | >0.65 | -3~0 | 50 以上 |

　　②马畜种比例地理分布的气候指标(表 4.3-8)

表 4.3-8　影响马畜种比例地理分布的气候指标

| 马 | 湿润度 | 畜种比例(%) |
|------|--------|-------------|
| 极不适宜 | <0.1 | 0~5 |
| 不适宜 | 0.1~0.25 | 5~10 |
| 适宜 | 0.25~0.47 | 10~17 |
| 较适宜 | 0.47~0.65 | 17~22 |
| 非常适宜 | >0.65 | 22 以上 |

③ 骆驼畜种比例地理分布的气候指标（表 4.3-9）

**表 4.3-9　影响骆驼畜种比例地理分布的气候指标**

| 骆驼 | 降水（mm） | 畜种比例（%） |
|---|---|---|
| 极不适宜 | >400 | 0 |
| 不适宜 | 280～400 | 0～5 |
| 较不适宜 | 200～280 | 5～10 |
| 适宜 | 100～200 | 10～15 |
| 较适宜 | 30～100 | 15～18 |

④绵羊畜种比例地理分布的气候指标见表 4.3-10

**表 4.3-10　影响绵羊畜种比例地理分布的气候指标**

| 等级 | 湿润度 | 温度（℃） | 畜种比例（%） |
|---|---|---|---|
| 不适宜 | >0.65 | 见注 1 | 10～20 |
| 较不适宜 | 0.45～0.65 | 见注 1 | 20～30 |
| 适宜 | 0.35～0.65 | -1.5～8 | 30～40 |
| 较适宜 | 0.25～0.35 | -1.5～8 | 40～50 |
| 非常适宜 | 0.1～0.25 | 3～5 | 50 以上 |

注 1:内蒙古湿润度大于 0.45 的地区,湿润度为影响绵羊生长的决定条件,年平均气温的影响可忽略。

⑤山羊畜种比例地理分布的气候指标（表 4.3-11）

**表 4.3-11　影响山羊畜种比例地理分布的气候指标**

| 山羊 | 湿润度 | 畜种比例（%） |
|---|---|---|
| 极不适宜 | >0.65 | 0～3 |
| 不适宜 | 0.47～0.65 | 3～9 |
| 适宜 | 0.25～0.47 | 9～16 |
| 较适宜 | 0.1～0.25 | 16～21 |
| 非常适宜 | <0.1 | 21 以上 |

　　根据不同畜种地理分布状况,将牛、骆驼区划指标分为 5 个等级:适应性强、适应性较强、适应性一般、适应性较差、适应性差。因马、绵羊和山羊分布较为广泛,将区划指标分为 4 个等级,分别为:适应性强、适应性较强、适应性一般和适应性较差。

### 4.3.4　草地区划制作

（1）内蒙古草地类型和产草量精细化农业气候区划结果

　　根据内蒙古气候资料,利用 Holdridge 生命地带分类系统划分内蒙古的植被类型。结果表明,Holdridge 生命地带分类系统能够反映内蒙古地区气候与植被类型的关系,体现了内蒙古植被大类的分布状况,但不能区分出温性草甸草原和温性典型草原以及温性荒漠草原和温性草原化荒漠的分区界限。但采用湿润度方法进行内蒙古草地类型气候区划效果较好。

　　根据表 4.3-1 和表 4.3-5 的区划指标,对湿润度栅格数据进行分级,即可得出内蒙古自治区天然草原草地类型和产草量地理分布的区划图(图 4.3-5)(张洪等,2011)。

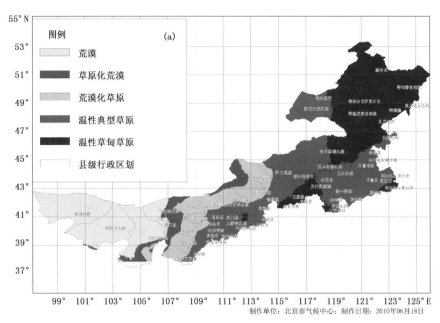

制作单位:北京市气候中心;制作日期:2010年06月18日

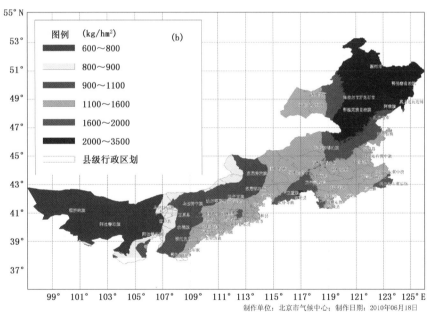

制作单位:北京市气候中心;制作日期:2010年06月18日

图 4.3-5 内蒙古自治区天然草原草地类型和产草量气候区划图
(a)内蒙古草地类型气候区划图;(b)内蒙古草地产草量气候区划图

由图 4.3-5 可见,内蒙古草原由东向西可划分为温凉半湿润草甸草原类、温性典型草原类、温性荒漠草原类、温性草原化荒漠类和温性荒漠类五种类型。产草量根据不同草地类型依次递减,其中,温性草甸草原区内产草量可划分为两个等级,林间草甸产草量较高,为 2000~3500 kg/hm²。

（2）不同畜种的气候区划结果和畜牧气候分区

将栅格数据代入表 4.3-6 中的各模型进行运算，可得出内蒙古各畜种比重在每个千米网格单元上的分布值，再结合表 4.3-7～11 中的区划指标进行分级，即可得出内蒙古不同畜种地理分布区划图。然后根据内蒙古草地类型地理分布，结合不同畜种的气候区划结果，得到畜牧气候分区（图 4.3-6）（刘洪等，2011）。

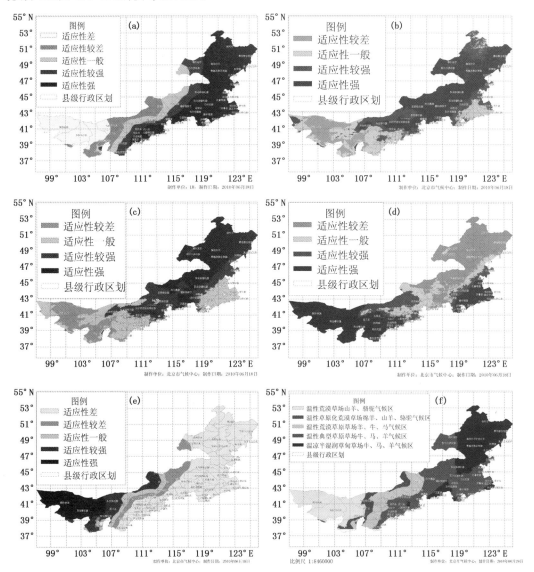

图 4.3-6　内蒙古畜牧气候区划图

（a）牛地理分布气候区划图；（b）马地理分布气候区划图；（c）绵羊地理分布气候区划图；（d）山羊地理
分布气候区划图；（e）骆驼地理分布气候区划图；（f）内蒙古畜牧气候区划图

由图 4.3-6 可见，牛、马对水草的要求较高，适宜在雨水多、热量较少的东部地区生活。主要分布在年雨量大于 200 mm，≥0℃ 的年生物学积温为 2000～3500℃·d 的地区，包括呼伦贝尔草原、科尔沁草原、锡林郭勒草原、乌兰察布草原和鄂尔多斯草原及以东地区（陈素华，

2005)。这里的草原大部属于草甸草原和典型草原,少部分荒漠草原;绵羊不耐酷热,主要分布内蒙古的中东部,锡林郭勒西部、乌兰察布盟东北部及呼伦贝尔盟西部地区最多;山羊比较耐旱,对低矮牧草和灌木均可采食,主要分布在年雨量 100～200 mm 的地区,阿拉善盟和鄂尔多斯市最多;骆驼最耐旱,主要分布在年雨量 200 mm 左右的西部地区,包括阿拉善盟、巴彦淖尔盟和乌兰察布盟的部分地区。

（3）分区评述

1）温凉半湿润草甸草场牛、马、绵羊气候区

该区包括额尔古纳右旗、额尔古纳左旗、鄂伦春自治旗、莫力达瓦达斡尔自治旗、阿荣旗、牙克石、阿巴尔虎旗大部、鄂温克族自治旗、扎兰屯科尔沁右翼前旗、乌兰浩特西部、东乌珠穆沁旗东部、西乌珠穆沁旗东部、扎鲁特旗西部、科尔沁左翼中期西部、突泉西部、科尔沁左翼后期部分、多伦、克什克腾旗大部、太仆寺旗大部、正蓝旗东部、赤峰和翁牛特旗少部分地区、巴林左、右旗北部等地。

本区水分资源较多,热量资源较少。全年降水量在 380 mm 以上,年湿润度在 0.47 以上。全年的≥0℃的生物学积温为 2000～2900℃·d 之间。7 月份平均气温 17～20℃之间,有利于牧草生长、牲畜放牧和抓膘。牧草产量在 1600 kg/hm² 以上,森林中草地产草量可达 2000～3500kg/hm²。本区水草优厚、畜牧业生产潜力较大,但是大部分地区由于冬季严寒,牧草返青时间较晚,枯黄期很长,白灾发生频繁,使家畜越冬度春的环境条件差,对自然放牧有一定影响（内蒙古自治区农牧林业气候资源,1984)。

2）典型草原草场牛、马、绵羊气候区

该区包括新巴尔虎左旗大部,新巴尔虎右旗、陈巴尔虎旗西部、东、西乌珠穆沁旗大部、化德县、锡林浩特、突泉东部、科尔沁左翼中期东部、扎鲁特旗东部、阿鲁科尔沁旗、巴林左、右旗、翁牛特旗、伊金霍洛旗、准格尔旗、东胜旗、商都、察右后、察右前,阿巴嘎旗、正镶白旗、镶黄旗、固阳、乌审旗、达拉特旗、四子王旗、达茂等旗县的一部分地区。

本区全年的降水量在 200～400 mm,年湿润度为 0.25～0.47。全年的≥0℃的生物学积温为 2400～3400℃·d 之间,7 月份平均气温 19～24℃之间。牧草产量在 1100～1600 kg/hm²。

该区东部地区（主要包括呼伦贝尔和锡林郭勒等地区）夏季温凉、湿润,条件较好,冬季寒冷,积雪日期长,多白灾,对牧业生产危害较大（中国牧区畜牧气候区划科研协作组,1988)。大部分地区有利于牧草生长和牲畜放牧,适宜发展牛、马、羊等大小牲畜,尤其是东、西乌珠穆沁旗水草丰美,是内蒙古自治区肉用羊生产基地。

西部地区（主要包括鄂尔多斯市）全年水热总量较丰富,但降水季节过晚,春季多风少雨,春旱严重,夏季又多降暴雨或大雨,水土流失严重,草地沙化不断加剧,已成为京津风沙源之一（蒋高明,2002)。

3）荒漠草原草场绵羊、牛、马气候区

该区包括阿巴嘎旗西部,苏尼特左、苏尼特右旗、四子王旗、达茂旗、乌拉特中旗、乌拉特前旗大部,杭锦旗、鄂托克旗、鄂托克前旗东部地区。

本区温暖、干燥。全年降水量在 200～300 mm,年湿润度在 0.13～0.25 之间。热量条件充分,全年的≥0℃的生物学积温为 2800～3900℃·d 之间,7 月份平均气温 21～23℃之间。但由于水分条件过差,热量资源的生产潜力不能发挥,牧草产量在 900～1100 kg/hm² 之间。

本区温暖、干燥。草场辽阔，牧草质量好，生长季和青草期较长。但水资源匮乏，风大，牧草低矮、稀疏，草场退化和沙化严重，产草量较低，畜牧业发展水平低下（齐伯益，2002），而且很不稳定。在家畜结构中，该区北部羊只头数较多，绵羊占首位，其次是牛和马，还有少量的山羊。南部小畜以山羊最多，次为绵羊，大畜以牛最多，马次之，骆驼也有相当数量。

4）草原化荒漠草场绵羊、山羊、骆驼气候区

该区包括二连浩特、苏尼特左旗、苏尼特右旗、四子王旗、乌拉特中旗、五原、杭锦旗、鄂托克旗等西部，临河、乌海、乌拉特后旗、阿拉善左旗东部地区。

本区热量条件好，降水条件差。全年降水量为 $130\sim200$ mm，年湿润度在 $0.1\sim0.13$ 之间。全年的 $\geqslant0℃$ 的生物学积温为 $2900\sim3900℃\cdot$d，7月份平均气温在 $22\sim25℃$ 之间。牧草产量为 $800\sim900$ kg/hm$^2$。

该区气候干热，草地退化和沙化严重，并有毛乌素沙地和库布齐沙漠，风沙严重，植被稀疏。人少畜多，经营管理粗放，畜牧业发展水平低下（内蒙古自治区农牧林业气候资源，1984）。在家畜结构中，以绵羊为主，牛和山羊次之，骆驼也占有相当地位。草地植物以灌木和小灌木为主，叶小刺多，可食部分少，且灰分含量高，气味很浓，除骆驼外其他家畜很少采食。

5）荒漠草场山羊、骆驼气候区

该区位于内蒙古自治区西部，包括阿拉善右旗、额济纳旗、阿拉善左旗北部和乌拉特后旗大部。

本区气候干燥、温热。全年降水量在 150 mm 以下，年湿润度小于 0.1。全年的 $\geqslant0℃$ 的生物学积温为 $3300\sim4200℃\cdot$d，7月份平均气温在 $23\sim26℃$ 之间。牧草产量在 800 kg/hm$^2$ 以下。

本区范围广阔，但植被稀疏，植物种类贫乏，结构简单，植被覆盖度只有 $1\%\sim20\%$，植被组成主要以旱生、超旱生和盐生的灌木、半灌木和小灌木为主，多年生草本稀少，形成荒漠特有植被景观。牧业气象灾害多，黑灾、大风及风沙危害均很严重，自然条件十分严酷（中国牧区畜牧气候区划科研协作组，1988；侯春玲，1994）。在家畜结构中，骆驼和山羊占主要地位，其次为绵羊，牛和马所占家畜比重均不足 $5\%$。

（4）合理布局的对策建议

1）温凉半湿润草甸草场牛、马、羊气候区

本区应坚持以牧为主，数质量并重，宜建成肉、乳牛、肉羊和细毛羊为主的综合牧业生产基地，大力发展商品畜牧业经济；利用好现有的打草场，建立适当规模的高产稳产饲料基地，增加饲草贮量，并在雪封前运往牲畜集中的地区，以保证牲畜安全越冬过春；保持草地生态平衡，合理开发利用草地资源。首先，对现有草场采取有效保护措施，禁止乱开垦草地，做好退耕还牧工作。其次，采取划区轮牧制度，放牧与舍饲、半舍饲相结合，缓解草场压力，防止草场退化（冯国钧，1993）；发展季节畜牧业是减轻草场压力、提高草场生产力和经济效益的有效途径，也是由头数畜牧业向效益畜牧业转变的基础手段（冯国钧，1993）。利用暖季牧草资源丰富的优势，用经济有效的放牧方式，抓好夏秋膘，$10\sim11$ 月集中育肥当年准备出售的肉用牛、羊，12月份屠宰处理；大力发展草地农业，发挥农牧交错带——农畜产品互通有无的通道作用，充分利用种植业秸秆等农副产品资源，以农养牧，以牧促农，通过协调农牧业间的物质循环与能量转化，缓解畜草矛盾，向效益畜牧业方向发展，促进本区域的全面可持续发展（贺丽娜，2009；杨蕴丽，2006；万里强，2004）。

2)典型草原草场牛、马、羊气候区

东部地区应以提高畜牧业发展水平和资源开发为主,发挥草场生产力高的优势,科学设定合理载畜量,充分利用天然草场资源,提高畜牧业生产水平;积极建设人工草场,同时加强畜牧业的科技支撑能力,建立产、学、研、企一体化的畜牧业产业发展及社会化服务体系,提高畜牧业抵御灾害的能力(罗其友,2000;马庆文,1997);

西部地区应以生态保育和生态旅游为主(贺丽娜,2009),以适度发展经济为辅。首先,实行围封、禁牧等措施,促进退化草地自然恢复;大力植树种草,退耕还林还牧,提高植被覆盖率,控制水土流失,牧业以发展半舍饲为主;通过发展城镇化,吸引人口集中居住,减少经济活动对天然草地的依赖(马蓓蓓,2006);发挥自然和人文旅游资源优势,如浑善达克沙地、鄂尔多斯等地区,适度开发旅游业,促进当地经济发展,以求达到既维护和建立新的生态平衡体系,又能保护农牧民获得最佳经济效益之目的(朝洛蒙,2004)。

3)荒漠草原草场羊、牛、马气候区

本区草场沙化和退化严重,应采取生态保育的措施,以恢复草场。首先要以草定畜,调节畜、草矛盾,防止超载过牧。严重超载过牧的,应核定载畜量,限期压减牲畜头数;其次采取保护和利用相结合的方针,严格实行草场禁牧期、禁牧区和轮牧制度,逐步推行舍饲圈养办法,提高牧草利用效率,以调节畜草的不平衡,加快退化草场的恢复;第三在农区和半农半牧区,要因地制宜调整粮畜生产比重,大力实施种草养畜富民工程。在农牧交错区进行农业开发中不得造成新的草场破坏。对牧区的已垦草场,应限期退耕还草,恢复植被(李红梅,2008)。

依其气候、草场、畜种等特点,该区的畜牧业发展方向,应重点考虑以下几个方面:首先,天然割草场不多,应充分发挥现有割草场和草库伦的作用,开辟缺水草场,积极开发秸秆饲料,大力增加冬春贮草;其次,应充分发挥夏秋草场生产力高的优势以及幼畜对饲料转化率高的特点,以提高肉用羊的育肥屠宰率(李红梅,2008);第三,压缩马的比重,控制牛的发展,提高绵羊和山羊的数量(马庆文,1990);第四,本区冬季严寒多大风,应增加棚圈设施,以抵御严寒和风雪。

4)草原化荒漠草场骆驼、山羊气候区

该区应从自然经济条件的实际出发,严禁超载过牧,以减轻草场压力,促进退化草地恢复;东部地区应以二连浩特市的区位优势和带动作用,以进出口商品加工和边境贸易为主,积极发展低耗水产业,推进牧区城镇化发展,引导牧民向城市二、三产业转移,以减轻草场压力,促进退化草地恢复(贺丽娜,2009);西部地区应植树种草,尤其是梭梭林,扩大植被面积,以防风固沙、调节气候、维护生态系统平衡,保护华北地区不受沙尘暴侵袭;畜牧业生产方面,可发展适应性强的戈壁羊和山羊为主,同时积极恢复和发展养驼业,再酌情以专业户和牧业联户形式,适当舍饲和半舍饲一些半细毛羊(马庆文,1990)。

5)荒漠草场羊、骆驼气候区

本区环境恶劣,应采取有效措施改善生态环境,防止草地退化沙化,增强牧业生产能力。首先,应逐步扩大半灌木和灌木的面积,变流动沙丘为固定沙丘,改善生态环境,减少沙尘天气对华北的威胁;热量条件较好,可选择水分条件相对较好的地方,开辟人工草场,以改善饲草饲料和家畜过冬度春的条件;压缩家畜与种草育草相结合,提高草场质量,逐步恢复退化草地(侯春玲,1994);依据家畜对生境的适应性,应主要发展羔皮羊、裘皮羊、山羊。骆驼能适应严酷的自然环境,不与其他家畜争食,能采食灌木、半灌木之类带咸、苦味的牧草,也是该区生产性能较高的畜种。

### 4.3.5　草地类型气候区划结果验证

内蒙古草地精细化气候区划是基于"3S"数据,而不是草地普查数据,因此,有必要进行区划结果的可靠性分析,以验证其准确性。验证的方法有以下两种:一是专家论证。聘请草业、畜牧方面的专家,召开专家论证会,依据专家多年专业经验和研究成果,对区划结果进行审查和验证;二是进行野外考察,针对不同草地类型,尤其是不同草地类型之间的边界区域,布置考察样点,用考察数据验证区划结果的准确性。下面主要介绍野外考察验证气候区划结果的方法。

（1）野外考察的组织和目标

草地农业气候区划结果的野外考察验证,首先确定考察目标,选择考察路线,制定考察方案,组织考察队伍。

2007年,经内蒙古生态与农业气象中心组织,与内蒙古大学、北京大学合作,针对内蒙古东部草原区的草甸草原、典型草原和荒漠草原开展了生态学综合考察,共调查35个样点,每个样点选择3个样方。由于第一年考察队伍庞大,涉及学科众多,导致样点覆盖区域和样点数量略显不足,且因当年夏季内蒙古东部草原区降水较往年偏少,草原干旱严重,草原植被偏离正常的生长状态。

2008年,为弥补上一年考察数据的不足,将样点增加到49个,其中平行观测35个,补充14个,每个样点选择3个样方。对原来的部分样点进行平行观测,以利于开展对比研究。同时,重点开展大兴安岭岭东地区(即鄂伦春、莫力达瓦、扎兰屯等旗县)的天然草地生态学考察,以及内蒙古东南部农牧交错带尚保留的草原植被。

2009年,重点开展内蒙古中西部地区(达茂、乌拉特中旗、乌拉特后期、杭锦、伊金霍洛、达拉特等旗县)的荒漠草原和草原化荒漠进行生态学考察。共计选择8个样点24个样方,并沿途多次进行草地类型观察和记录。通过三年的调查,基本覆盖了内蒙古全区草原植被的典型类型。

（2）验证、考察项目

不同类型草原的植被生长状况的调查内容包括草原植被盖度、高度、优势牧草种类、多度、高度和生物量(鲜草、干草)等(表4.3-12)。

**表4.3-12　草原样方考察记录表**

调查日期:　　年　月　日　　　　　调查人:

| 样方编号 | | 东经 | | 北纬 | | 海拔 | |
|---|---|---|---|---|---|---|---|
| 草层盖度（%） | | | 草层平均高度（cm） | | | | |
| 优势植物1 | | | 优势植物2 | | | 优势植物3 | |
| 牧草分类、高度和产草量测定 | 序号 | 植物名称 | 营养枝高 | 生殖枝高 | 株丛数 | 生殖枝数 | 鲜重 | 干重 |
| | | | | | | | | |

（3）考察前期准备

按照 6～8 人的考察队伍,应准备的调查工具及其用途如下:

一台 GPS＋照相机:地理定位照相;

1 个 1 m² 样方框:测产草量(鲜重、干重);

2 把卷尺:测优势牧草、草层高度;

6 把剪枝剪刀、1 台便携式电子秤:剪草,测重;

1 个《草本样方考察记录表》(打印表格装订)、2 支铅笔、2 块橡皮、1 个卷笔刀:记录信息;

1 个计算器:数量换算;

2 支记号笔:记录特殊记号,特别是包鲜草报纸上的记号,以记录时间、样地、样方;

报纸:用以包鲜草,风干,称干草重;

塑料袋:测叶面积,保存新鲜的叶子,防止叶片枯萎风干;

（4）考察方法

草原植被状况观测

①样地、样方

沿途选取有代表性的样地,在每个样地选取 3 个样方,用 GPS 对样地进行定位。样方的范围按照地面草地植被的状况确定,只测连片草原,样方面积为 1 m²。

②样地定位

样地经、纬度统一采用百分制,即 E117.98°,N35.49°。在进行样地调查时,准确记录样地的地理位置。采样地编号(YD＋编号)、样方编号(YF＋编号),给每个调查样方起名。

③样方信息填表

信息记录到每个样方一级,填入《草地样方考察记录表》,以 3 个样方的平均值作为一个样地的信息。

④草地植被生长状况测定

草地优势物种组成:目测确定样方内所占面积比例在前三位的优势草名称。

草层平均高度:草层中绝大多数植物(营养枝或生殖枝)所处的平均高度。

草层盖度:样方内所有植物垂直投影面积占样方面积的百分比(用相机在固定高度正下方拍照,回室内后用 PS 或者遥感进行处理和计算)。

牧草高度:对样方内牧草进行分类,分别测量各类牧草营养枝或生殖枝的高度。

牧草多度:计数各类牧草的株丛数。

产草量:采用齐地面刈割法,将各类牧草分别装入塑料袋,用天平分别称鲜重,单位(g/m²),然后折算成单位面积混合牧草产量(kg/hm²)。

（5）考察数据与区划结果的对比分析

根据野外考察资料,结合内蒙古草地生态监测站的部分数据,选择了 65 个样点数据,内容包括草原植被盖度、高度、优势牧草种类、多度、高度和生物量(鲜草、干草)等,作为内蒙古草地气候区划结果的验证资料。样点的地理分布见图 4.3-7。

依据各样点的优势牧草种类,确定该地区草地类型亚类,然后与区划结果进行对比(表 4.3-13)。

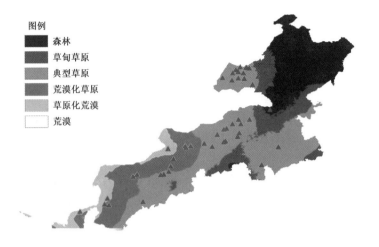

图 4.3-7　野外考察样点分布图

表 4.3-13　区划结果与考察样点对比

| 区划结果 | 考察样点 | | | |
|---|---|---|---|---|
| 草地类型 | 经度(°) | 纬度(°) | 优势牧草 | 草地类型亚类 |
| 草甸草原 | 118.84 | 49.36 | 贝加尔针茅 | 贝加尔针茅,杂类草草原 |
| | 119.34 | 49.30 | 扁蓿豆+苔草 | 杂类草,苔草林缘草甸 |
| | 119.71 | 49.07 | 羊草+贝加尔针茅 | 羊草,中生杂类草草甸草原 |
| | 119.75 | 49.43 | 贝加尔针茅+羊草 | 贝加尔针茅,杂类草草原 |
| 典型草原 | 117.84 | 48.68 | 克氏针茅+冷蒿 | 克氏针茅草原 |
| | 116.95 | 48.57 | 克氏针茅+狭叶锦鸡儿 | 克氏针茅草原 |
| | 117.58 | 45.42 | 羊草+针茅 | 羊草,丛生禾草草原 |
| | 116.33 | 44.13 | 大针茅+隐子草 | 大针茅草原 |
| | 114.85 | 43.98 | 羊草+冷蒿 | 羊草,丛生禾草草原 |
| | 120.37 | 43.73 | 隐子草+狗尾+冷蒿 | 隐子草,冷蒿退化草原 |
| | 119.12 | 43.76 | 羊草+大针茅 | 大针茅草原 |
| | 115.43 | 42.45 | 羊草+大针茅+克氏针茅 | 羊草,丛生禾草草原 |
| | 111.82 | 41.78 | 克氏针茅+短花针茅 | 克氏针茅草原 |
| | 110.26 | 39.80 | 大针茅+羊草 | 大针茅草原 |
| 温性荒漠草原 | 113.44 | 43.81 | 小针茅+无芒隐子草 | 小针茅,无芒隐子草,荒漠草原 |
| | 112.56 | 42.87 | 小针茅+无芒隐子草 | 小针茅,无芒隐子草,荒漠草原 |
| | 107.72 | 39.58 | 短花针茅+无芒隐子草 | 小针茅,无芒隐子草,荒漠草原 |
| 温性草原化荒漠 | 108.13 | 41.93 | 毛头刺+小针茅 | 毛头刺,草原化荒漠 |
| | 107.13 | 40.25 | 霸王+松叶猪毛菜 | 霸王,草原化荒漠 |
| 温性荒漠 | 98.18 | 41.36 | 红砂+泡泡刺 | 戈壁荒漠 |

由表 4.3-13 可见,考察样点与区划结果有较好的一致性,说明草地气候区划结果能够较好的反映内蒙古天然草地类型的空间分布规律。

# 参考文献

蔡孟裔,毛赞蜍,田德森等.2006.新编地图学教程.北京:高等教育出版社.

蔡运龙.2000.自然资源学原理.北京:科学出版社.

蔡哲等,2010.基于 GIS 的江西省农业气候资料小网格推算研究,江西农业大学学报,**32**(4):0842-0846.

曹广才,王绍中.1994.小麦品质生态.北京:中国科学技术出版社.

曹广才,吴东兵等,2004.温度和日照与春播小麦品质的关系,中国农业科学,**37**(5):663-669.

曹卫星.2008.数字农作技术,北京:科学出版社.

朝洛蒙,巴特尔.2004.锡林郭勒草原旅游资源开发与可持续发展.干旱区资源与环境.**18**(3):18-22.

陈波涔.1982.农业气候区划的概念与等级单位系统.农业气象.**3**(2):33-36.

陈尚谟等.1988.果树气象学.北京:气象出版社.

陈素华,宫春宁.2005.内蒙古草原气候特点与草原生态类型区域划分,气象科技.**33**(4):340-344.

陈万金等.1997.2010 年中国种植业养殖业发展趋势与对策.北京:中国农业科技出版社.

陈晓峰,刘纪远,张增详,等.1998.利用 GIS 方法建立山区温度分布模型.中国图象图形学报.**3**(3):234-238.

陈学君,曹广才,贾银锁,等.2009.玉米生育期的海拔效应研究.中国生态农业学报.**17**(3):527-532.

程纯枢,冯秀藻,高亮之,等.1991.中国的气候与农业.北京:气象出版社.

程德瑜.1992.农业气候学,北京:气象出版社.

崔淏昌.1987.我国北方旱地农业的分类分区研究,农业气象,**8**(4):49-56.

丁裕国,江志红.1989.气候状态向量在短期气候变化研究中的应用,气象科学.**9**(4):369-377.

丁裕国,江志红.1995.一种新的聚类方法在中国气候区划中的应用,气候学研究—气候理论与应用.北京:气象出版社.

丁裕国,张耀存,刘吉峰.2007. 一种新的气候分型区划方法. 大气科学.**31**(1):129-136.

杜道生,陈军,李征航.1995. RS GIS GPS 的集成与应用. 北京:测绘出版社.

杜尧东,刘锦銮,毛慧琴,等.2004.广东省荔枝气候生态区划的灰色聚类分析.生物数学学报.**19**(3):379-383.

樊锦沼,乌兰巴特尔.1993. 气象与绵羊肉生产.北京:气象出版社.

樊锦沼.1992.气候变化对牧区畜牧业生产的影响,内蒙古气象科研所油印本.

冯国钧,魏绍成,额尔敦.1993. 呼伦贝尔盟草地区划,草业科学.**10**(1):36-40,43.

冯晓云,王建源.2005.基于 GIS 的山东农业气候资源及区划研究.中国农业资源与区划,**26**(2):60-62.

高亮之,李林,郭鹏,等.1987.水稻,中国农林作物气候区划.北京:气象出版社.

龚绍文,中国农业资源与利用,1990.北京:农业出版社.

龚绍先,郭三友等.1986.中国农业气候资源和农业气候区划论文集.北京:气象出版社,64-70.

巩祥夫,等.2010.基于 Holdrideg 分类系统的内蒙草原类型气候区划指标,中国农业气象,**31**(3):384-387.

谷树忠,农业自然资源可持续利用,1999.北京 中国农业出版社.

广西农业区划办公室蕉类作物课题研究组.2003.广西香蕉区域布局与发展研究.中国农业资源与区划.**24**(5):26-28.

郭建平.高素华.潘亚茹,1993.东北地区主要粮食作物的气候适应性与最优结构研究,资源科学,**15**(2):57-63.

郭淑敏,等.2010.广西沙田柚精细化农业气候区划与应用研究,气象与环境科学,**33**(4):16-20.

郭淑敏,等.2010.广西香蕉精细化农业气候区划与应用研究,中国农学通报,**26**(24):384-352.

郭淑敏,等.2011.广西荔枝精细化农业气候区划与应用研究,中国农学通报,27(2):205-209.

郭文利,王志华,赵新平等.2004.北京地区优质板栗细网格农业气候区划.应用气象学报.15(3):382-384.

郭文新.精细化农业气候区划业务流程初步设计,中国农业气象.31(1):98-103

郭兆夏,朱琳,叶殿秀等.2000.GIS在气候资源分析及农业气候区划中的应用,西北大学学报(自然科学版),30(4):357-359.

郭兆夏,朱琳等.2000.GIS在气候资源分析及农业气候区划中的应用,西北大学学报.30(4):357-359.

郭正德,张传道.1991.内蒙古光、热、水气候资源与家畜畜种分布,畜牧气象文集.北京:气象出版社.

国家统计局河南调查总队.2009.河南调查年鉴.国家统计局河南调查总队.

韩锦涛,李素清.2006.山西省农业气候资源的综合开发与区划,中国农学通报.22(12):267-272.

韩巧霞.2004.不同质地土壤条件下冬小麦品质形成与积累动态研究,河南农业大学,硕士学位论文.

韩同林,林景星,王永.2007.京津地区"沙尘暴"的性质和治理.地质通报.26(2):117-127.

韩湘玲.1981.略论农业气候资源.资源科学,3(4):3-6.

韩秀珍,李三妹,等.2012.气象卫星遥感地表温度推算近地表气温方法研究,70(5):1107-1118.

何天富.1999.中国柚类栽培.北京:中国农业出版社.

何燕,李政,等.2007.GIS在广西香蕉低温冻害分析中的应用,灾害学,22(4):11-14.

何燕,苏永秀,李政,等.2006.基于GIS的广西香蕉种植生态气候区划研究.西南农业大学学报(自然科学版).28(4):573-576.

何原荣,李全杰,傅文杰.2008.Oracle Spatial空间数据库开发应用指南.北京:测绘出版社.

贺桂仁,李国海,杨瑛霞.2004.河南省棉花生产的优势分析及其发展对策,中国棉花,31(2):2-5.

贺丽娜,康慕谊,徐广才.2009.锡林郭勒盟生态经济类型区划分及可持续发展研究,北京师范大学学报.45(3):307-313.

侯春玲,陈善科.1994.阿拉善荒漠草场退化沙化及其治理对策的探讨,草业科学.11(3):9-11.

侯光良,李继由,张谊光.1993.中国农业气候资源.北京:中国人民大学出版社.

湖春.1984.内蒙古自治区农牧林业气候资源,呼和浩特:内蒙古人民出版社.

黄朝荣.1993.气象条件对香蕉生长和产量影响初步研究.中国农业气象.14(2):7-10.

黄嘉佑.1990.气象统计分析与预报方法,北京:气象出版社.

黄永璘,苏永秀,等.2012.基于决策树的香蕉气候适宜性区划,热带气象学报,28(1):140-144.

黄滋康,崔读昌.2002.中国棉花生态区划,棉花学报,14(3):185-190.

霍治国,李世奎,王素艳等.2003.主要农业气象灾害风险评估技术及其应用研究.自然资源学报,18(6):692-703.

丌来福.1979.国外农业气候区划的研究.气象.5(6):35-38.

丌来福.1980.国内外农业气候区划方法.气象科技.8(2):32-34.

姜会飞,郑大玮.2008.世界气候与农业.北京:气象出版社.

蒋高明.2002.浑善达克沙地退化生态系统恢复的对策.中国科技论坛,3(10):13-15.

金之庆,方娟,葛道阔等.1994.全球气候变化影响我国冬小麦生产之前瞻.作物学报,20(2):186-197.

李红梅,马玉寿.2009.基于GIS技术的青海省草地类型分类研究.草业科学.26(12):24-29.

李红梅.2008.从生态学的观点认识内蒙古草原荒漠化及其保护对策.前沿.30(1):162-164.

李继由.1995.农业气候资源理论及其充分利用.资源科学,14(1):1-9.

李金良,赵丽英,李金榜等.2003.南阳市小麦品质生态区划研究与应用.河南农业科学,32(5):12-13.

李俊有,王志春,胡桂杰,等.2007.赤峰市草地资源区划与评价.内蒙古气象.2:30-31.

李世奎,侯光良等.1988.中国农业气候资源和农业气候区划.北京:科学出版社.191-208.

李世奎,王石立.1981.我国不同界限温度积温的相关分析.农业气象,2(1):35-41.

李世奎.1986.《全国农业气候资源和农业气候区划研究》系列成果综述.气象科技,14(2):77-80.

李世奎.1987.省级农业气候资源及农业气候区划综述.气象科技,**15**(2):77-88.

李世奎.1998.中国农业气候区划研究.中国农业资源与区划,**19**(3):49-52.

李世奎.2006.气候资源学.资源科学/石玉林.北京:高等教育出版社.

李新,程国栋,卢玲.2000.空间内插比较.地球科学进展.**15**(3):260-265.

李永庚,于振文,梁晓芳等.2001.山东省强筋小麦种植区划研究,山东农业科学,**33**(5):3-9.

林忠辉,莫兴国,李宏轩等,2002.中国陆地区域气象要素的空间插值,地理学报,**57**(1):47-56.

蔺青.2004.生态因素与小麦品质关系的研究.山东农业大学,硕士学位论文.

刘崇欣.1997.黔西北林木气候区划的聚类分析.农业系统科学与综合研究.**13**(3):231-233.

刘洪,等.2011.内蒙古草地类型与生物量气候区划,应用气象学报,**22**(3):331-335.

刘洪,等.2011.内蒙古天然草地资源精细化区划研究.自然资源学报,**26**(12):2088-2098.

刘洪,等.2011.内蒙古畜牧精细化气候区划研究.草地科学,**28**(8):1533-1540.

刘洪顺.1987.棉花,中国农林作物气候区划.北京:气象出版社.

刘吉峰,李世杰,丁裕国等.2005.一种用于中国年最高(低)气温区划的新的聚类方法.高原气象.**24**(6):966-973.

刘晶淼,等.2010.京津冀地区冬小麦气候生产潜力的一种动态区划,气象与环境学报,**26**(6):1-5.

刘晶淼,等.2011.我国农业气候资源区划研究进展与评述,气象科技进展,**1**(1):30-34.

刘晶淼,丁裕国.1990.北太平洋SST场的客观区划及其时频相关性,热带气象学报.**6**(1):38-45.

刘明春,刘惠兰,张惠玲,等.2002.河西走廊棉花适生种植气候区划.中国农业气象.**23**(2):53-56.

刘淑贞,曹广才.1989.冬型小麦品种开花至成熟的气象条件对籽粒蛋白质含量的影响,耕作与栽培,**9**(6):60-62.

刘兴元,梁天刚,等.2009.北方牧区草地资源分类经营机制与可持续发展.生态学报.**29**(11):51-59.

刘秀珍等.2006.农业自然资源.北京:中国农业科学技术出版社.

刘蕴薰,杨秉庚,李惠明.1981.聚类分析方法在农业气候区划中的应用.气象.**7**(10):20-21.

刘兆华.1996.话说农业气候资源;农家参谋.**14**(10):17-17.

刘振中,徐梅.1997.三江平原地区农业气候区划的数学方法.农业系统科学与综合研究.**13**(1):40-50.

卢其尧,傅抱璞,虞静明.1988.山区农业气候资源空间分布的推算方法及小地形的气候效应.自然资源学报.**3**(2):101-113.

陆守一等.2000.地理信息系统实用教程.北京:中国林业出版社.

罗其友,唐华俊.2000.农业基本资源与环境区域划分研究.资源科学.**22**(2):32-36.

马蓓蓓,薛东前,阎萍,等.2006.陕西省生态经济区划与产业空间重构.干旱区研究.**23**(4):25-30.

马传喜.2001.安徽省小麦品质区划的初步研究.安徽农学通报,**7**(5):25-27.

马庆文,杨尚明,赵金花.1997.锡林郭勒草地农业区划.内蒙古草业.**9**(4):26.

马晓群,王效瑞等.2003.GIS在农业气候区划中的应用.安徽农业大学学报.**30**(1):105-108.

马新明,周永娟,陈伟强等.2006.基于GIS的河南省棉花自然审查潜力研究.棉花学报,**18**(5):289-293.

么枕生,丁裕国.1990.气候统计.北京:气象出版社.

么枕生.1994.用于数值分类的聚类分析.海洋湖沼通报.**16**(2):1-12.

么枕生.1998.载荷相关模式用于气候分类与天气气候描述.气候学研究-气候与环境.北京:气象出版社.

闵庆文,冯秀藻.1995.内蒙古主要家畜地理分布的生态气候规律.家畜生态.**16**(4):24-27.

莫炳泉.1992.荔枝高产栽培技术.南宁:广西科学技术出版社.

内蒙古草原勘察设计院.1988.内蒙古草地资源统计资料.呼和浩特:内蒙古人民出版社.

内蒙古自治区农牧业区划委员会办公室.1991.内蒙古自治区农牧业资源区划数据汇编,北京:中国计划出版社.40-41.

欧阳海等.1990.农业气候学.北京:气象出版社.

庞庭颐,宾士益,陈进民.1991.广西香蕉越冬气候条件与香蕉气候区划.广西气象.12(1):30-34.

庞庭颐.2000.荔枝等果树的冻害低温指标与避寒种植环境的选择.广西气象.21(3):12-14.

齐斌,余卫东等.2011.河南省棉花精细化农业气候区划,中国农业气象,32(4):571-575.

齐伯益.2002.锡林郭勒盟畜牧志.呼和浩特:内蒙古人民出版社.

祁贵明,王发科,王彤,等.2007.唐古拉山地区气候资源特征及牧业气候区划,青海科技.3:22-23.

千怀遂,任玉玉,李明霞.2006.河南省棉花的气候风险研究,地理学报,61(3):319-326.

丘宝剑,卢其尧.1961.我国热带一南亚热带的农业气候区划.地理学报.27(0):28-37.

丘宝剑,卢其尧.1980.中国农业气候区划试论.地理学报.35(2):116-125.

丘宝剑,卢其尧.1987.农业气候区划及其方法.北京:科学出版社.

丘宝剑.1986.中国农业气候区划新论,地理学报.41(3):202-208.

任若恩,王惠文.2000.多元统计数据分析—理论、方法、实例.北京:国防工业出版社.

任玉玉,千怀遂,刘青青.2004.河南省棉花气候适宜度分析,农业现代化研究,25(3):231-235.

尚勋武,康志钰,柴守玺等.2003.甘肃省小麦品质生态区划和优质小麦产业化发展建议.甘肃农业科技,20(5):10-13.

石健泉,沈丽娟.2000.沙田柚优质高产栽培.北京:金盾出版社.

时成俏,王兵伟,覃永媛,等.2009.华南热带地区玉米主要数量性状对产量的效应分析比较.玉米科学.17(4):17-20.

史定珊,毛留喜.1994.冬小麦生产气象保障概论.北京:气象出版社.

宋建民,田纪春,等.中午强光协迫下高蛋白小麦旗叶的光合特性,植物生理学报,25(3):209-213.

苏永秀,李政,等.2010.3S技术在南宁市荔枝优化布局中的应用,生态学杂志,29(1):1-6.

苏永秀,李政,丁美花,等.2005.基于GIS的广西沙田柚种植气候区划研究.果树学报.22(5):500-504.

苏占胜,秦其明,陈晓光等.2006.GIS技术在宁夏枸杞气候区划中的应用.资源科学,28(6):68-72.

孙宝启,郭天财,曹广才.2004.中国北方专用小麦.北京:气象出版社.

孙鸿烈主编.2000.中国资源科学百科全书(上册).北京:中国大百科全书出版社.

孙金铸.1991.气候条件与内蒙古草原畜牧业,畜牧气象文集,北京:气象出版社.

孙君艳,孙文喜,张淮.2006.信阳地区弱筋小麦生态区划研究.河南农业科学,35(8):72-73.

孙卫国.2008.气候资源学.北京:气象出版社.

孙彦坤.1991.不同品质类型春小麦产量和品质与气象条件的关系研究,东北农业大学,博士学位论文

太华杰,王建林,庄立伟.1996.中国棉花产量变化及其气象预测.北京:气象出版社.

陶忠良等.2001.气象条件对荔枝产量的影响研究综述.中国南方果树.30(4):29-31.

田纪春,梁作勤,庞祥梅等.1994.小麦的籽粒产量与蛋白质含量.山东农业大学学报,25(4):483-486.

涂方旭,李艳兰,苏志.2002.对广西沙田柚气候区划的探讨,广西园艺.13(6):18-21.

宛公展,刘锡兰.1996.天津市农业气候资源评价与开发利用系统的设计研究;中国农业气象;17(5):31-35.

万里强,侯向阳,任继周.2004.系统耦合理论在我国草地农业系统应用的研究.中国生态农业学报.12(1):49-51.

王长根,郑剑非等.1986.中国农业气候资源和农业气候区划论文集.北京:科学出版社:60-63.

王成业,等.2010.豫南豫北玉米生长发育的气候条件比较及豫南玉米发展发展对策,26(18):353-358.

王东,于振文,张永丽.2007.山东强筋和中筋小麦品质形成的气象条件及区划.应用生态学报,18(10):2269-2276.

王浩,李增嘉,马艳明等.2005.优质专用小麦品质区划现状及研究进展.麦类作物学报,25(3):112-114.

王怀青.殷剑敏,等.考虑地形遮蔽的日照时数精细化推算模型,中国农业气象,32(2):273-278.

王怀青.殷剑敏,等.中国热量资源精细化估算,气象,37(10):1283-1291.

王加义等.2005.应用GIS进行闽东南果树避冻农业气候区划.福建农业科技.36(6):60-62.

王敬国.2000.资源与环境概论.北京:中国农业出版社.

王连喜,陈怀亮,等.2010.农业气候区划方法研究进展,中国农业气象,31(2):277-281.

王龙俊,陈荣振,朱新开等.2002.江苏省小麦品质区划研究初报.江苏农业科学,(2):15-27.

王绍中,季书勤,刘发魁等.2001.河南省小麦品质生态区划,河南农业科学,30(9):4-5.

王绍中,李春喜,章练红等.1995.小麦品质生态及品质区划研究Ⅱ生态因子与小麦品质的关系[J].河南农业科学.24(11):3-6.

王绍中,刘发魁,张玲等.1995.小麦品质生态及品质区划研究 Ⅲ 河南省小麦品质生态区划.河南农业科学.24(12):3-9.

王绍中,郑天存,郭天财.2007.河南省小麦育种栽培研究进展.北京:中国农业科学技术出版社.

王顺久,李跃清.2007.基于投影寻踪原理的动态聚类模型及其在气候区划中的应用.应用气象学报.18(5):722-725.

王思远,张增祥,赵晓丽,等.2001. GIS 支持下不同生态背景的土地利用空间特征分析.地理科学进展.20(4):324-330.

王廷宽,张晓梅.2007.凉州区玉米种植品种之间比较试验结果初报.甘肃农业.21(9):93-95.

王文辉.1991.内蒙古气候,北京:气象出版社.

王向东.2003.小麦产量和品质的模拟模型研究,河北农业大学,硕士学位论文.

王珍.1989.《全国农业气候资源和农业气候区划》简介,新疆气象,(4):7-13.

魏丽,王保生,殷剑敏.2000.吉泰盆地农业生态环境现状分类技术的研究.江西农业大学学报.22(1):120-122.

魏丽,殷剑敏,黄淑娥等.2003.贵溪市植被资源遥感调查和综合气候区划.应用气象学报.14(6):715-721.

魏钦平,张继祥,毛志泉.2003. 苹果优质生产的最适气象因子和气候区划.应用生态学报.14(5):713-716.

魏淑秋,李玉娥. 1988.应用农业气候相似分析法研究我国棉区布局调整问题.中国农业气象,9(2):24-26.

吴锋,李星.2006. 以"3S"为核心的农业气候区划点源信息系统建设探讨.甘肃农业.20(3):86-86.

吴天琪,郭洪海,张希军.2002.山东省优质专用小麦种植区划研究.中国农业资源与区划,23(5):1-5.

谢高地,张钇锂,鲁春霞,等. 2001.中国资源草地生态系统服务价值. 自然资源学报,16(1):47-53.

辛晓平,张保辉,李刚,等.2009. 1982—2003 年中国草地生物量时空格局变化研究.自然资源学报,24(9):82-92.

闫洪奎,杨镇,吴东兵,等.2009.玉米生育期和品质性状的纬度效应研究.科技导报.27(12):38-41.

颜景辰. 2008.美国生态畜牧业发展的经验借鉴. 世界农业.345(1):47-50.

颜亮东,张国胜,李凤霞.2003. 我国北方牧区天然牧草产量形成的气候模式. 草业科学.20(7):8-11.

杨清岭,朱统泉,蔡春荣等.2007.驻马店市优质专用小麦品质区划研究初报.中国农学通报,23(6):265-269.

杨小光,于沪宁.2006.中国气候资源与农业. 北京:气象出版社.

杨蕴丽. 2006.农牧交错带经济发展战略研究——以河北坝上为例. 内蒙古财经学院学报,23(5):9-13.

姚圣贤,康桂红,孙培良等.2006.利用 GIS 技术对樱桃进行气候区划.山东农业大学学报(自然科学版),37(3):377-380.

殷剑敏,李迎春.2003.3S 技术在农业气候论证中的应用研究.气象科技.31(5):300-304.

殷剑敏,魏丽,王怀清.2000.地理信息系统在农业气候资源评估和农业气候区划中的应用研究.南昌大学学报.24:138-142.

于振文.2006.小麦产量与品质生理及栽培技术.北京:中国农业出版社.

余卫东,陈怀亮.2010.河南省夏玉米精细化农业气候区划研究,气象与环境科学,33(2):14-19.

余卫东,陈怀亮.2010.河南优质小麦精细化农业气候区划研究,中国农学通报,26(11):381-385.

袁秋勇,王龙俊.2004.江苏优质弱筋专用小麦研究进展.江苏农业科学,32(2):1-4.

张海峰,范玉兰等.2005.河南省农业气候区划指标分析方法.河南气象.(3):26-27.

张家诚等.1985.中国气候.上海:上海科学技术出版社.

张新时.1989.植被的 PE(可能蒸散)指标与植被——气候分类(一)几种主要方法与 PEP 程序介绍.植物生态学与地植物学学报,**13**(1):1-91.

张新时.1993.研究全球变化的植被——气候分类系统.第四纪研究,**13**(2):157-169.

赵广才,常旭虹,刘利华等.2007.河北省小麦品质生态区划研究.麦类作物学报,**27**(6):1042-1046.

赵献林,赵淑章.2002.河南省优质小麦生产中存在的主要问题及其对策.中国农学通报.**18**(2):97-99.

赵秀兰.2003.春小麦品质性状氧磷水平和气象要素对加工品质的效应,东北农业大学,博士学位论文.

郑剑非.1982.我国农业气候区划研究工作进展.气象科技.**10**(5):11-17.

植石群,周世怀,张羽.2002.广东省荔枝生产的气象条件分析和区划.中国农业气象.**23**(1):20-24.

《中国的气候与农业》编辑委员会.1991.中国的气候与农业.北京:气象出版社.

中国地理学会.1964.中国地理学会召开第三届代表大会暨 1963 年支援农业综合性学术年会.地理学报.**30**(1):57-77.

中国科学院地理研究所地理经济研究室.1983.中国农业生产布局.北京:农业出版社.

中国牧区畜牧气候区划科研协作组.1988.中国牧区畜牧气候,北京:气象出版社,152-154.

中国农林作物气候区划协作组.1987.中国农林作物气候区划.北京:气象出版社.

中国农业科学院草原研究所.1996.中国北方草地畜牧业动态监测数据集,中国北方草地畜牧业动态监测研究(二).呼和浩特:内蒙古大学出版社.

中国农业科学院棉花研究所.1983.中国棉花栽培学.上海:上海科学技术出版社.

中国气象局.2003.地面气象观测规范.北京:气象出版社.

中国热带作物学会译.1984.热带作物生态生理学[M].北京:农业出版社.

中国畜牧业综合区划研究组.1984.中国畜牧业综合区划.北京:农业出版杜,17-27.

《中国亚热带东部丘陵山区农业气候资源及其合理利用》课题技术组.1988.丘陵山地农业气候资源垂直分层模式的研究;科学通报.**33**(24):49-52.

钟秀丽,王道龙等.2008.黄淮麦区小麦拔节后霜冻的农业气候区划.中国生态农业学报.**16**(1):11-15.

周家斌,黄嘉佑.1997.近年来中国统计气象学的进展.气象学报.**55**(3):297-305.

朱启荣.2009.中国棉花主产区生产布局分析.中国农村经济,**25**(4):31-38.

朱英华.2003.不同播期对玉米品种生育进程和产量潜力的影响.湖南农业大学硕士学位论文.

宗英飞,等.2013.播种期温度变化对玉米出苗速率的影响,中国农学通报,**29**(9):70-74.

左大康,周永华.1991.地球表层辐射研究,北京:科学出版社.

左强,李品芳.2003.农业水资源利用与管理.北京:高等教育出版社.

Randall E, et al. 1990. Some effecrs of temperature rigime during filling on wheat quality, Aust J. *Agric Res*, **41**(4):603-617.

Ranozzo-J F, Eagles-HA,2000. Cultivar and environmental effects on ouatity characters in wheat. 11. Protein. *Auastralian Jouraal of Agricultural Reseerch*, **51**(5):629-636.

Rao-ACS,Smith-TL,Jandhgala-vk,Papendick-RI,parr-RI, Parr-JF,1993. Cultivar and climatgc effects on the prozein of soft white wintar whect. *Agronomg-Journal*,**85**(5):1023-1028.